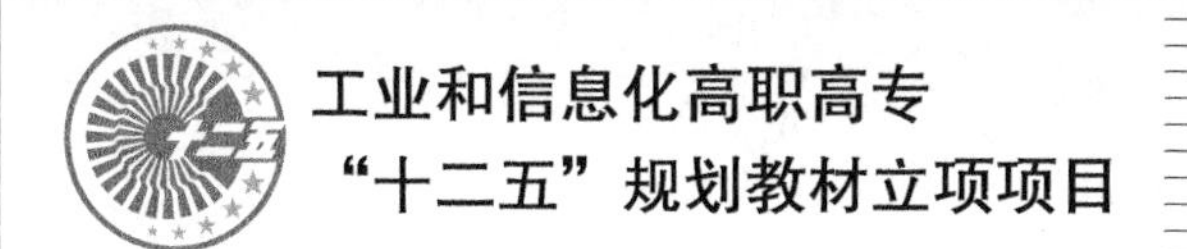

高等职业院校
机电类“十二五”规划教材

现代检测技术实例教程

Examples of Modern Detection Technology Tutorial

◎ 陈亚丽 张超凡 主编
◎ 王晓侃 高倩 谷广超 陶慧 副主编
◎ 郭艳萍 主审

人民邮电出版社
北京

图书在版编目（CIP）数据

现代检测技术实例教程 / 陈亚丽，张超凡主编. -- 北京 : 人民邮电出版社，2016.2
高等职业院校机电类“十二五”规划教材
ISBN 978-7-115-41121-1

Ⅰ. ①现… Ⅱ. ①陈… ②张… Ⅲ. ①技术测量－高等职业教育－教材 Ⅳ. ①TG806

中国版本图书馆CIP数据核字(2015)第297618号

内 容 提 要

本书以培养学生的自动检测技术工程应用能力为核心，详细介绍了电阻传感器、电感式和电容式传感器、电压式和超声波式传感器、霍尔传感器和热电偶传感器、光电传感器、数字式传感器及新型传感器的结构、工作原理、技术参数、选型、安装使用等方面的知识，介绍了传感器与PLC接线及在自动化流水线中的典型应用案例。书中设置兴趣平台、小知识和传感器小制作，增加了趣味性。

本书既可作为高职高专电气自动化、机电一体化、电子信息技术、数控技术、汽车检测与维修、轨道交通自动化、计算机控制技术、物联网技术及机器人技术等专业的教材，也可供从事检测技术、自动控制和仪器仪表等工作的工程技术人员参考。

◆ 主　　编　陈亚丽　张超凡
副 主 编　王晓侃　高　倩　谷广超　陶　慧
主　　审　郭艳萍
责任编辑　李育民
责任印制　张佳莹　杨林杰

◆ 人民邮电出版社出版发行　　北京市丰台区成寿寺路 11 号
邮编　100164　　电子邮件　315@ptpress.com.cn
网址　http://www.ptpress.com.cn
北京九州迅驰传媒文化有限公司印刷

◆ 开本：787×1092　1/16
印张：13　　2016 年 2 月第 1 版
字数：304 千字　　2025 年 1 月北京第 10 次印刷

定价：32.00 元

读者服务热线：(010) 81055256　印装质量热线：(010) 81055316
反盗版热线：(010) 81055315

Foreword 第2版 前言

今天，信息技术对社会发展 科学进步起到了决定性的作用 现在信息技术的基础包括信息采集 信息传输与信息处理，而信息的采集离不开传感器技术 所以说传感器是新技术革命和信息社会的重要技术基础，是现代科技的开路先锋 本书着眼于提高信息技术条件下高职高专学生的传感器组装动手能力及其应用能力 它是电气自动化 机电一体化 电子信息技术 数控技术 汽车检测与维修 轨道交通自动化 计算机控制技术 物联网技术及机器人技术等专业的核心技能课程，也是培养高职高专学生自动检测工程实践能力和创新能力的一门重要课程。

本书以培养学生的传感器工程应用能力为核心，以常见的传感器典型工程应用案例为载体，详细介绍各种传感器的结构 工作原理 技术参数 安装使用及与 PLC 控制器的常见接线方式和典型应用电路等。

编者根据目前我国自动检测技术岗位的人才培养目标 专业知识结构和能力结构的教学要求，结合多年的教学经验，注重传感器的综合应用和综合实训。与同类教材相比，具有以下几个特点。

（1）以实际工程案例为载体，使学生每学习一个知识点都有相关的典型案例作为知识的载体，让学生通过实际工程案例学习相关知识，拓展学生的综合职业能力。

（2）本书内容适用，即紧紧围绕工作任务完成的需要来选择课程内容，重构知识的系统性，注重内容的实用性和针对性，缩减了传感器工作原理 结构及理论推导方面的内容，增加了各种传感器的选型 安装使用及典型工程应用案例的分析，使学生在学完本课程后能进行传感器的选型 接线 判断故障及正确使用传感器 本书最后，还提供了传感器小制作实例，以提高学生的动手能力，增加学习趣味性。

（3）将最新的技术应用成果纳入本书，部分项目增加了传感器在 PLC 及自动化生产线中的应用案例，以工作任务为线索，实现理论与实践一体化教学。

（4）为方便教学，本书参照国内外先进的测量技术，收集各种先进的测试技术产品技术资料，尽可能多地制作各种传感器的应用动画以及电子课件，力争融实践与理论于一体，保证知识的先进性与前沿性，突出高职高专教材的实用性。

本书共设置了 9 章，第 2 章到第 8 章中，每章都设计了与该传感器对应的典型案例分析，每章的最后还附有一定数量的习题，可以帮助学生进一步巩固基础知识 本书配备了传感器的动画 课件 习题答案等丰富的教学资源，任课教师可到人民邮电出版社教学服务与资源网（www.ptpedu.com.cn）免费下载使用。本书的参考学时为 52～72 学时，各章的学时参见下面的学时分配表。

学时分配表

项　目	课 程 内 容	学　时
第 1 章	检测与传感技术基础	4～6
第 2 章	电阻传感器典型应用	8～10
第 3 章	电感式和电容式传感器典型应用	6～8
第 4 章	压电式和超声波式传感器典型应用	6～8
第 5 章	霍尔传感器和热电偶传感器典型应用	6～8
第 6 章	光电传感器典型应用	8～10
第 7 章	数字式传感器典型应用	4～6
第 8 章	新型传感器典型应用	4～6
第 9 章	传感器的综合应用	6～10
课时总计		52～72

本书由漯河职业技术学院陈亚丽和张超凡任主编；河南机电职业学院王晓侃，漯河职业技术学院高倩、谷广超，襄阳汽车职业技术学院陶慧任副主编，重庆工业职业技术学院郭艳萍任主审。具体编写分工如下：陈亚丽编写第 2 章、第 3 章和第 9 章，张超凡编写第 1 章和第 8 章，王晓侃编写第 4 章和第 7 章，高倩编写第 5 章和附录 A，谷广超编写第 6 章及附录 B。全书由陈亚丽负责统稿。

本书在编写过程中参阅了多种同类教材和专著，在此，向其编著者致谢。

由于传感器技术发展较快，自动检测技术涉及的知识面较广，加上编者的水平有限，所以在编写过程中难免会有遗漏和不妥之处，恳请广大读者提出宝贵意见，请将您的意见或建议发送 E-mail 到：cyl1018324@163.com 邮箱，以便编者和您及时交流与探讨。

陈亚丽

2016 年 1 月

目 录

第1章 检测与传感技术基础

【学习目标】

- 熟悉测量的基本概念与测量的方法。
- 掌握测量的基本误差与分析方法。
- 掌握传感器的定义、组成及类型。
- 了解传感器的基本特性与性能指标。

1.1 检测技术基础知识

1.1.1 检测技术的概念

人类认识和改造客观世界都是以测量工作为基础的。进入21世纪，以知识经济为特征的信息时代，传感技术、计算机技术和通信技术一起构成了现代信息技术的3大特征。

公元前，我国历史上第一位中央集权的统治者秦始皇，在建立政权不久就统一了度量衡，这对发展生产、促进社会交往起到极大的推动作用；17世纪开普勒发明制造的望远镜，可观测到数亿颗星星，利用现代宇宙航天、遥感、遥测等技术，可在数万米的高空识别地面1平方米的物品；扫描隧道电子显微镜的分辨率可达0.1nm，可以检测空气或者液体中有生命状态的样品。这些对电子技术、材料科学的发展做出了突出贡献，因此检测技术的水平在相当程度上影响着科学技术发展的速度。

检测（Detection）是利用各种物理、化学效应，选择合适的方法与装置，将生产、科研、生活等各方面的有关信息通过检查与测量的方法赋予定性或定量结果的过程。能够自动地完成整个检测处理过程的技术称为自动检测技术。人体信息检测过程与自动检测系统的比较如图1-1所示。

检测技术的内容比较广泛，常用的工业检测的内容如表1-1所示。

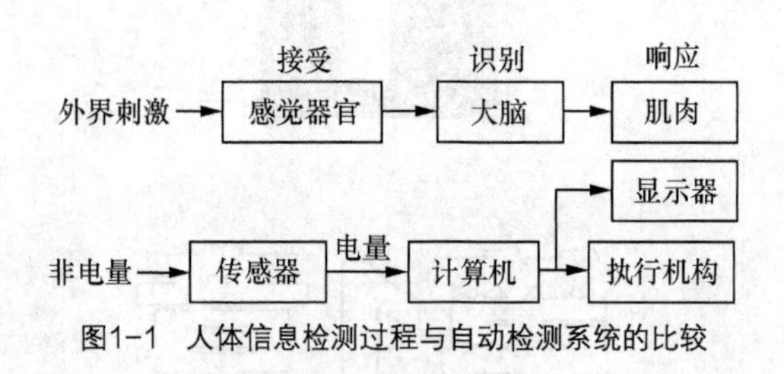

图1-1 人体信息检测过程与自动检测系统的比较

表 1-1 常用的工业检测内容

被测量类型	被 测 量	被测量类型	被 测 量
热工量	温度、热量、比热容、热流、热分布、压力（压强）、压差、真空度、流量、流速、物位、液位、界面	物体的性质和成分量	气体、液体、固体的化学成分、浓度、黏度、湿度、密度、酸碱度、浊度、透明度、颜色
机械量	直线位移、角位移、速度、加速度、转速、应力、应变、力矩、振动、噪声、质量（重量）	状态量	工作机械的运动状态（启停等）、生产设备的异常状态（超温、过载、泄漏、变形、磨损、堵塞、断裂等）
几何量	长度、厚度、角度、直径、间距、形状、平行度、同轴度、粗糙度、硬度、材料缺陷	电工量	电压、电流、功率、电阻、阻抗、频率、脉宽、相位、波形、频谱、磁场强度、电场强度、材料的磁性能

1.1.2 检测技术的作用

检测技术不仅是机电一体化中不可缺少的技术，也是实现自动控制、自动调节的关键环节。在很大程度上，基于传感器的检测技术影响着自动化系统的质量。在一个自动化系统中，只有利用传感器的检测技术对各方面参数进行检查，才能使整个自动化系统正常的工作。例如，人们一直希望车辆能够自动驾驶，为此需要将各种微型传感器、芯片、执行器置进车辆内部，构成智能车辆。今天这一梦想在技术上完全可以实现。2014 年 7 月 14 日，由国防科技大学自主研制的红旗 HQ3 无人车，首次完成了从长沙到武汉 286km 的高速全程无人驾驶实验，创造了我国自主研制的无人车在复杂交通状况下自主驾驶的新纪录，标志着我国无人车在复杂环境识别、智能行为决策和控制等方面实现了新的技术突破，达到世界先进水平。

在科技高速发展的今天，不论是生活中还是生产中都能利用到检测传感技术。例如，部分仪器设备、办公设备、家电中的计算机集成制造系统、CNC 机床、大型发电机等，在国防事业和装备武器上，传感检测技术同样有着重要的作用。可以看出，传感检测技术在提高生产设备和系统安全经济运行监控检测手段、控制产品质量等方面都推动了社会生产力和科学技术的发展。例如，现代的战争是信息战。无论是在科索沃，还是伊拉克，美国使用的主要武器都是激光制导武器。在现代的战争中，仪器仪表的丈量控制精度决定了武器系统的打击精度。仪器仪表的测试速度、诊断能力决定了武器系统的反应能力。无论在伊拉克，还是在巴勒斯坦，美国和以色列经常采用定点杀伤。所谓定点杀伤就是根据探测到的信号进行瞄准、发射和跟踪。

总的来说，无论从宇宙到陆地，从陆地到海洋，从顶尖技术到基础知识，从复杂的大型自动化设备到社会中每个细节，传感检测技术都扮演着重要的角色。图 1-2 就是神舟飞船回收过程中，测控技术贯穿整个过程。

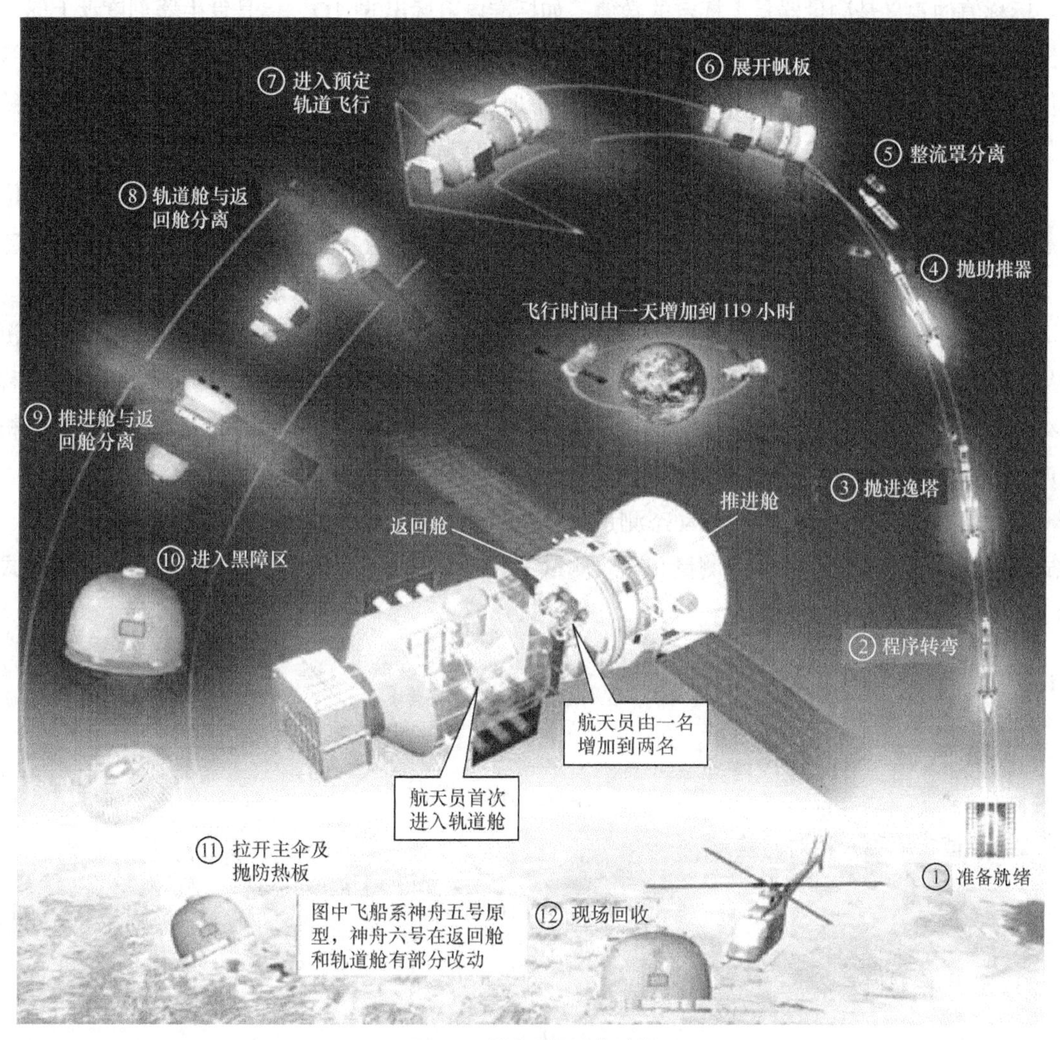

图1-2 神舟飞船回收过程

1.2 测量基础知识

在日常生活或者生产实践中，人们常会接触到各种物理量，而且要对它们进行测量、比较和计算，并研究量与量之间的关系。测量的目的就是获得被测量的真值。所谓真值，就是在一定的时间或者环境条件下，被测量所呈现的客观大小或者真实数值。真值是理想的量具或者测量仪器进行无误差的测量所得到的。实际上，真值只是一个理想的概念，实际中是无法得到的，因为，无论利用何种量具或者仪器，采用何种测量方法，误差总是不可避免的。

关于误差，还需要介绍几个基本概念，即实际值、标称值和示值。实际值的意义是在每一级误差测量和比较中，都以上一级标准所体现的值作为准确无误的值。所以在实际测量中，常用上一级标准仪器的示值来代替真值，通常称为实际值。

标称值的意义是测量器具上标定的数值，如标准电阻标出的 1Ω，信号发生器刻度盘上标出的输出正弦波的频率是 100kHz 等。由于制造、测量精度或者环境因素的影响，标称值并不一定等于真值或者实际值。为此，在标出测量器具的标称值时，通常还要标出它的误差范围或者准确度等级，例如某电阻标称值是 1kΩ，误差是 ± 1%，即该电阻的实际值在 990～1 010Ω。

示值的意义是由测量器具指示的被测量的量值，也称测量器具的测量值，它包括数值和单位。一般地说，示值与测量仪表的读数有区别，读数是仪器刻度盘直接读到的数字。例如以 100 分度表示 50mA 的电流表，当指针指在刻度盘上的 50 处时，读数是 50，而值是 25mA。

测量的过程就是一个比较过程，即把一个被测量与一个充当测量单位的已知量进行比较，所以测量结果包括数字和计量单位两部分。测量误差就是测量值与真值之间存在的差异，误差伴随于测量过程的始终。人们只能根据需要和可能，将其限制在一定范围内而不可能完全消除。在测量过程中，应分析误差产生的原因，合理采用仪器和测量方法，正确处理数据，使得测量结果尽可能逼近真值。

测量的方法可分为静态测量和动态测量、直接测量和间接测量、模拟式测量和数字式测量、接触式测量和非接触式测量、在线测量和离线测量等。根据测量的具体手段来分，又可分为偏位式测量、零位式测量和微差式测量。

1.2.1 测量误差

1．绝对误差

$$\varDelta = A_x - A_0 \tag{1-1}$$

2．示值（标称）相对误差γ_x

$$\gamma_x = \frac{\varDelta}{A_x} \times 100\% \tag{1-2}$$

3．引用相对误差γ_m

$$\gamma_m = \frac{\varDelta}{A_m} \times 100\% \tag{1-3}$$

式（1-3）中，当$\varDelta$取仪表的最大绝对误差值$\varDelta_m$时，引用误差常被用来确定仪表的准确度（Degree of Accuracy）等级 S，即

$$S = \left| \frac{\varDelta_m}{A_m} \right| \times 100 \tag{1-4}$$

我国的模拟仪表有 7 种等级，准确度等级的数值越小，仪表就越昂贵，如表 1-2 所示。

表 1-2 仪表的准确度等级和基本误差

准确度等级	0.1	0.2	0.5	1.0	1.5	2.5	5.0
基本误差	± 0.1%	± 0.2%	± 0.5%	± 1.0%	± 1.5%	± 2.5%	± 5.0%

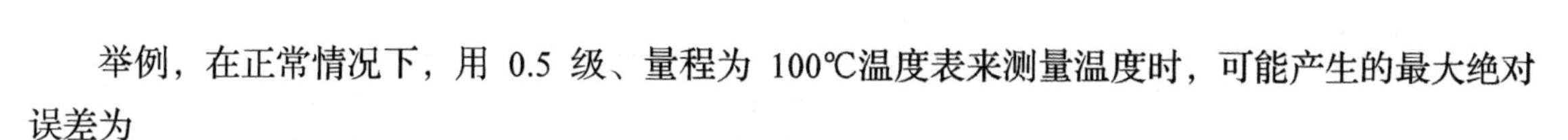

举例，在正常情况下，用 0.5 级、量程为 100℃温度表来测量温度时，可能产生的最大绝对误差为

$$\Delta_{m} = (\pm 0.5\%) \times A_{m} = \pm (0.5\% \times 100)℃ = \pm 0.5℃$$

【例 1-1】 某压力表准确度为 2.5 级，量程为 0～1.5MPa。求：（1）可能出现的最大满度相对误差γ_m。（2）可能出现的最大绝对误差Δ_m为多少 kPa？（3）测量结果显示为 0.70MPa 时，可能出现的最大示值相对误差γ_x。

解：（1）可能出现的最大满度相对误差可以从准确度等级直接得到，即$\gamma_m = \pm 2.5\%$。

$$\gamma_x = \frac{\Delta_m}{A_x} \times 100\% = \frac{\pm 0.0375}{0.70} \times 100\% = \pm 5.36\%$$

（2）$\Delta_m = \gamma_m \times A_m = \pm 2.5\% \times 1.5\text{MPa} = \pm 0.0375\text{MPa} = \pm 37.5\text{kPa}$

（3） $\gamma_x = \frac{\Delta_m}{A_x} \times 100\% = \frac{\pm 0.0375}{0.70} \times 100\% = \pm 5.36\%$

由上例可知，γ_x的绝对值总是大于（在满度时等于）γ_m。

【例 1-2】 现有准确度为 0.5 级的 0～300℃的和准确度为 1.0 级的 0～100℃的两个温度计，要测量 80℃的温度，试问采用哪一个温度计好？

解：计算用 0.5 级表以及 1.0 级表测量时，可能出现的最大示值相对误差分别为±1.88%和±1.25%。计算结果表明，用 1.0 级表比用 0.5 级表的示值相对误差的绝对值反而小，所以更合适。

由【例 1-2】得到的结论：在选用仪表时应兼顾准确度等级和量程，通常希望示值落在仪表满度值的 2/3 以上。

1.2.2 测量误差的分类

（1）粗大误差：明显偏离真值的误差称为粗大误差。常见的电磁干扰和高压放电干扰，都属于粗大误差。当发现粗大误差时，应予以剔除。

（2）系统误差：凡误差的数值固定或按一定规律变化者，均属于系统误差。系统误差是有规律性的，因此可以通过实验的方法或引入修正值的方法计算修正，也可以重新调整测量仪表的有关部件使系统误差尽量减小。

（3）随机误差：在同一条件下，多次测量同一被测量，有时会发现测量值时大时小，误差的绝对值及正、负以不可预见的方式变化，该误差称为随机误差。随机误差反映了测量值离散性的大小。引起随机误差的因素称为随机效应。随机误差是测量过程中许多独立的、微小的、偶然的因素引起的综合结果。

存在有随机误差的测量结果中，虽然单个测量值误差的出现是随机的，多数随机误差都服从正态分布规律，如图 1-3 所示。就误差的整体而言，服从一定的统计规律。因此可以通过增加测量次数，利用概率论的一些理论和统计学的一些方法，可以掌握看似毫无规律的随机误差的分布特性，并进行测量结果的数据统计处理。

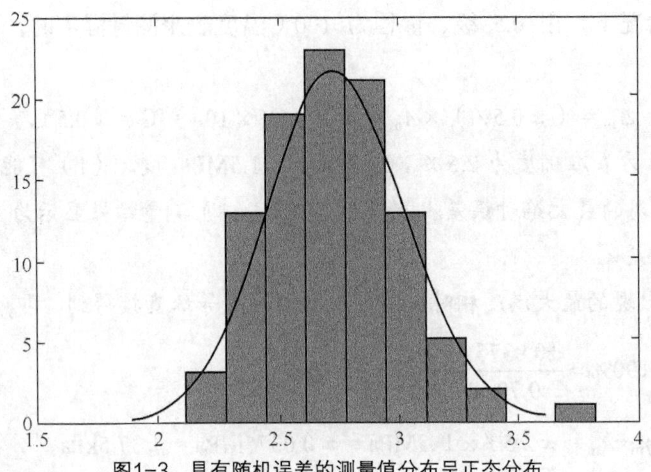

图1-3　具有随机误差的测量值分布呈正态分布

【例 1-3】　如图 1-4 所示，用核辐射式测厚仪对钢板的厚度进行 6 次等精度测量，所得数据如表 1-3（单位为 mm）所示，请指出哪几个数值为粗大误差？在剔除粗大误差后，用算术平均值 $\overline{x}$ 公式求出钢板厚度。

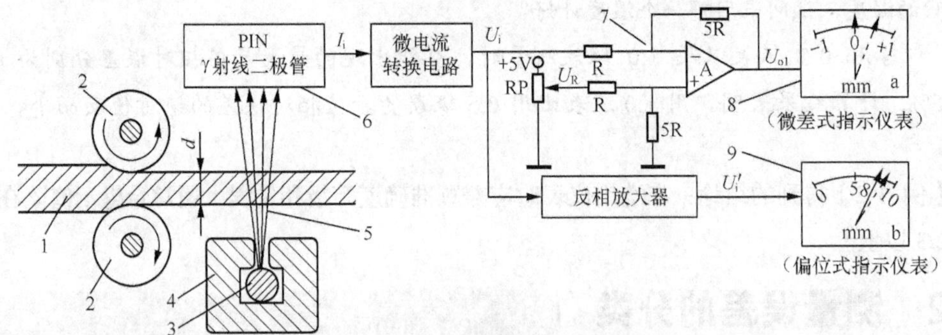

图1-4　核辐射式测厚仪测量钢板厚度

1—被测钢板；2—轧辊；3—γ 射线源；4—铅盒；5—γ 射线；6—γ 射线探测器；7—差动放大器；8—指示仪表a；9—指示仪表b

表 1-3　钢板测量结果的数据列表

n	x_i / mm
1	8.04
2	8.02
3	7.96
4	5.99（粗大）
5	10.33（粗大）
6	7.98

$$\overline{x}=\frac{1}{n}\sum_{i=1}^{n}x_i=\frac{x_1+x_2+x_3+\cdots+x_n}{n}$$

$$=8.00\text{mm}$$

1.2.3 测量系统静态误差的合成

由 n 个环节串联组成的开环系统如图 1-5 所示。输入量为 x，输出量 $y_n=f(x)$。

$$x \rightarrow \boxed{1} \xrightarrow{y_1} \boxed{2} \xrightarrow{y_2} \boxed{3} \xrightarrow{y_3} \cdots \xrightarrow{y_{n-1}} \boxed{n} \xrightarrow{y_n}$$

图1-5 由n个环节串联组成的开环系统

若第 i 个环节的满度相对误差为 γ_i 时，则输出端的满度相对误差 γ_m 与 γ_i 之间的关系可用以下两种方法来确定。

1．绝对值合成法（误差的估计偏大）

$$\gamma_{\mathrm{m}} = \sum_{i=1}^{n} \gamma_i = \pm(|\gamma_1| + |\gamma_2| + \cdots + |\gamma_n|) \tag{1-5}$$

2．方均根合成法

$$\gamma_{\mathrm{m}} = \pm\sqrt{\gamma_1^2 + \gamma_2^2 + \cdots + \gamma_n^2} \tag{1-6}$$

【例 1-4】 如图 1-4 所示，用核辐射式测厚仪测钢板厚度，已知 PIN 型 γ 射线二极管的测量误差为 ± 5%，微电流放大器误差为 ± 2%，指针表误差为 ± 1%，求测量的总误差。

解：（1）用绝对值合成法计算测量误差

$$\gamma_{\mathrm{m}} = \pm(|\gamma_1| + |\gamma_2| + \cdots |\gamma_n|) = \pm(5\% + 2\% + 1\%) = \pm 8\%$$

（2）用方均根合成法

$$\gamma_{\mathrm{m}} = \pm\sqrt{(5\%)^2 + (2\%)^2 + (1\%)^2} \approx 5.5\%$$

由【例 1-4】可以得出结论：测量系统中的一个或几个环节的精度特别高，对提高整个测量系统总的精度意义不大，反而提高了测量系统的成本，造成了资源浪费。

1.3 传感器基础知识

1.3.1 传感器的定义

传感器是一种能感受规定的被测量，并按照一定的规律转换成可用输出信号的器件或者装置。常用的传感器的输出信号多为易于处理的电量，如电压、电流、频率等。

传感器主要有敏感元件、传感元件以及测量转换电路 3 部分组成。其中敏感元件是在传感器中直接感受被测量的元件，即被测量通过传感器的敏感元件转换成与被测量有确定关系、更易于转换的非电量。这一非电量通过传感元件后就被转换成电参量。测量转换电路的作用就是将传感元件输出的电参量转换成易于处理的电压、电流或者频率量，应该指出，不是所有的传感器都有敏感、传感元件之分的，有些传感器是将两者合二为一的。

1.3.2 传感器的组成

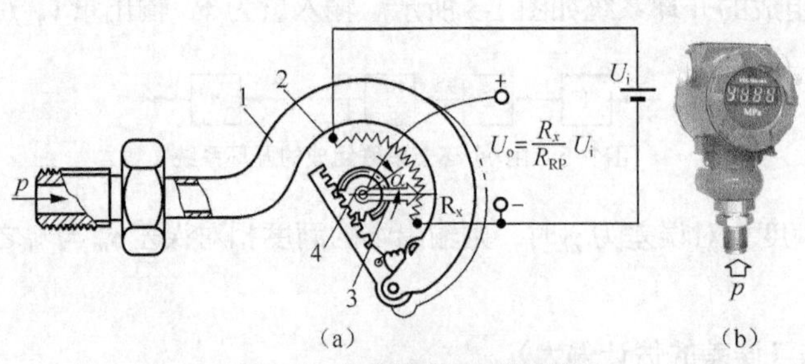

图1-6 电位器式压力传感器

1—弹簧管（敏感元件）；2—电位器（传感元件、测量转换电路）；3—电刷；4—传动机构（齿轮—齿条）

图 1-6 是一台测量压力用的电位器式压力传感器结构简图。当被测压力 P 增大时间，弹簧管撑直，通过齿条带动齿轮转动，从而带动电位器的电刷产生角位移 α。电位器电阻的变化量反映了被测压力 P 值的变化。在这个传感器中，弹簧管为敏感元件，它将压力转换成角位移，电位器为传感元件，它将角位移转换成电参量 ΔR（电阻的变化）。当电位器的两端加上电源 U_o后，电位器就组成分压比电路，它的输出量是与压力成一定关系的电压值。因此在这个例子中，电位器又属于分压比式测量转换电路。整个测试过程原理框图如图 1-7 所示。

P（压力）→ 弹簧管 → α（角位移）→ 电位器 → ΔR（电阻值）→ 分压比电路 → U_0（输出电压）

图1-7 电位器式压力传感器原理框图

1.3.3 传感器的基本特性

传感器的特性一般指输入、输出特性，包括：灵敏度、分辨力、分辨率、线性度、迟滞、稳定性、电磁兼容性、可靠性等。

1．灵敏度

灵敏度是指传感器在稳态下输出变化值与输入变化值之比，用 K 来表示：

$$K=\frac{\mathrm{d}y}{\mathrm{d}x}\approx\frac{\Delta y}{\Delta x}$$

对于线性传感器而言，灵敏度为一常数；对于非线性传感器而言，灵敏度随着输入量的变化而变化。从输出特性曲线看，曲线越陡，灵敏度越高。可以通过做该曲线的切线的方法来求得曲线上任一点的灵敏度，如图 1-8 所示，由曲线的斜率可以看出，x_2 点的灵敏度比 x_1 点高。

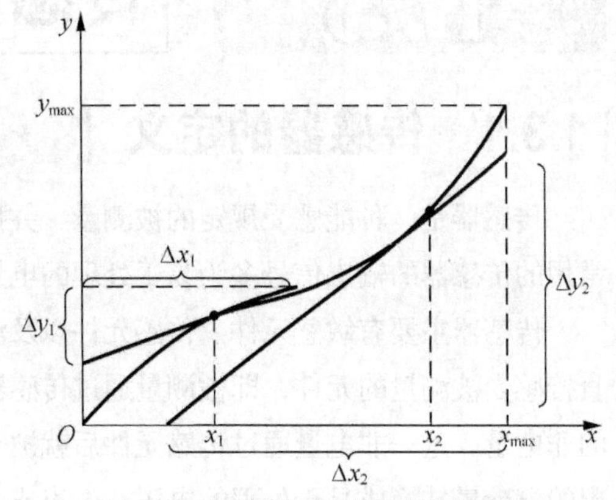

图1-8 用做图法求取传感器的灵敏度

2．分辨力与分辨率

分辨力是指传感器能检出被测信号的最小变化量，是有量纲的数。当被测量的变化小于分辨力时，传感器对输入量的变化无任何反应。

对数字仪表而言，如果没有其他附加说明，一般可以认为该表的最后一位所表示的数值就是它的分辨力。

图 1-9 所示的数字式电流表的分辨力为 0.1A，满量程显示为 99.9 A。

在仪表或传感器中，还经常用到“分辨率”的概念。将分辨力除以仪表的满量程就是仪表的分辨率。分辨率常以百分比或几分之一表示，是量纲为 1 的数。图 1-9 所示的数字或电流表分辨率=0.1 A ÷ 99.9 A≈0.1%；

图1-9　数字式电流表

3．线性度

人们总是希望传感器的输入与输出的关系成正比，即线性关系。这样可使显示仪表的刻度均匀，在整个测量范围内具有相同的灵敏度，并且不必采用线性化措施。但大多数传感器的输入输出特性总是具有不同程度的非线性，可以用下列多项式代数方程表示

$$y = a_0 + a_1x + a_2x^2 + a_3x^3 + \cdots + a_n^n$$

式中，y 为输出量，x 为输入量，a_0 为零点输出，a_1 为理论灵敏度，a_2、a_3、…、a_n 为非线性项系数。各项系数决定了传感器的线性度的大小。如果 $a_2 = a_3 = \cdots = a_n = 0$，则该系统为线性系统。

线性度又称非线性误差，是指传感器实际特性曲线与拟合直线（有时也称理论直线）之间的最大偏差与传感器满量程范围内的输出之百分比，如图 1-10 所示，它可用下式表示，且多取其正值。

$$\gamma_L = \frac{\Delta L_{max}}{y_{max} - y_{min}} \times 100\%$$

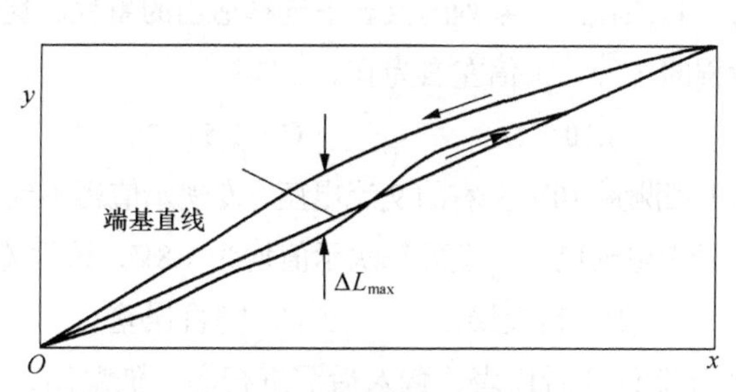

图1-10　传感器线性度示意图
（直线为拟合直线$y=ax+b$，曲线为实际特性曲线）

4．稳定性

传感器使用一段时间后，其性能保持不变的能力称为稳定性。影响传感器长期稳定性的因素除传感器本身结构外，主要是传感器的使用环境。因此，要使传感器具有良好的稳定性，传感器必须要有较强的环境适应能力。在选择传感器之前，应对其使用环境进行调查，并根据具体的使用环境选择合适的传感器，或采取适当的措施，减小环境的影响。传感器的稳定性有定量指标，在超过使用期后，在使用前应重新进行标定，以确定传感器的性能是否发生变化。在某些要求传感器能长期使用而又不能轻易更换或标定的场合，所选用的传感器稳定性要求更严格，要能够经受住长时间的考验。

例：某仪表输出电压值在8h内的最大变化量为1.2mV，则稳定性表示为1.2mV/（8h）。

实际应用中的稳定度简单调整方法：在测量前，可以将输入端短路通过重新调零来克服。

5．电磁兼容性

电磁兼容性是指电子设备在规定的电磁干扰环境中能按照原设计要求而正常工作的能力，而且也不向处于同一环境中的其他设备释放超过允许范围的电磁干扰。

我国从20世纪80年代至今已制定了上百个电磁兼容的国家标准,强制要求绝大多数电气设备必须通过相关电磁兼容标准的性能测试。对于检测系统来说，主要是考虑在恶劣的电磁环境中，系统必须能够正常工作，并能取得精度等级范围内的正确测量结果。

6．可靠性

可靠性反映传感器和检测系统在规定的条件下，在规定的时间内是否耐用的一种综合性的质量指标。为了验证传感器的可靠性，通常在传感器使用之前，模拟工作环境要做“老化”试验和“盐雾”试验等。

1．单项选择题

（1）某采购员分别在3家商店购买100kg大米、10kg苹果、1kg巧克力，发现均缺少0.5kg，但该采购员对卖巧克力的商店意见最大，在这个例子中，产生此心理作用的主要因素是（　　）。

A．绝对误差　　B．示值相对误差　　C．满足相对误差　　D．精度等级

（2）选购线性仪表时，必须在同一系列的仪表中选择适当的量程。这时必须考虑到应尽量使选购的仪表量程为欲测量量程的（　　）倍左右为宜。

A．3　　B.10　　C．1.5　　D．0.75

（3）用万用表交流电压挡测量10V左右的交流电压，发现示值还不到1V，该误差属于（　　）；用该表直流电压挡测量5号干电池电压，发现每次示值均为1.8V，该误差属于（　　）。

A．系统误差　　B．粗大误差　　C．随机误差　　D．动态误差

（4）重要场合使用的元器件或者仪表，购入后需进行高、低温循环老化试验，其目的是为了（　　）。

A．提高精度　　B．加速其衰老　　C．测试其各项性能指标　　D．提高可靠性

（5）近年来，仿生传感器的研究越来越热，其主要就是模仿人的（　　）的传感器。

A．视觉器官　　B．听觉器官　　C．嗅觉器官　　D．感觉器官

（6）若将计算机比喻成人的大脑，那么传感器则可以比喻为（　　）。

A．眼睛　　B．感觉器官　　C．手　　D．皮肤

（7）传感器主要完成两个方面的功能：检测和（　　）。

A．测量　　B．感知　　C．信号调节　　D．转换

（8）传感技术与信息学科紧密相连，是（　　）和自动转换技术的总称。

A. 自动调节　　B. 自动测量　　C. 自动检测　　D. 信息获取

2．简答题

（1）举例说明你所见到过的传感器。

（2）解释什么是传感器？传感器的基本组成包括哪两大部分？这两大部分各自起什么作用？

（3）请简述传感器技术的分类方法。

（4）请谈谈你对传感技术的发展趋势的一些看法。

（5）试述传感器的定义、共性及组成。

第2章 电阻传感器典型应用

【学习目标】

- 理解应变式电阻传感器、测温热电阻传感器、气敏电阻传感器、湿敏电阻传感器的工作原理
- 熟悉电阻传感器敏感元件的特性及接线。
- 了解电阻传感器的典型应用。

2.1 应变式电阻传感器的应用

随着技术的进步，工业生产过程自动化、生产工艺中的自动检测及进料量控制等，都应用了称重传感器，称重传感器已成为过程控制中的一种必需的装置。如何用电阻应变式称重传感器制作电子衡器实现对物料的快速、准确地称量呢？

取一根细电阻丝，两端接上一台数字式欧姆表，记下其初始值，用力将该电阻丝拉长，其阻值将会出现怎样的变化？

2.1.1 应变片的工作原理

如图2-1所示，导体或半导体材料在外界力的作用下，会产生机械变形，其电阻值也将随着发生变化，这种现象称为应变效应。

图2-1 金属电阻丝应变效应

设有一长度为l、截面积为A、半径为r、电阻率为ρ的金属丝，它的电阻值R可表示为

$$R=\rho\frac{l}{A}=\rho\frac{l}{\pi r^{2}} \tag{2-1}$$

当沿金属丝的长度方向作用均匀拉力（或压力）时，式（2-1）中的ρ、r、l都将发生变化，从而导致电阻值R发生变化。例如金属丝受拉时，l将变长、r变小，均导致R变大；又如，某些半导体受拉时，ρ将变大，导致R变大。

实验证明，电阻丝及应变片的电阻相对变化量$\Delta R/R$与材料力学中的轴向应变ε的关系在很大范围内是线性的，即

$$\frac{\Delta R}{R}=K\varepsilon \tag{2-2}$$

式中　K——电阻应变片的灵敏度。

对于不同的金属材料，K略微不同，一般为2左右。而对半导体材料而言，由于其感受到应变时，电阻率ρ会产生很大的变化，所以灵敏度比金属材料大几十倍。

在材料力学中，$\varepsilon=\Delta L/L$称为电阻丝的轴向应变，也称纵向应变，是量纲为1的数。ε通常很小，常用10^{-6}表示。例如，当ε_x为0.000 001时，在工程中常表示为1×10^{-6}或μm/m。在应变测量中，也常将之称为微应变（μ ε）。

对金属材料而言，当它受力之后所产生的轴向应变最好不要大于1×10^{-3}，即1 000μm/m，否则有可能超过材料的极限强度而导致断裂。

应变片用于测量力F的计算公式，由材料力学可知，$\varepsilon_x=F/(AE)$，所以$\Delta R/R$又可表示为

$$\frac{\Delta R}{R}=K\frac{F}{AE} \tag{2-3}$$

如果应变片的灵敏度K和试件的横截面积A以及弹性模量E均为已知，则只要设法测出$\Delta R/R$的数值，即可获知试件受力F的大小。

2.1.2 应变片的种类与结构

应变片可分为金属应变片及半导体应变片两大类。前者可分成金属丝式、箔式、薄膜式3种。图2-2为金属应变片结构，目前箔式应变片应用较多。金属丝式应变片使用最早，有纸基、胶基之分。

由于金属丝式应变片蠕变较大，金属丝易脱胶，有逐渐被箔式所取代的趋势。但其价格便宜，多用于应变、应力的大批量、一次性试验。

箔式应变片中的箔栅是金属箔通过光刻、腐蚀等工艺制成的。箔的材料多为电阻率高、热稳定性好的铜镍合金。箔式应变片与基片的接触面积大得多，散热条件较好，在长时间测量时的蠕变较小，一致性较好，适合于大批量生产。还可以对金属箔式应变片进行适当的热处理，使其线胀系数、电阻温度系数以及被粘贴的试件的线胀系数3者相互抵消，从而将温度影响减小到最小，目前广泛用于各种应变式传感器中。

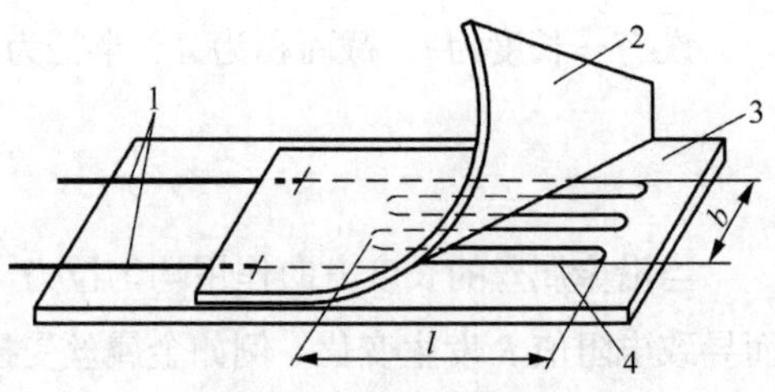

图2-2　金属应变片的结构

1—引线；2—覆盖层；3—基片；4—电阻丝

金属薄膜式应变片主要采用真空蒸镀技术，在薄的绝缘基片上蒸镀上金属材料薄膜，最后加保护层形成，它是近年来薄膜技术发展的产物。

半导体应变片是用半导体材料作敏感栅而制成的。当它受力时，电阻率随应力的变化而变化。它的主要优点是灵敏度高（灵敏度比金属丝式、箔式大几十倍），主要缺点是灵敏度的一致性差、温漂大、电阻与应变间非线性严重。

2.1.3　应变片的粘贴

（1）去污：采用手持砂轮工具除去构件表面的油污、漆、锈斑等，并用细纱布交叉打磨出细纹以增加粘贴力，用浸有酒精或丙酮的纱布片或脱脂棉球擦洗。

（2）贴片：在应变片的表面和处理过的粘贴表面上，各涂一层均匀的粘贴胶，用镊子将应变片放上去，并调好位置，然后盖上塑料薄膜，用手指揉和滚压，排出下面的气泡。

（3）测量 ：从分开的端子处，预先用万用表测量应变片的电阻，发现端子折断和坏的应变片。

（4）焊接：将引线和端子用烙铁焊接起来，注意不要把端子扯断。

（5）固定：焊接后用胶布将引线和被测对象固定在一起，防止损坏引线和应变片。

2.1.4　测量转换电路

金属应变片的电阻变化是很小的，用一般的测量电阻的仪表难以直接测出来，必须用专门的电路来测量这种微弱的变化。最常用的电路为直流电桥和交流电桥。下面以直流电桥电路为例，简要介绍其工作原理及有关特性。

有一金属箔式应变片，标称阻值 R_0 为 100Ω，灵敏度 K=2，粘贴在横截面积为 9.8mm^2 的钢质圆柱体上，钢的弹性模量 E=2×1 011N/m^2，所受拉力 F=0.2t，受拉后应变片的阻值 R 的变化量为多少？

如图 2-3（a）所示，直流电桥电路的 4 个桥臂是由 R_1、R_2、R_3、R_4 组成，其中 a、c 两端接直流电压 U_i，而 b、d 两端为输出端，其输出电压为 U_o。为了使电桥在测量前的输出电压为零，应该选择 4 个桥臂电阻，使 $R_1 R_3 = R_2 R_4$，或 $R_1/R_2 = R_3/R_4$，输出电压为 U_o=0。当桥臂电阻发生变化，且 ΔR_i　R_i，在电桥输出端的负载电阻为无限大时，电桥输出电压可近似表示为

$$U_o = \frac{U_i}{4}\left(\frac{\Delta R_1}{R_1} - \frac{\Delta R_2}{R_2} + \frac{\Delta R_3}{R_3} - \frac{\Delta R_4}{R_4}\right) \tag{2-4}$$

一般采用全等臂形式，即 $R_1=R_2=R_3=R_4=R$，$\Delta R_1=-\Delta R_2=\Delta R_3=-\Delta R_4=\Delta R$，上式可变为

$$U_o = U_i \frac{\Delta R}{R} = U_i K \varepsilon \tag{2-5}$$

K 为应变片的灵敏度，ε 为应变片的应变。

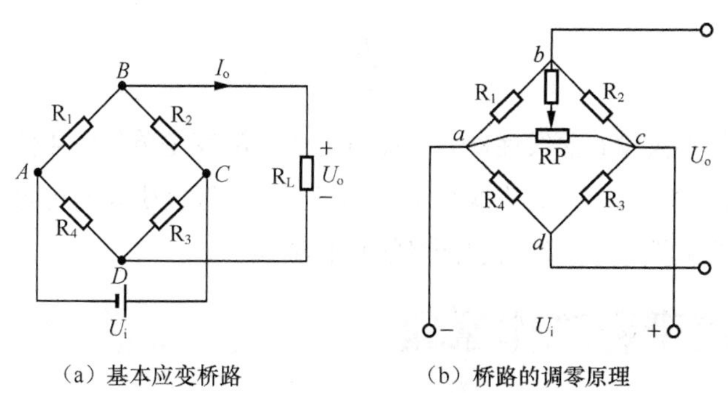

（a）基本应变桥路　（b）桥路的调零原理

图2-3　桥式测量转换电路

实际使用中，R_1、R_2、R_3、R_4不可能严格地呈比例关系，所以即使在未受力时，桥路的输出也不一定能严格为零，因此必须设置调零电路，如图 2-3（b）所示。调节 RP，可以使电桥趋于平衡，U_o预调到零位，这一过程称为调零。图中 R_5是用于减小调节范围的限流电阻。上述调零方法在电子秤等仪器中被广泛使用。

另外根据可变电阻在电桥电路中的分布方式，电桥的工作方式有以下 3 种类型。

（1）半桥单臂工作方式。如图 2-4 所示，若传感器输出的电阻变化量ΔR只接入电桥的一个桥臂中，在工作时，其余 3 个电阻的阻值没有变化（即$\Delta R_2=\Delta R_3=\Delta R_4=0$）。电桥的输出电压为

$$U_o=\frac{U_i}{4}\frac{\Delta R}{R}=\frac{U_i}{4}K\varepsilon \tag{2-6}$$

（2）半桥双臂工作方式。如图 2-5 所示，在试件上安装两个工作应变片，一个受拉应变，一个受压应变，接入电桥相邻桥臂，称为半桥差动电路，电桥的输出电压为

$$U_o=\frac{U_i}{2}\frac{\Delta R}{R}=\frac{U_i}{2}K\varepsilon \tag{2-7}$$

U_o与$\Delta R/R$呈线性关系，差动电桥无非线性误差，而且电桥电压灵敏度比单臂工作时提高一倍，当环境温度升高时，R_1和R_2同时增大，相互抵消，还具有温度补偿作用。

（3）全桥四臂工作方式。如图 2-6 所示，若将电桥四臂接入 4 个应变片，即 2 个受拉应变，2 个受压应变，将两个应变符号相同的接入相对桥臂上，构成全桥差动电路。电桥的 4 个桥臂的电阻值都发生变化，电桥的输出电压为

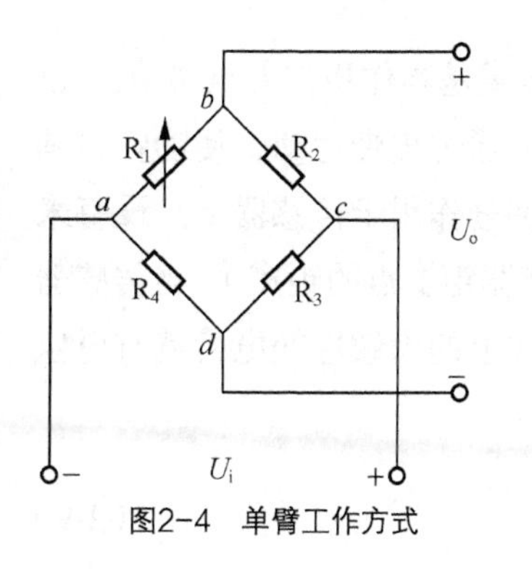

图2-4　单臂工作方式

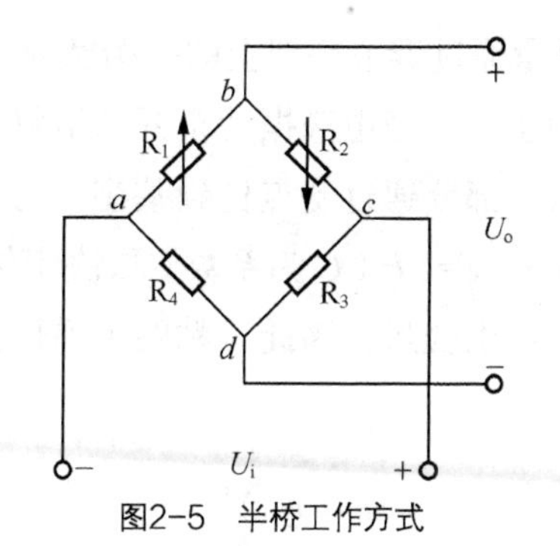

图2-5　半桥工作方式

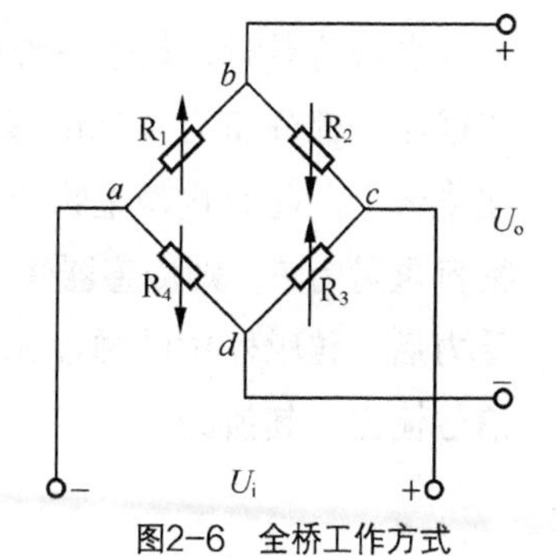

图2-6　全桥工作方式

$$U_o = U_i \frac{\Delta R}{R} = U_i K \varepsilon \qquad (2\text{-}8)$$

此时全桥差动电路不仅没有非线性误差，而且电压灵敏度是单片的 4 倍，同时仍具有温度补偿作用，当环境温度升高时，桥臂上的应变片温度同时升高，温度引起的电阻值漂移数值一致，可以相互抵消，所以全桥的温漂较小；半桥也同样能克服温漂。

2.1.5 电子皮带秤工作原理

小知识 电阻应变式传感器是一种利用电阻应变片（或弹性敏感元件）将应变或应力转换为电阻的传感器。任何非电量只要能设法变换为应变，都可以利用电阻应变片进行电测量。

荷重传感器是皮带秤的关键组成部件，采用半导体力敏应变片作为敏感元件，这种传感器灵敏度可达 7～10mV/kg，额定压力为 5kg 的荷重传感器可输出 50mV 左右。电子皮带秤工作原理如图 2-7 所示。

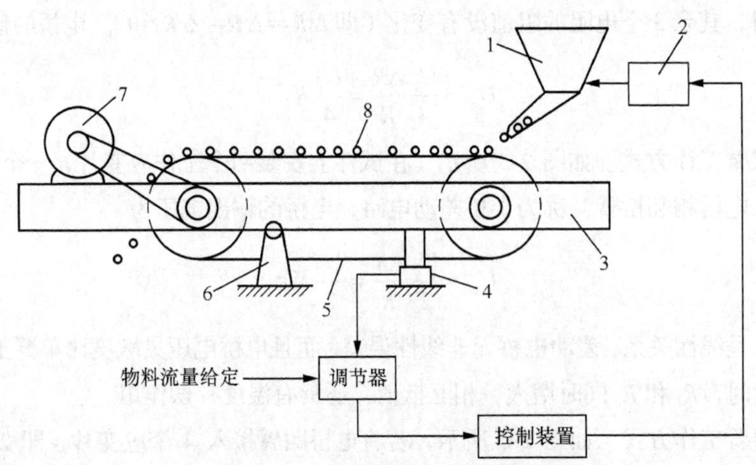

图2-7 电子皮带秤工作原理示意图

1—料仓；2—电磁振动给料机；3—秤架；4—力敏荷重传感器（包括放大器）；
5—环行皮带；6—支点；7—减速电机；8—物料

当未给料时，整个皮带秤重量通过调节秤架上的平衡锤使之自重基本作用在支点 6 上，仅留很小一部分压力作为传感器预压力。当电磁振动机开始给料时，通过皮带运动，使物料平铺在皮带上。此时皮带上物料重量一部分通过支点传到基座，另一部分作用于传感器上。设每米物料重量为 P，则传感器受力为 F，$F=CP$（C 为系数，取决于传感器距支点的距离）。当传感器受力后，传感器中的弹性元件将产生变形，因此，粘贴于弹性元件上的力敏应变电桥就有电压信号输出，其值为

$$U_o = U \frac{\Delta R}{R} \qquad (2\text{-}9)$$

式中　U——应变电桥的电源电压；

$\Delta R/R$——应变片的相对变化。

当 U 和 R 恒定时，U 与受力成正比。因此，U 与 P 成正比。在皮带速度 V 不变时，单位时间内皮带上物料流量为 $Q=PV$，即 Q 与 P 成正比。所以测量 U 的大小就间接地测量 Q 的大小。

2.1.6　称重仪电路

电阻应变片是称重仪的关键部件，由于电阻应变片的种类和型号较多，因此，应根据电路的具体要求来选择合适的电阻应变片。这里选用 E350-2AA 箔式电阻应变片，其常态阻值为 350Ω。将应变片采用合理的粘贴方法粘贴在称重仪的桥臂中央位置，如图 2-8 所示，使应变片的变形与桥臂变形一致，提高测量的准确性。

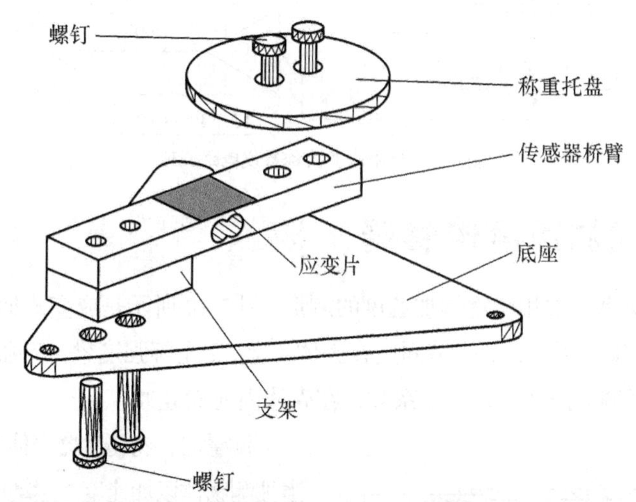

图2-8　电阻应变式称重仪电路原理图

电阻应变式称重仪电路原理如图 2-9 所示，其主要部分为电阻应变式传感器 R_1 及 IC_2、IC_3 组成的测量放大电路，以及 IC_1 和外围元件组成的数显面板表。电阻应变式传感器 R_1 采用常态电阻为 350Ω 的 E350-2AA 箔式电阻应变片，测量电路将 R_1 产生的电阻应变量转换成电压信号输出。IC_3 将经转换后的弱电压信号进行放大，作为 A/D 转换器的模拟电压输出入。IC_4 提供 1.22V 基准电压，它同时经 R_5、R_6、及 RP_2 分压后作为 A/D 转换器的参考电压。A/D 转换器 ICL7126 的参考电压输入正端由 RP_2 中间触头引入，负端则由 RP_3 的中间触头引入。两端参考电压可对传感器非线性误差进行矢量补偿。

在称重托盘无负载时调整 RP_1，使显示器准确显示零。调整 RP_2，使托盘承担满量程重量（本电路选满量程为 2kg）时显示满量程值。在托盘上放置 1kg 的标准砝码，观察显示器是否显示 1.000，如有偏差，可调整 RP_3 的阻值，使之准确显示 1.000。重复上面操作，直至均满足要求为止。最后准确测量 RP_2、RP_3 的电阻值，并用固定精密电阻予以代替。RP_1 可引出进行另外调整。测量前先调整 RP_1，使显示器回零。

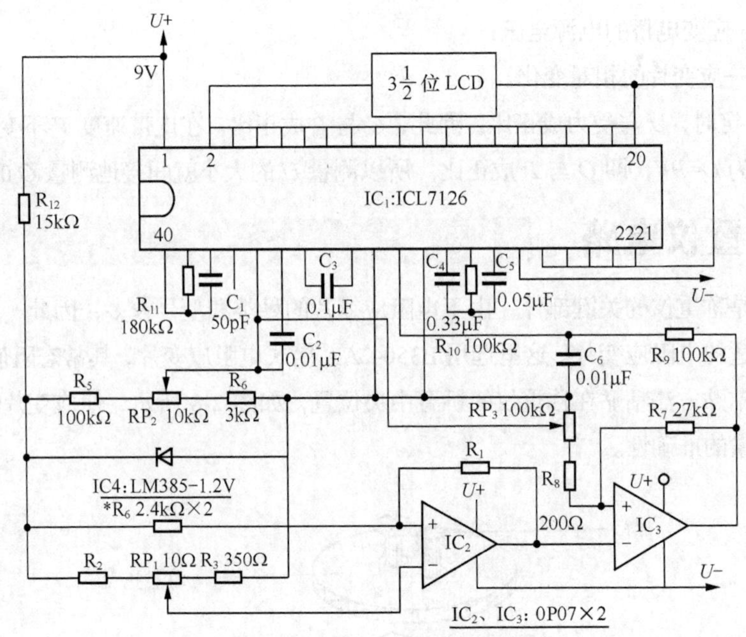

图2-9 电阻应变式称重仪电路原理

2.1.7 应变式加速度传感器

应变式加速度传感器主要用于物体加速度的测量。图 2-10 所示是应变式加速度传感器的结构示意图，图中自由端安装质量块 1，另一端固定在壳体 4 上，2 是等强度梁，等强度梁上粘贴 4 个电阻应变敏感元件 3。为了调节振动系统阻尼系数，在壳体内充满硅油。

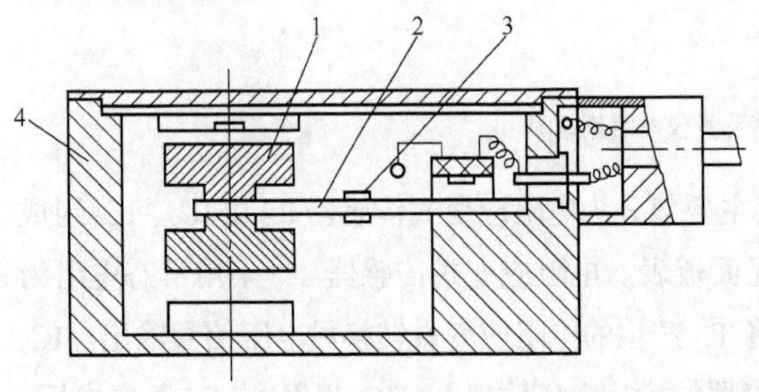

图2-10 电阻应变式加速度传感器结构图

1—质量块；2—等强度梁；3—电阻应变敏感元件； 4—壳体

测量时，将传感器壳体与被测对象刚性连接，当被测物体以加速度 运动时，质量块受到一个与加速度方向相反的惯性力作用，使悬臂梁变形，该变形被粘贴在悬臂梁上的应变片感受到并随之产生应变，从而使应变片的电阻发生变化。电阻的变化产生输出电压，即可得出加速度 值的大小。

应变式加速度传感器不适用于频率较高的振动和冲击场合，一般适用频率为 10～60Hz 范围。

2.1.8 应变式扭矩传感器

使机械旋转部件转动的力矩称为“转矩”或“扭矩”，应变式扭矩传感器如图 2-11 所示。应变片粘贴在扭转轴的表面，扭转轴是专门用于测量力矩和转矩的弹性敏感元件。

在扭矩 T 的作用下，扭转轴的表面将产生拉伸或压缩应变。在轴表面上，与轴线成 45°方向上的应变（图 2-11 中 AB 方向及 AC 方向上的应变）数值最大，但符号相反，接入图 2-3 所示的电桥电路，可以得到与扭矩成正比的输出电压。

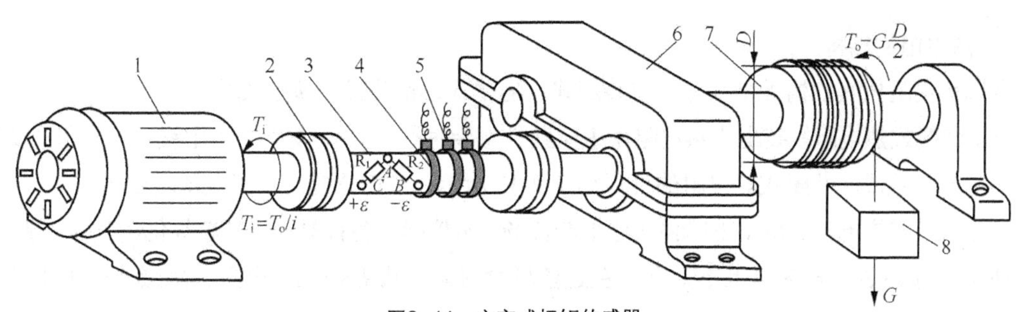

图2-11 应变式扭矩传感器

1—电动机；2—联轴器；3—扭转轴；4—信号引出滑环；5—电刷；6—减速器；7—转鼓（卷扬机）；8—重物；T_i—输入转矩；T_o—输出转矩；i—减速比

2.2 热电阻传感器的应用

禽蛋孵化、食用菌培育需要温度检测，如何利用温度传感器，对环境温度进行实时检测，能在受控温度达到设定温度的上限值或下限值时，向外界发出警报?

2.2.1 热电阻

1. 热电阻原理及特性

金属丝的电阻值随温度升高而增大，热电阻正是利用这一特性来测量温度。目前较为广泛应用的热电阻材料是铂和铜。

（1）铂热电阻。铂热电阻的特点是在氧化性介质中，甚至高温下的物理化学性能稳定，精度高、稳定性好、电阻率较大、性能可靠，所以在温度传感器中得到了广泛应用。按IEC标准，铂热电阻的使用温度范围为−200～960℃。

热电阻的阻值 R_t 与 t 之间并不完全呈线性关系。因此必须每隔1℃测出热电阻在规定的测温范围内的 R_t 与 t 之间的对应电阻值，并列成表格，这种表格称为热电阻分度表，见附录A。

工业用铂热电阻在0℃时的阻值 R_0 有25Ω、100Ω，分度号分别用Pt25、Pt100等表示，其中以Pt100为常用。铂热电阻不同分度号亦有相应分度表，即 R_t-t 的关系表，这样在实际测量中，只要测得热电阻的阻值 R_t，便可从分度表上查出对应的温度值。

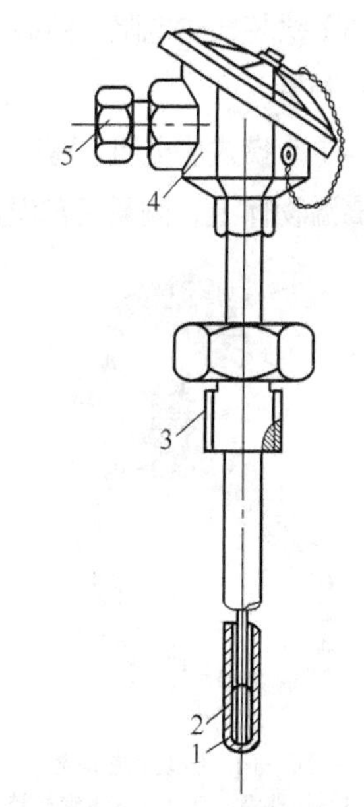

图2-12 装配式热电阻

1—保护套管；2—感温元件；3—紧固螺栓；4—接线盒；5—引出线密封管

（2）铜热电阻。铜热电阻的电阻温度系数比铂高，电阻与温度的关系 R_t- t 曲线几乎是线性的，并且铜价格便宜、易于提纯、工艺性好。因此，在一些测量精度要求不高、测温范围不大且温度较低的测温场合，可采用铜热电阻进行测温，铜热电阻的测量范围为−50～150℃。

工业用铜热电阻在0℃的阻值 R_0 有50Ω、100Ω，分度号分别用Cu50、Cu100表示。

2．热电阻的结构

金属热电阻按其结构类型来分，有装配式、隔爆式、铠装式、薄膜式等。

（1）装配式热电阻。装配式热电阻由敏感元件（金属电阻丝）、支架、引出线、保护套管及接线盒等基本部分组成。装配式热电阻的外形如图 2-12 所示，它广泛应用于工业现场测温。

（2）隔爆式热电阻。在化工厂和其他生产现场，常伴随有各种易燃、易爆等化学气体、蒸气等，如果使用普通的装配式热电阻不安全，在这些场合必须使用隔爆式热电阻，隔爆式热电阻结构如图 2-13 所示。

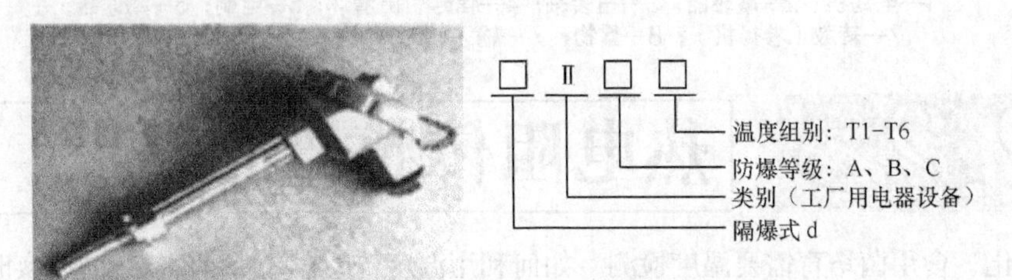

（a）外形　　（b）防爆标志表示方法

图2-13　隔爆式热电阻

小知识　电气设备可分为Ⅰ类（煤矿井下用电器设备）、Ⅱ类（工厂用电器设备）。隔爆式热电阻的防爆等级按其适用于爆炸性气体混合物安全级别分为 A、B、C 三级。隔爆式热电阻的温度组别按其外露部分最高表面温度分为 T1～T6 六组，对应不同的温度。

（3）铠装式热电阻。铠装式热电阻柔软易弯，其外形及结构如图 2-14 所示，常用于狭窄、弯曲部分的测量。

（4）薄膜式热电阻。薄膜式热电阻如图 2-15 所示，其尺寸可以小到几平方毫米，可将其粘贴在被测高温物体上，测量局部温度，具有热容量小，反应快的特点。

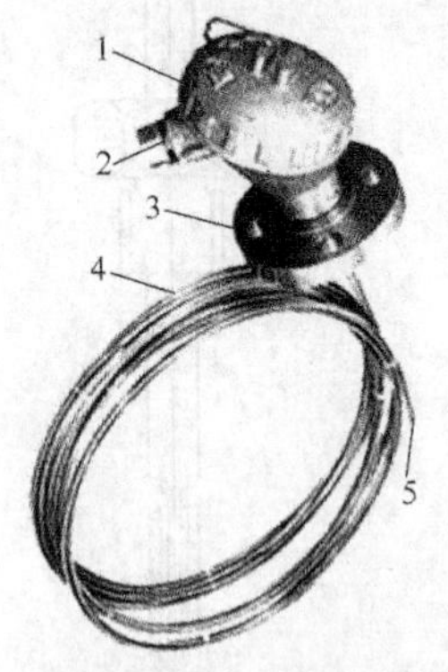

图2-14　铠装式热电阻

1—接线盒；2—引出线密封管；3—法兰盘；4—柔性外套管；5—测温端部

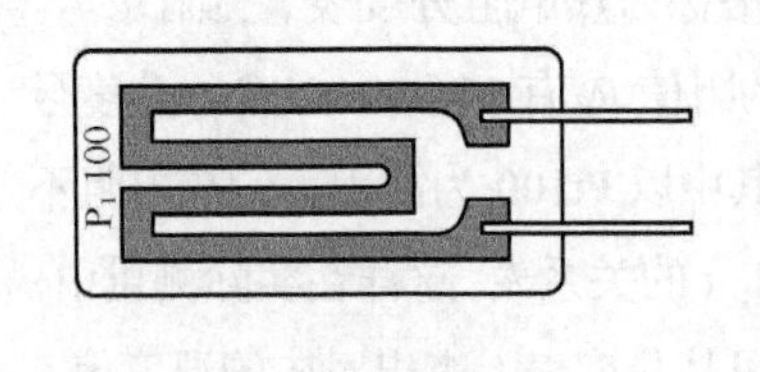

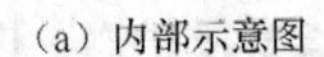

（a）内部示意图　　（b）外形示意

图2-15　薄膜式热电阻

3．热电阻的测量转换电路

用热电阻传感器进行测温时，测量电路经常采用电桥电路。热电阻内部的引线方式有二线制、三线制和四线制 3 种，其内部接线方式如图 2-16 所示。二线制中引线电阻对测量影响大，用于测温精度不高的场合；三线制可以减小热电阻与测量仪表之间连接导线的电阻因环境温度变化所引起的测量误差；四线制可以完全消除引线电阻对测量结果的影响，用于高精度温度检测。下面主要对三线制及四线制进行分析。

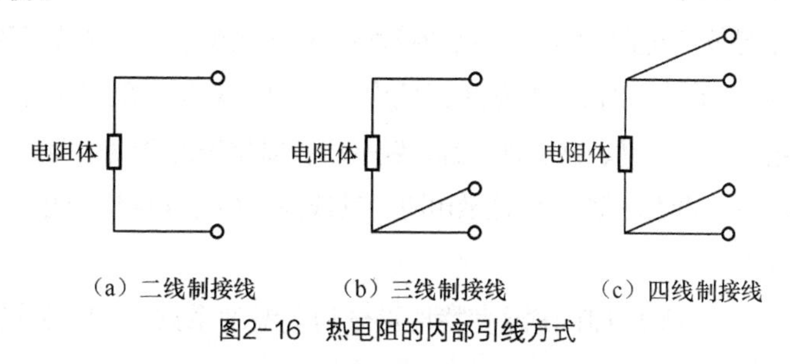

（a）二线制接线　（b）三线制接线　（c）四线制接线

图2-16　热电阻的内部引线方式

（1）三线制。图2-17中R_1为热电阻，R_2、R_3、R_4为锰铜电阻，它们的电阻温度系数十分小，属于固定电阻。当加上桥路电源U_i后，电桥即有相应的输出U_o。电桥的调零须在0℃的情况下进行。为了消除和减小引线电阻的影响，热电阻R_1通常采用三线制连接法。

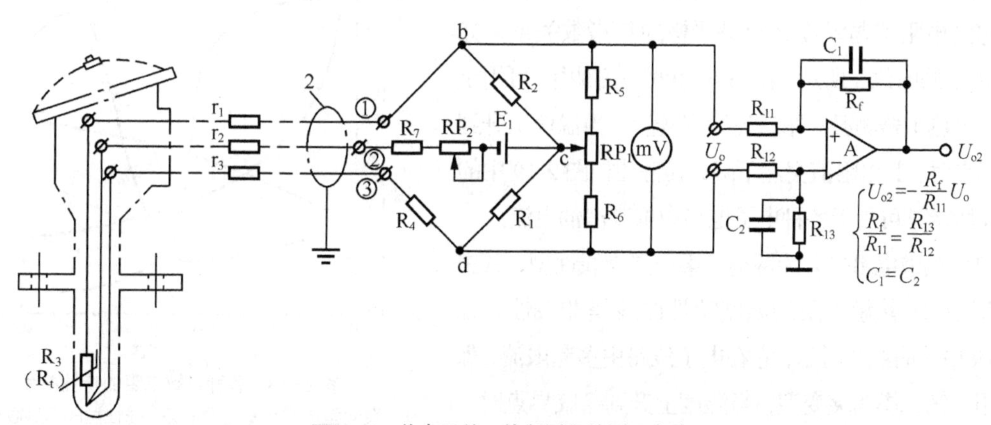

图2-17　热电阻的三线制测量的测量电路

接线时，热电阻R_t用3根导线①、②、③引至测温电桥。其中两根引线的内阻（R_1、R_4）分别串入测量电桥相邻两臂的r_1、r_3上，引线的长度变化以及引线电阻随温度变化不影响电桥的平衡。可通过调节RP_2来微调电桥的满量程输出电压。为了减小外电场、外磁场的干扰，最好采用三芯屏蔽线，并将屏蔽线的金属网状屏蔽层接大地。

（2）四线制。在电阻体的两端各连接两根引线称为四线制，这种引线方式不仅消除了连接电阻的影响，而且可以消除测量电路中寄生电动势引起的误差。这种引线方式主要用于高精度温度测量，如图2-18所示。

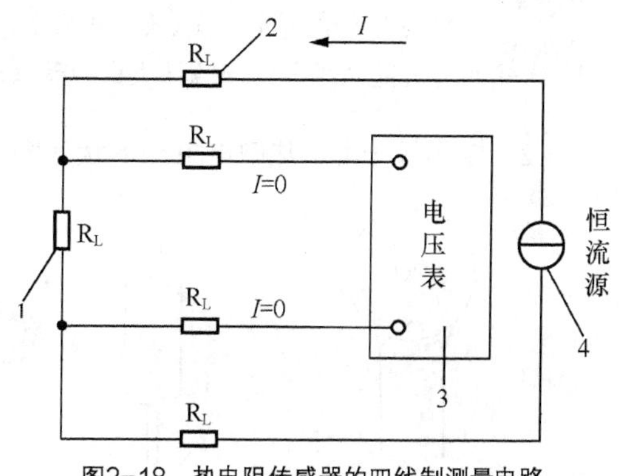

图2-18　热电阻传感器的四线制测量电路

1—电阻体；2—标准电阻；3—显示仪表；4—恒流源

二线制和三线制是用电桥法测量，给出的是温度值与模拟量输出值的关系。四线没有电桥，用恒流源发送，电压计测量，给出测量电阻值。

2.2.2 热敏电阻

1．热敏电阻的工作原理

热敏电阻是利用半导体的电阻随温度变化的特性制成的测温元件，按温度系数可分为负温度系数（NTC）热敏电阻和正温度系数（PTC）热敏电阻两大类。NTC 热敏电阻研制得较早，也较成熟。最常见的是由金属氧化物组成的，如锰、钴、铁、镍、铜等多种氧化物混合烧结而成。近年来，还研制出了用本征锗或本征硅材料制成的线性型 PTC 热敏电阻，其线性度和互换性均较好，可用于测温。

2．热敏电阻的分类

（1）按温度特性分类。热敏电阻按温度特性可分为负温度系数（NTC）热敏电阻和正温度系数（PTC）热敏电阻两大类。

正温度系数是指电阻的变化趋势与温度的变化趋势相同；负温度系数热敏电阻是指当温度上升时，电阻值反而下降的变化特性。

NTC 热敏电阻又可分为两大类：第一类用于测量温度，它的电阻值与温度之间呈严格的负指数关系，如图 2-21 中的曲线 3 所示。在−30～100℃范围内，可用于空调、电热水器测温。第二类为突变型。当温度上升到某临界点时，其电阻值突然下降，其特性如图 2-19 中的曲线 4 所示。可用于各种电子电路中抑制浪涌电流。

PTC 热敏电阻也分为两类：第一类为线性型，其中突变型 PTC 热敏电阻的温度特性曲线呈非线性，如图 2-19 中的曲线 2 所示，它在电子线路中多起限流、保护作用。第二类为突变型，当温度上升到某临界点时，其电阻值突然上升，其温度特性如图 2-19 中的曲线 1。

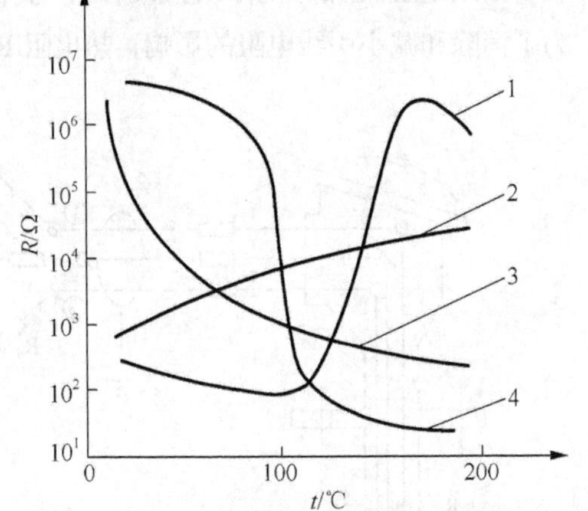

图2-19 各种热敏电阻的特性曲线

1—突变型PTC热敏电阻；2—线性型PTC热敏电阻；3—负指数型NTC热敏电阻；4—突变型NTC热敏电阻

小知识：大功率的 PTC 型陶瓷热敏电阻还可以用于电热暖风机等电热器具中，当块状 PTC 热敏电阻的温度达到设定值（如 210℃）时，PTC 热敏电阻的阻值急剧上升，流过 PTC 热敏电阻的电流随之减小，暖风机吹出的暖风温度基本恒定于设定值上下，因此，提高了安全性。

（2）按形状分类。热敏电阻按形状如图 2-20 所示，可分为圆片形、柱形、珠形和铠装型。

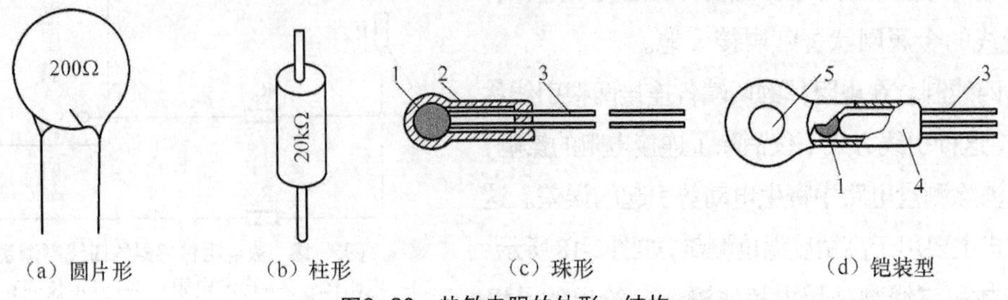

（a）圆片形　（b）柱形　（c）珠形　（d）铠装型

图2-20 热敏电阻的外形、结构

1—热敏电阻；2—玻璃外壳；3—引出线；4—纯铜外壳；5—传热安装孔

2.2.3　温度上下限报警电路

如图 2-21 所示，此报警电路采用运算放大器构成迟滞电压比较器，晶体管 VT_1 和 VT_2 根据运放输入状态导通或截止。R_t，R_1、R_2、R_3 构成一个输入电桥。

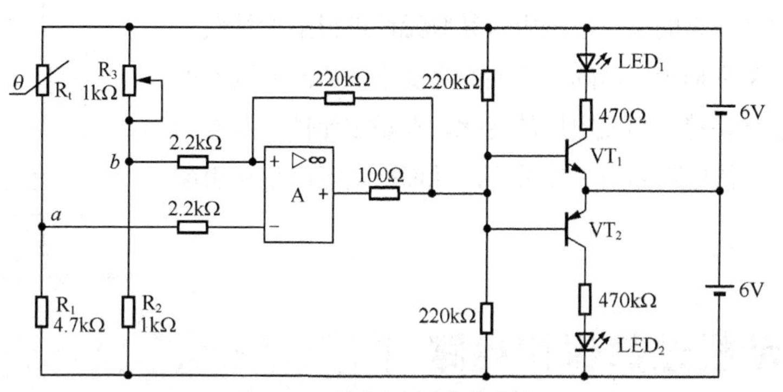

图2-21　温度上下限报警电路

当温度升高时，R_t 减小，此时 $U_{ab}>0$，即 $U_a>U_b$，VT_1 导通，LED_1 发光报警；当温度下降时，R_t 增加，此时 $U_{ab}<0$，即 $U_a<U_b$，VT_2 导通，LED_2 发光报警；当温度等于设定值时，$U_{ab}=0$，即 $U_a=U_b$，VT_1 和 VT_2 都截止，LED_1 和 LED_2 都不发光。

2.2.4　体温表测温电路

图 2-22 所示为热敏电阻体温表原理图。测体温时必须先对该温度计进行标定：将绝缘的热敏电阻放入 32℃（表头的零位）的温水中，待热量平衡后，调节 RP_1，使指针在 32℃上，再加热水。用更高一级的温度计监测水温，使其上升到 45℃。待热量平衡后，调节 RP_2，使指针指在 45℃上。再加入冷水，逐渐降温，检查 32～45℃范围内分度的准确性。若不准确可重新标定。

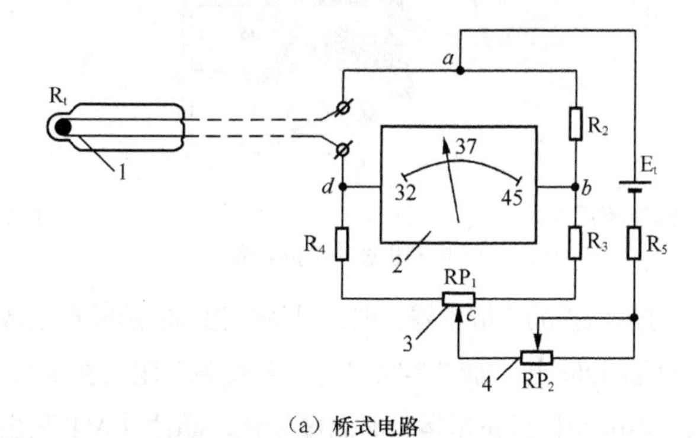

（a）桥式电路

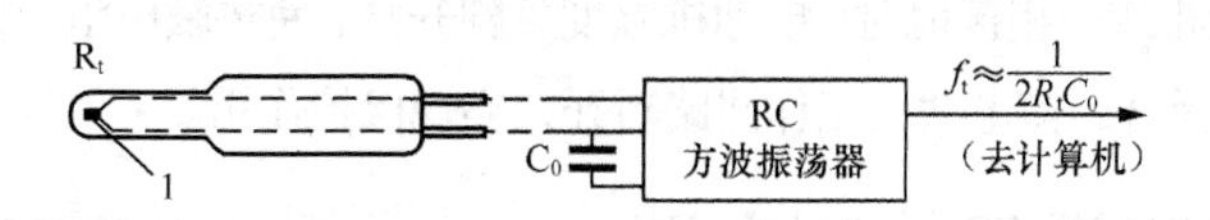

（b）调频式电路

图2-22　热敏电阻体温表原理图

1—热敏电阻；2—指针式显示器；3—调零电位器；4—调满度电位器

目前上述热敏电阻温度计均已数字化，其外形类似于圆珠笔。而上述的“标定”是作为检测技术人员必须掌握的最基本的技术，必须在实践环节反复训练类似的调试基本功。

2.2.5 霍尔元件的温度补偿电路

热敏电阻可以在一定的温度范围内对某些元件进行温度补偿。霍尔元件的输入电阻和输出电阻随温度的升高变小，从而使输入电流变大，引起霍尔电动势及负载电压的变化。在霍尔元件输入端和输出端串接PTC，补偿电路如图2-23所示，从而抵消温度变化引起的漂移误差。

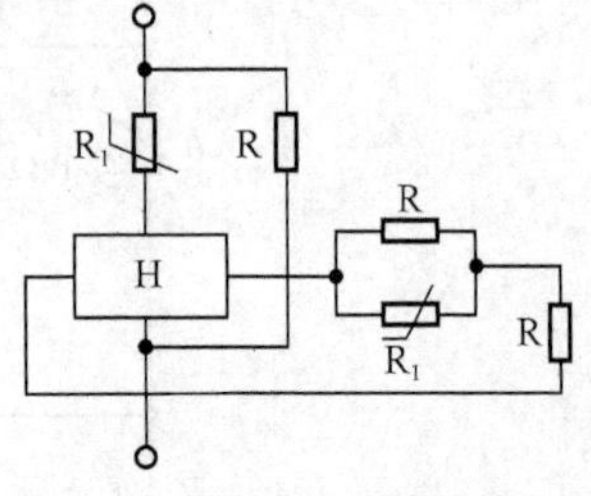

图2-23 霍尔元件温度补偿电路

2.2.6 电动机过热保护电路

将突变型热敏电阻埋设在被测物中，并与继电器串联，给电路加上恒定电路。当周围介质温度升到某一定数值时，电路中的电流可以由十分之几毫安突变为几十毫安，因此继电器动作，从而实现温度控制或过热保护。

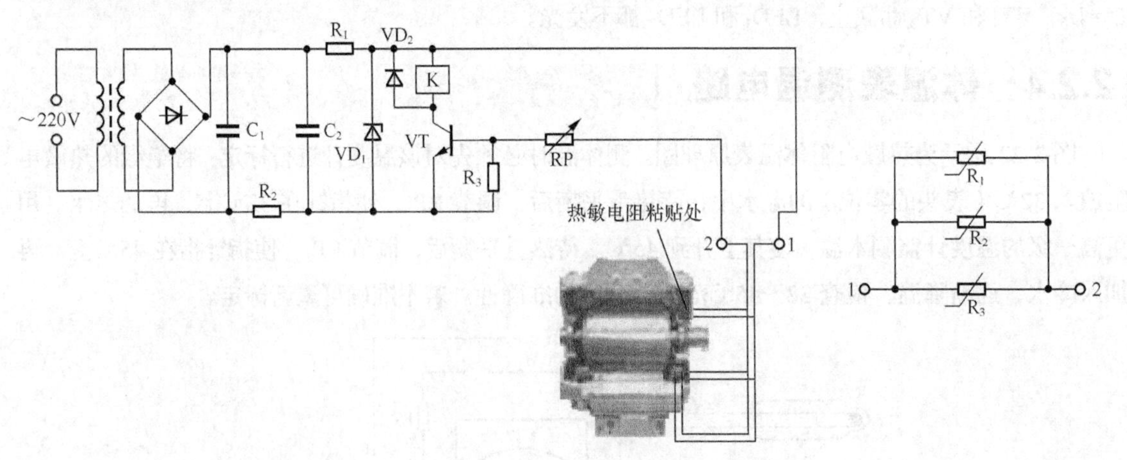

（a）连接示意图

（b）电动机定子上热敏电阻连接方式

图2-24 电动机过热保护电路

用热敏电阻作为对电动机过热保护的热继电器。把3只特性相同的热敏电阻放在电动机绕组中，紧靠绕组处每相各放一只，滴上万能胶固定，如图2-24所示。经测试其阻值在20℃时为10kΩ，100℃。时为1kΩ，110℃时为0.6kΩ，当电动机极正常运行时温度较低，晶体管VT截止，继电器K不动作；当电动机过负荷或断相或一相接地时，电动机温度急剧升高，使热敏电阻阻值急剧减小，到一定值后，VT导通，继电器K吸合，使电动机工作回路断开，实现保护作用。

2.2.7 电冰箱温度控制电路

在空调、电热水器、自动保温电饭锅、冰箱等家用电器中，热敏电阻常用于温度控制。图2-25

所示为负温度系数热敏电阻在电冰箱温度控制中的应用。

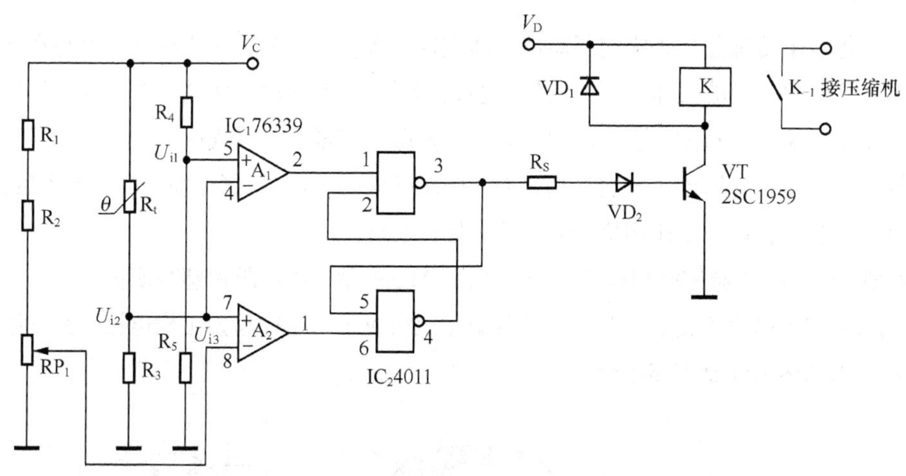

图2-25 负温度系数热敏电阻在电冰箱温度控制中的应用

当电冰箱接通电源时，由 R_4 和 R_5 经分压后给 A_1 的同相端提供一固定基准电压 U_{i1}，由温度调节电路 RP_1 输出一设定温度电压 U_{i3} 给 A_2 的反相输入端，这样就由 A_1 组成开机检测电路，由 A_2 组成关机检测电路。

当电冰箱内的温度高于设定温度时，由于温度传感器 R_t（热敏电阻）和 R_3 的分压 $U_{i2}>U_{i1},U_{i2}>U_{i3}$，因此 A_1 的输出端为低电平，而 A_2 的输出端为高电平。由 $IC_2$4011 组成的 RS 触发器的输出端输出高电平，使 VT 导通，继电器工作，其常开触点闭合，接通压缩机电动机电路，压缩机开始制冷。

当压缩机工作一定时间后，冰箱内的温度下降，到达设定温度时，温度传感器阻值增大，使 A_1 的反相输入端和 A_2 的同相输入端电位 U_{i2} 下降，$U_{i2}<U_{i1},U_{i2}<U_{i3}$，$A_1$ 的输出端变为高电平，而 A_2 的输出端变为低电平，RS 触发器的工作状态发生变化，其输出为低电平，而使 VT 截止，继电器 K 停止工作，触点 K_{-1} 被释放，压缩机停止运转。

若冰箱停止制冷一段时间后，冰箱内的温度慢慢升高，此时开机检测电路 A_1、关机检测电路 A_2 及 RS 触发器又翻转一次，使压缩机重新开始制冷。这样周而复始的工作，可达到控制电冰箱内温度的目的。

2.3 气敏电阻传感器的应用

工业、科研、生活、医疗、农业等许多领域都需要测量环境中某些气体的成分、浓度。例如，煤矿中瓦斯气体浓度超过极限值时，有可能发生爆炸；家庭发生煤气泄漏时，可能发生悲剧性事件；农业塑料大棚中 CO_2 浓度不足时，农作物将减产；锅炉和汽车发动机气缸燃烧过程中 O_2 含量不达标时，效率将下降，并造成污染。如何用气敏电阻传感器实现气体浓度检测？

2.3.1 还原性气体电阻传感器

还原性气体电阻传感器用来检测还原性气体类别、浓度和成分。还原性气体就是在化学反应中能逸出电子，化学价升高的气体，还原性气体多数属于可燃性气体，例如工业上的天然气、煤气、酒精蒸气、甲烷、氢气及石油化工等部门的易燃、易爆、有毒、有害气体。

测量还原性气体的气敏电阻一般是用SnO_2、ZnO或Fe_2O_3等金属氧化物粉料添加少量铂催化剂、激活剂及其他添加剂，按一定比例烧结而成的半导体器件。

MQN型气敏半导体器件结构如图2-26所示，MQN型气敏电阻由塑料底座、电极引线、不锈钢网罩、气敏烧结体以及包裹在烧结体中的两组铂丝组成。一组铂丝为工作电极，另一组（下图中的左边铂丝）为加热电极兼工作电极。

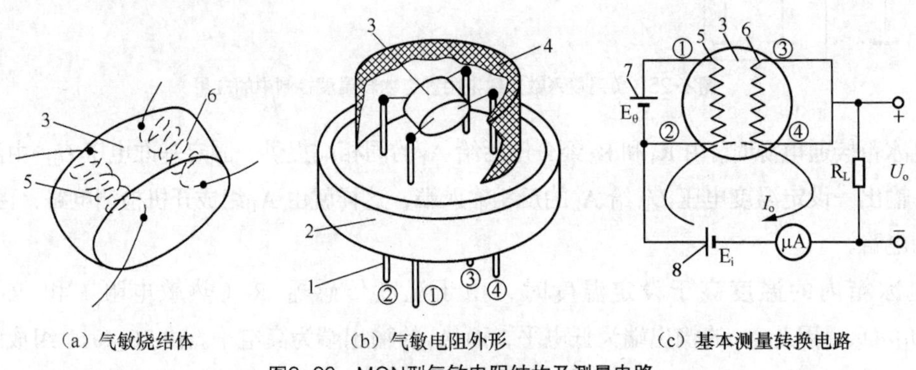

图2-26 MQN型气敏电阻结构及测量电路

1—引脚；2—塑料底座；3—烧结体；4—不锈钢网罩；5—加热电极；6—工作电极；7—加热回路电源；8—测量回路电源

气敏电阻工作时必须加热到200～300℃，其目的是加速被测气体的化学吸附和电离的过程并烧去气敏电阻表面的污物（起清洁作用）。

气敏电阻的工作原理十分复杂，有不同的解释模式。简单地说，当N型半导体在高温下遇到离解能较小（易失去电子）的还原性气体（可燃性气体）时，气体分子中的电子将向气敏电阻表面转移，使气敏电阻中的自由电子浓度增加，电阻率下降，电阻减小。气体浓度越高，电阻下降就越多。这样，就把气体的浓度信号转换成电信号。气敏电阻使用时应尽量避免置于油雾、灰尘环境中，以免老化。

气敏电阻在当被测气体浓度较低时有较大的电阻变化，而当被测气体浓度较大时，其电阻率的变化逐渐趋缓，有较大的非线性。这种特性较适用于气体的微量检漏、浓度检测或超限报警。被广泛用于煤炭、石油、化工、家居等各种领域。

2.3.2 二氧化钛氧浓度传感器

半导体材料二氧化钛（TiO_2）属于N型半导体，对氧气十分敏感，其电阻值的大小取决于周围环境的氧气浓度。

其常用于汽车或燃烧炉排放气体中氧浓度检验。图 2-27 所示为 TiO_2 氧浓度传感器的结构及测量转换电路图。当氧气含量减小时，R_{TiO_2} 的阻值减小，U_o 增大。

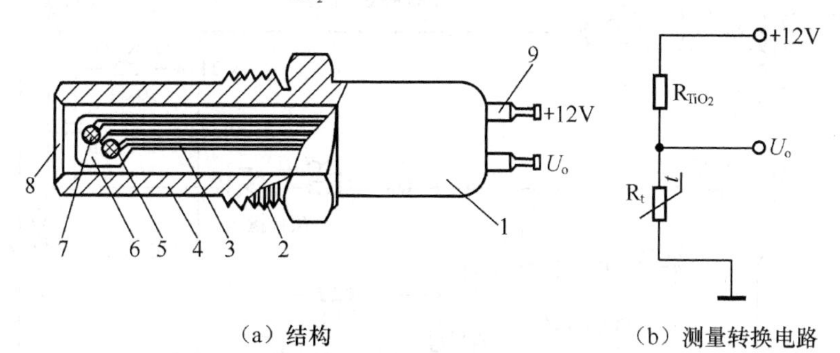

（a）结构　　（b）测量转换电路

图2-27　TiO_2氧浓度传感器结构及测量转换电路

1—外壳（接地）；2—安装螺栓；3—搭铁线；4—保护管；5—补偿电阻；6—陶瓷片；7—TiO_2氧敏电阻；8—进气口；9—引脚

2.3.3　可燃气体泄漏报警器电路

可燃气体泄漏报警器的电路图如图 2-28 所示。它采用载体催化型 MQ 系列气敏元件作为检测探头，报警灵敏度可从 0.2%起连续可调。当空气中可燃气体的浓度达 0.2%时，报警器可发出声光报警提醒用户及时处理，并自动驱动排风扇向外抽排有害气体。

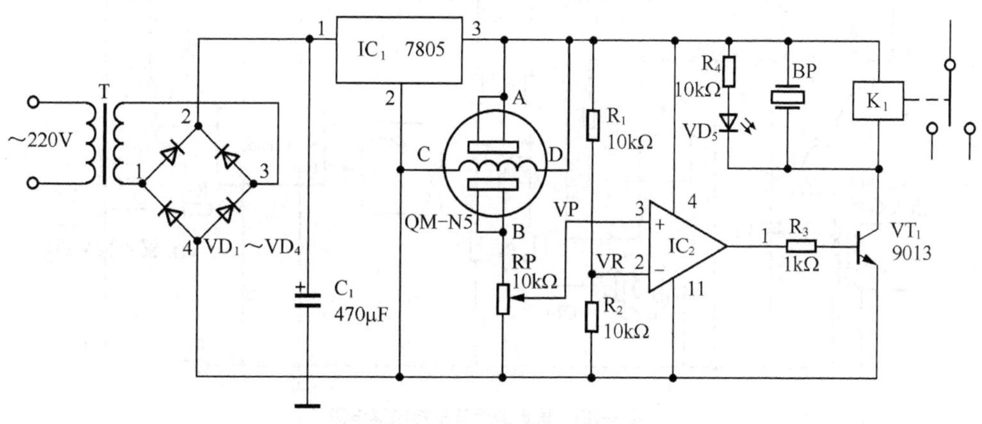

图2-28　可燃气体泄漏报警器

2.3.4　火灾烟雾报警器电路

图 2-29 所示为火灾烟雾报警器电路，# 109 为烧结型 SnO_2 气敏器件，它对烟雾也很敏感，因此用它做成的火灾烟雾报警器可用于在火灾酿成之前或之初进行报警。电路有双重报警装置，当烟雾或可燃性气体达到预定报警浓度时，气敏器件的电阻减小到使 VT_2 触发导通，蜂鸣器鸣响报警；另外，在火灾发生初期，因环境温度异常升高，将使热传感器动作，使蜂鸣器鸣响报警。

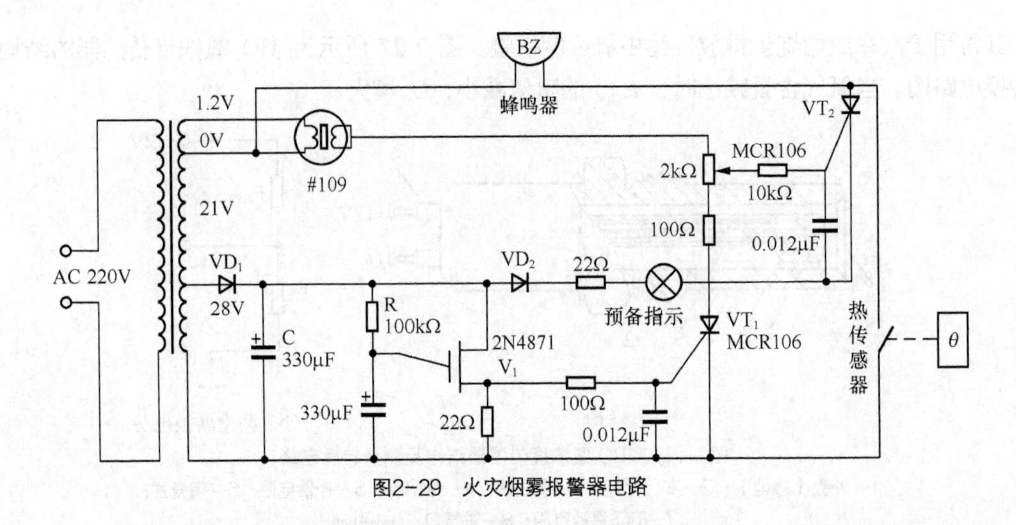

图2-29 火灾烟雾报警器电路

2.3.5 防止酒后驾车控制器电路

防止酒后驾车控制器电路如图 2-30 所示。图中 QM-J$_1$ 为酒敏元件。若司机没喝酒，在驾驶室内合上开关 S，此时气敏器件的阻值很高，U_0 为高电平，U_1 为低电平，U_3 为高电平，继电器 K$_2$ 线圈失电，其常闭触点 K$_{2\text{-}2}$ 闭合，发光二极管 VD$_1$ 通，发绿光，能点火起动发动机。

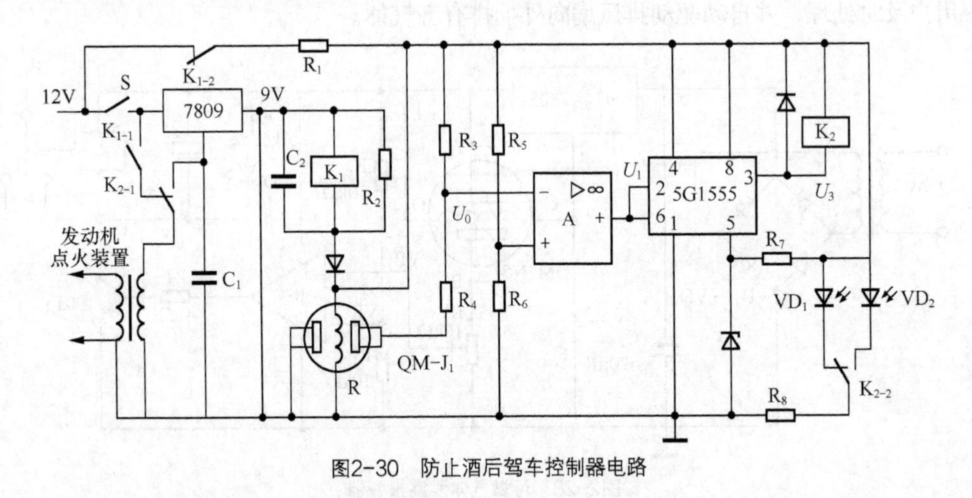

图2-30 防止酒后驾车控制器电路

2.3.6 矿灯瓦斯报警器电路

矿灯瓦斯报警器的电路如图 2-31 所示。它可以直接放置在矿工的工作帽内，以矿灯蓄电池为电源（4V），气体传感器为 QM-N5 型，R_1 为传感器加热线圈的限流电阻。为了避免传感器在每次使用前都要预热十多分钟，并且避免在传感器预热期间会造成的误报警，所以传感器电路不接于矿灯开关回路内。矿工每天下班后将矿灯蓄电池交给电房充电，充电时传感器处于预热状态。当工人们下井前到充电房领取后可不再进行预热。瓦斯超限报警矿灯，可利用矿灯或矿灯安全帽进行改装。它能在矿井内瓦斯气体超限时发出闪光报警信号，提醒矿工注意安全。

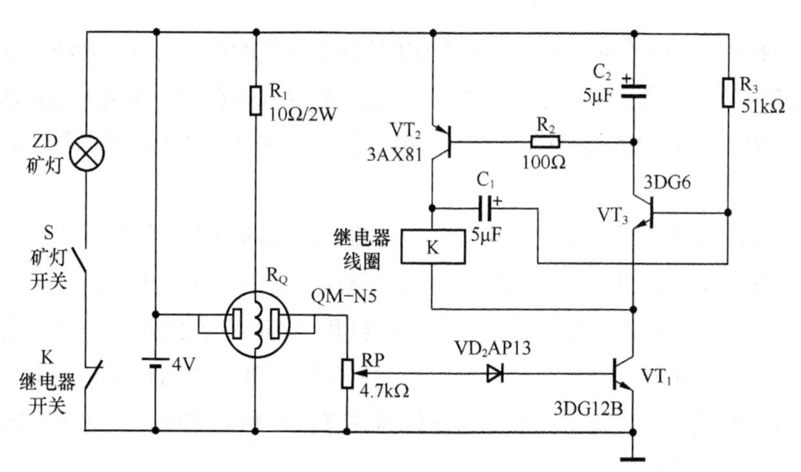

图2-31 矿灯瓦斯报警器电路

电路工作原理：该瓦斯超限报警矿灯电路由气体检测电路、受控振荡器电路和照明电路组成。气体检测电路由气敏传感器、电阻器 R_1 和电位器 RP 组成。受控振荡器电路由电位器 RP、二极管 VD_2、晶体管 VT_1～VT_3、电阻器 R_2 与 R_3、电容器 C_1 与 C_2 和继电器 K 组成。照明电路由蓄电池、照明灯 ZD、矿灯开关 S 和 K 的常闭触头组成。接通矿灯开关 S 后，矿灯点亮。在气敏传感器未检测到瓦斯气体时，气敏传感器呈高阻状态，VD_2 和 VT_1 处于截止状态，K 不动作，矿灯工作在照明状态。当矿井内的瓦斯气体浓度超过限定标准时，气敏传感器的内阻下降，使 RP 中心处电位上升，VD_2 和 VT_1 导通，由 VT_2、VT_3、R_2、R_3、C_1、C_2 和K组成的振荡器振荡工作，K 间歇动作，使矿灯闪烁发光，提醒矿工注意安全。调整 RP 的阻值，可改变 VT_1 导通的灵敏度。

元器件选择：R_1～R_3 均选用 1/4W 金属膜电阻器。RP 选用小型合成碳膜电位器或可变电阻器。C_1 和 C_2 均选用耐压值为 6.3V 的铝电解电容器。VD_2 选用 1N4148 型硅开关二极管。VT_2 选用 3CG8550 或 58550 型硅 PNP 晶体管；VT_1 和 VT_3 选用 58050 或 3DG8050 型硅 NPN 晶体管。气敏传感器 R_Q 选用 QM-N5 型气敏元件。K 选用 4098 或 4099 型直流继电器。ZD、S 和 4V 蓄电池为原矿灯配件。

2.4 湿敏电阻传感器的应用

土壤湿度是农作物生长的关键，一些塑料大棚对土壤湿度进行检测来实现对植物喷灌设施的自动控制。现代化农业土壤湿度的自动检测，对及时灌溉非常重要。怎样设计电路实现这些自动化功能呢？

比尔·盖茨，美国微软公司主席兼首席软件架构师。耗费巨资建造起来的大型豪华住宅堪称当今智能家居的经典之作。智能豪华住宅的车道旁边有一棵 140 岁的老枫树，比尔·盖茨非常喜欢这棵老树，于是用计算机对这棵树进行 24 小时的监控，一旦监视系统发现它有干燥的迹象，将释放适量的水来为它解渴。怎么实现自动检测老树是否缺水？

2.4.1 湿度的概念和表示方法

湿度是指大气中的水蒸气含量，通常采用绝对湿度和相对湿度两种表示方法。绝对湿度是指在

一定温度和压力条件下，每单位体积的混合气体中所含水蒸气的绝对含量或者浓度或者密度，单位为 g/m³,一般用符号 AH 表示。相对湿度是指气体蒸汽压和该气体在相同温度下饱和水蒸气压的百分比，一般用符号 RH 表示。相对湿度给出大气的潮湿程度，它是一个无量纲的量，在实际使用中多使用相对湿度这一概念。

湿敏传感器是能够感受外界湿度变化，并通过器件材料的物理或化学性质变化，将湿度转换成有用信号的器件。湿度检测较之其他物理量的检测显得困难，这首先是因为空气中水蒸气含量要比空气少得多；另外，液态水会使一些高分子材料和电解质材料溶解，一部分水分子电离后与溶入水中的空气中的杂质结合成酸和碱，使湿敏材料不同程度地受到腐蚀和老化，从而丧失其原有的性质；再者，湿信息的传递必须靠水对湿敏器件直接接触来完成，因此湿敏器件只能直接暴露于待测环境中，不能密封。

湿度的检测已广泛用于工业、农业、国防、科技、生活等各个领域，湿度不仅与工业产品质量有关，而且是环境条件的重要指标。下面介绍一些现已发展得比较成熟的几类湿敏传感器。

2.4.2 常见的湿敏电阻传感器

1. 氯化锂湿敏电阻

氯化锂湿敏电阻是利用吸湿性盐类潮解，离子导电率发生变化而制成的测湿元件，该元件由引线、基片、感湿层与电极组成，结构如图 2-32 所示。

氯化锂通常与聚乙烯醇组成混合体，在氯化锂（LiCl）溶液中，Li 和 Cl 均以正负离子的形式存在，而 Li^+对水分子的吸引力强，离子水合程度高，其溶液中的离子导电能力与浓度成正比。当溶液置于一定环境中，若环境相对湿度高，溶液将吸收水分，使浓度降低，因此，其溶液电阻率增高。反之，环境相对湿度变低时，则溶液浓度升高，其电阻率下降，从而实现对湿度的测量。氯化锂湿敏元件的电阻—湿度特性曲线如图 2-33 所示。

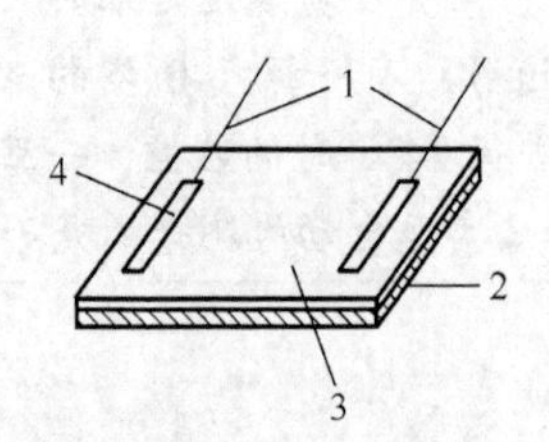

图2-32 湿敏电阻结构示意图

1—引线；2—基片；3—感湿层；4—金属电极

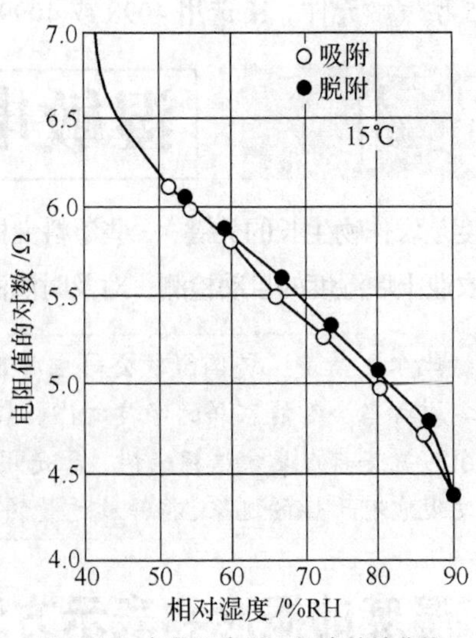

图2-33 氯化锂电阻—湿度特性曲线

由图 2-33 可知，在 50%～80%相对湿度范围内，电阻与湿度的变化呈线性关系。为了扩大湿度测量的线性范围，可以将多个氯化锂含量不同的器件组合使用，如将测量范围分别为（10%～20%）RH、（20%～40%）RH、（40%～70%）RH、（70%～90%）RH 和（80%～99%）RH 5 种元件配合使用，就可自动地转换完成整个湿度范围的湿度测量。

氯化锂湿敏电阻的优点是滞后小，不受测试环境风速影响，检测精度高达 ± 5%，但其耐热性差，不能用于露点以下测量，器件性能的重复性不理想，使用寿命短，它适合空调系统使用。

2．半导体陶瓷湿敏电阻

半导体陶瓷湿敏电阻通常是用两种以上的金属氧化物半导体材料混合烧结而成的多孔陶瓷。这些材料有 $ZnO\text{-}LiO_2\text{-}V_2O_5$ 系、$Si\text{-}Na_2O\text{-}V_2O_5$ 系、$TiO_2\text{-}MgO\text{-}Cr_2O_3$ 系、Fe_3O_4 等，前 3 种材料的电阻率随湿度增加而下降，故称为负特性湿敏半导体陶瓷，最后一种的电阻率随湿度增加而增大，故称为正特性湿敏半导体陶瓷。例如，$TiO_2\text{-}MgO\text{-}Cr_2O_3$ 系的陶瓷湿度传感器外形如图 2-34 所示，它的气孔率高达 25%以上，其接触空气的表面积很大，所以水蒸气极易被吸附于其孔隙之中，使其电阻率下降。

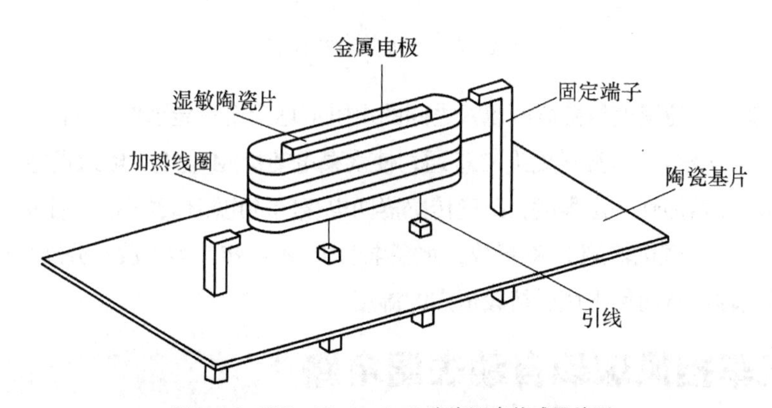

图2-34　$TiO_2\text{-}MgO\text{-}Cr_2O_3$陶瓷湿度传感器外形

陶瓷湿敏电阻采用交流供电（例如 50Hz），以免产生极化现象和电解反应。

2.4.3　自动喷灌控制电路

自动喷灌控制电路的电源设计：电源电路由电源变压器 T、整流桥 UR、隔离二极管 VD_2、稳压二极管 VS 和滤波电容器 C_1、C_2 等组成。

自动喷灌控制电路设计如图 2-35 所示。

自动喷灌控制器工作过程如下。

交流 220V 电压经 T 降压、UR 整流后，在滤波电容器 C_2 两端产生直流 6V 电压。该电压一路供给微型水泵的直流电动机（采用交流电动机的大、中型水泵使用交流 220V 电源供电，见图中虚线所示）；另一路经 VD_2 降压、VS 稳压和 C_1 滤波后，产生+5.6V 电压，供给 VT_1～VT_3 和继电器 K。

湿度传感器插在土壤中，对土壤湿度进行检测。当土壤湿度较高时，湿度传感器两电极之间的电阻值较小，使 VT_1、VT_2 导通，VT_3 截止，继电器触头 K 不吸合，水泵电动机 M 不工作。

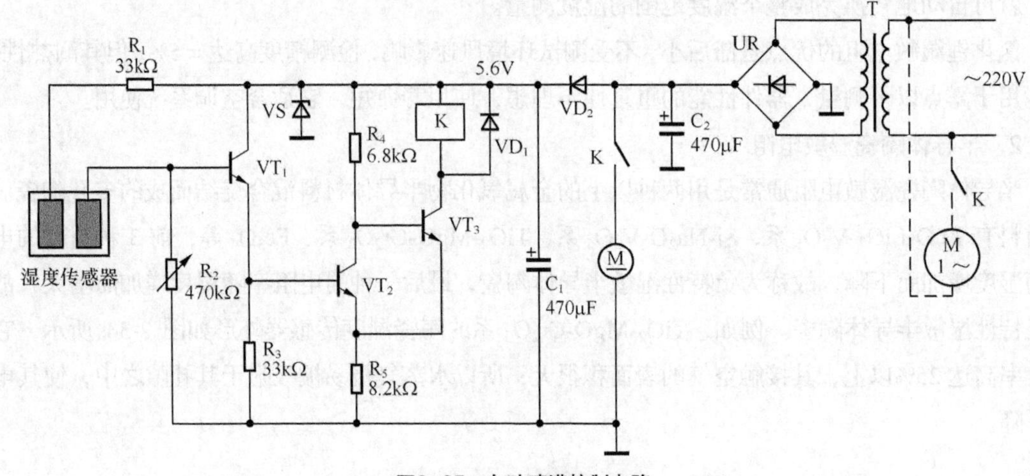

图2-35 自动喷灌控制电路

当土壤湿度变小，使湿度传感器两电极之间的电阻值增大至一定值时，VT_1 和 VT_2 将截止，使 VT_3 导通，继电器 K 吸合，其常开触头 K 接通，使水泵电动机 M 通电，喷水设施开始工作。

当土壤中的水分增加到一定程度，湿度传感器两电极间的电阻值减小至一定值时，VT_1 和 VT_2 又导通，使 VT_3 截止，继电器触头 K 释放，水泵电动机 M 停转。当土壤水分减少至一定程度时，将重复进行上述过程，从而使土壤保持较恒定的湿度。

2.4.4 汽车挡风玻璃自动去湿电路

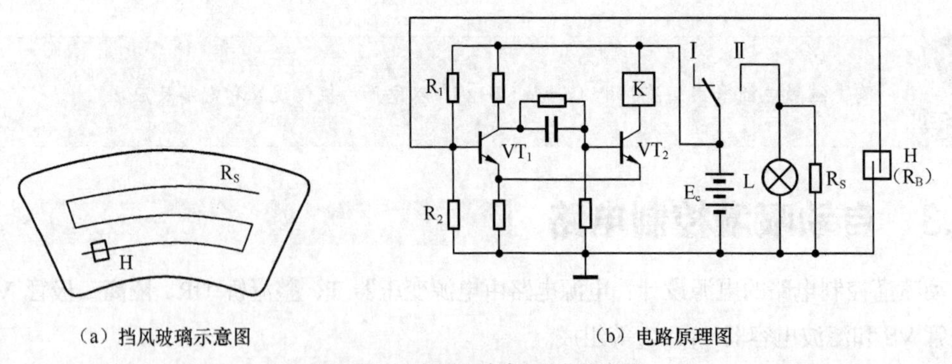

(a) 挡风玻璃示意图　　(b) 电路原理图

图2-36 汽车挡风玻璃自动去湿电路

图 2-36 中 R_s 为嵌入玻璃的加热电阻丝，H 为结露感湿器件；晶体管 VT_1 和 VT_2 接成施密持触发电路，VT_2 的集电极负载为继电器 K 的线圈绕组。VT_1 基极电阻为 R_1、R_2 和湿敏器件 H 的等效电阻 RP 并联。使在常温、常湿下 VT_1 导通，VT_2 截止。

一旦由于阴雨使湿度增大，湿敏器件 H 的等效电阻 R_B 值下降到某一特定值，R_2 与 R_B 并联的电阻值减小，VT_1截止，VT_2导通，VT_2的集电极负载一继电器K线圈通电，它的常开触点Ⅱ接通电源E_c，小灯泡L点亮，电阻丝R_s通电，挡风玻璃被加热，驱散湿气。当湿度减少到一定程度，施密特触发电路又翻转到初始状态，小灯泡L熄灭，电阻丝R_s断电，实现了自动防湿控制。

2.4.5 湿度控制仪电路

如图2-37所示，由两个与非门H_1和H_2组成RC振荡器，振荡频率为2.5kHz，输出电压为4V，经RP_1、R_s分压，VD_1整流，再经R_3、RP_2分压后送至VT_3。R_s为湿敏电阻，当湿度下降时，R_s阻值增大，其分压也增大，使晶体管VT_3导通，集电极电位下降，使晶体管VT_4截止，继电器K_2释放，LED_2灭。此时VT_1、VT_2晶体管导通，LED_1亮，继电器K_1吸合，其触点接通增湿设备进行增湿。当湿度上升时，R_s阻值减小，其上分压也减小，使晶体管VT_3截止，集电极电位上升，晶体管VT_4导通，LED_2亮，继电器K_2吸合，其触点接通干燥设备进行干燥。同时VT_1、VT_2晶体管截止，LED_1灭，继电器K_1释放，其触点闭合，接通增湿设备。

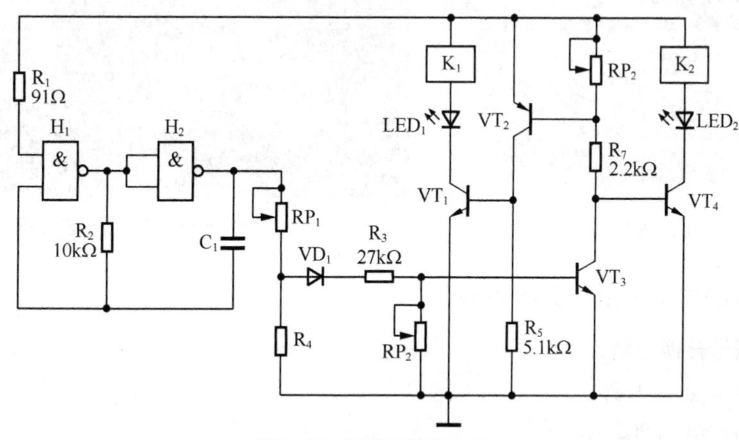

图2-37 湿度控制仪电路

2.5 实训项目一 电子秤模型

2.5.1 实训目的与设备

1. 目的

学习和掌握S型拉压力传感器的工作原理和使用方法。

2. 实训设备

THSCIC-1型实训装置是将工业传感器、工业模型有机结合的新一代实训设备。本实训项目使用的设备有THSCIC-1型实训装置及配套的电子秤模型、变送器挂箱、电源及仪表挂箱。设备整体结构如图2-38所示。

（1）电源及仪表挂箱（见图2-39）。

① 交流电源AC220V，带漏电保护器；

② 直流稳压电源：+24V/1A、±12V/1A、±5V；

③ 数字直流电压表：量程 0～20V，分 200mV、2V、20V 三挡，精度 0.5 级；

④ 频率/转速表：频率测量范围 1～9 999Hz，转速测量范围 1～9 999r/min。

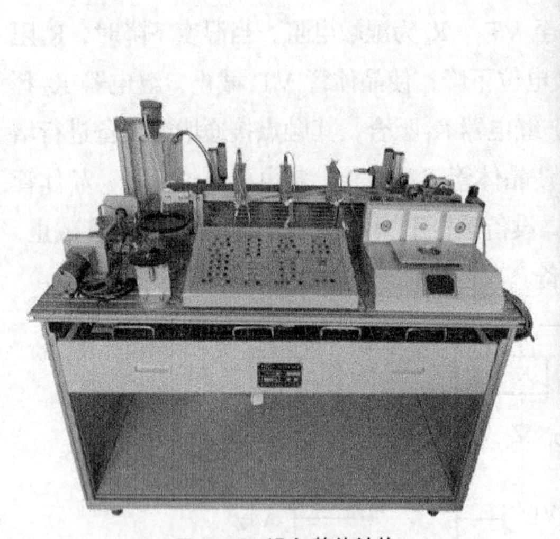

图2-38 设备整体结构

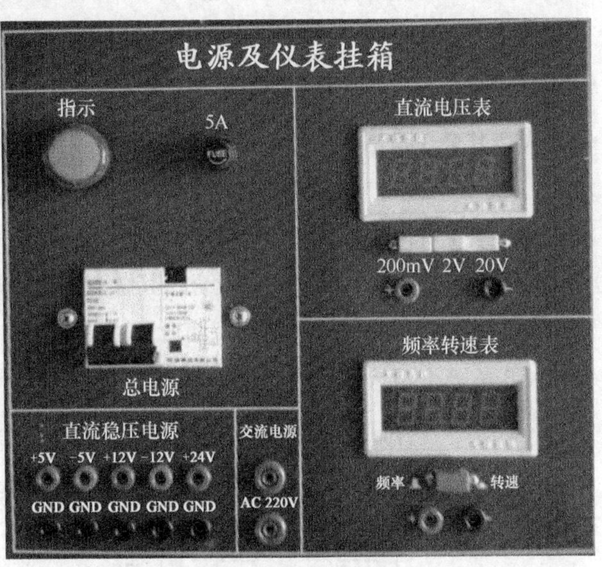

图2-39 电源及仪表挂箱

（2）信号处理及接口挂箱（见图 2-40）。

① 传感器信号转换电路；

② 电磁阀/电机驱动电路。

（3）变送器挂箱（见图 2-41）。

① 电荷放大器。量程：10^2pc、10^3pc 两挡可调，最大输出电压：10V/5mA，与压电加速度传感器配套使用。

② 轴向位移变送器。量程：−4～6mm，电流输出：4～20mA，准确度：±0.5%（25℃）。

③ 压力仪表。采用 24 位 A/D 转换器，双 5 位高亮度红色 LED 显示，测量精度：±0.2%F.S±1 个字，带 RS232 通信，与 S 型拉压力传感器配套使用。

（4）数据采集卡挂箱（见图 2-42）。

① 高速 USB 数据采集卡，采集卡支持最大采样频率为 400kHz，12 位 A/D 转换；

② 8 路模拟量输入，8 路开关量输入，5 路开关量输出。

（5）电子称模型（见图 2-43）。S 型拉压力传感器：量程 20kg，输出灵敏度 2.0±0.005mV/V，线性度 0.03%F.S。

（6）工业传感器接线面板（见图 2-44）。

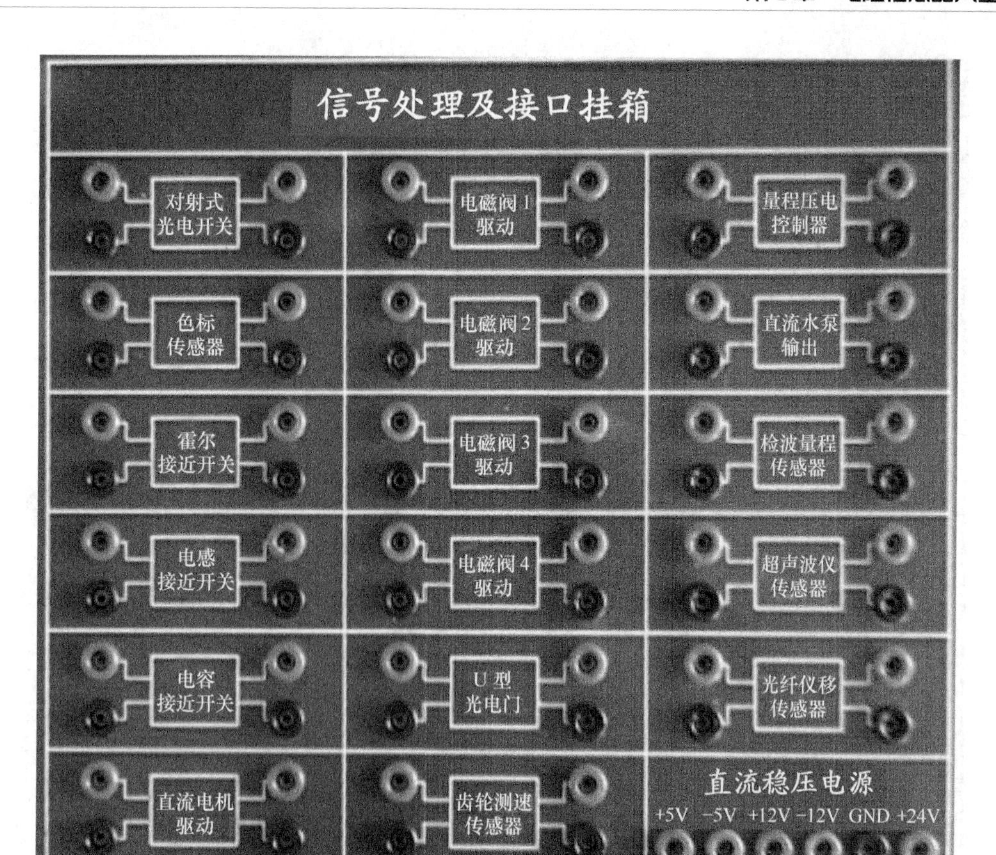

图2-40 信号处理及接口挂箱

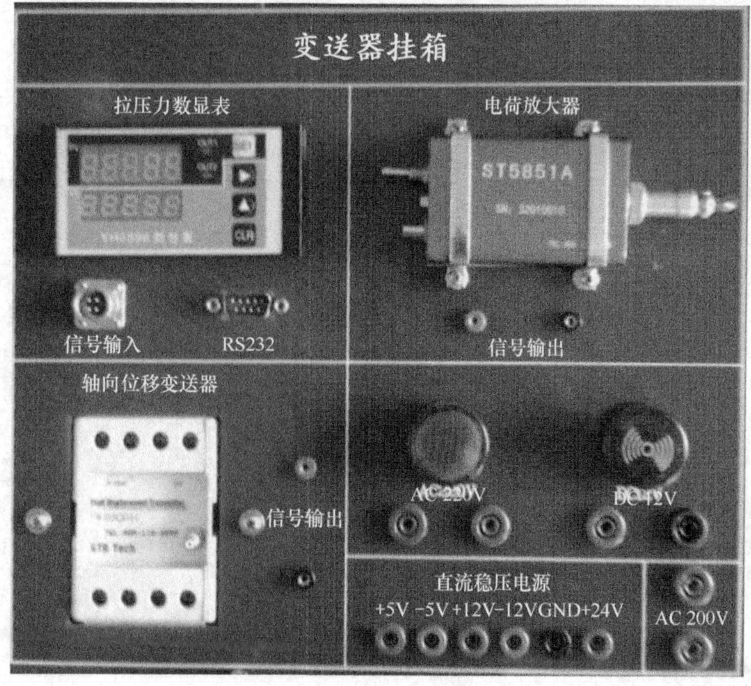

图2-41 变送器挂箱

图2-42 数据采集卡挂箱

图2-43 电子秤模型

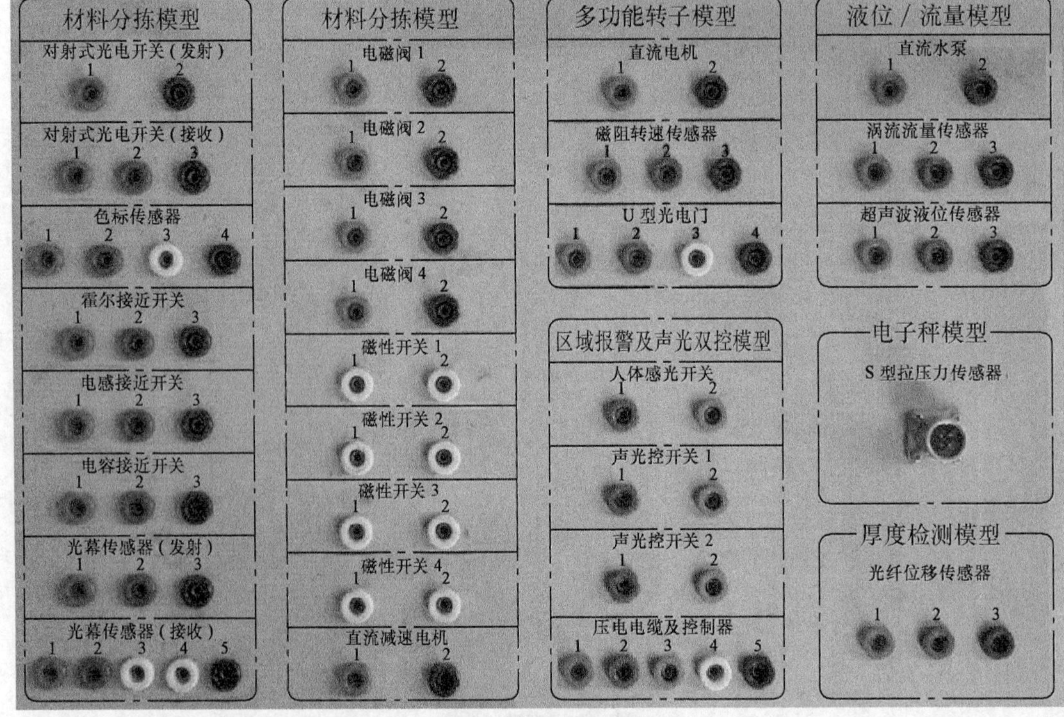

图2-44 工业传感器接线面板

2.5.2 实训原理

1．工作原理

称重传感器衡器上使用的一种拉压力传感器，如图2-45所示。电阻应变式称重传感器原理，它能将作用在被测物体上的重力按一定比例转换成可计量的输出信号。不同使用地点的重力加速度和空气浮力对转换的影响，称重传感器的性能指标主要有线性误差、滞后误差、重复性误差、蠕变、零点温度特性和灵敏度温度特性等。

电阻应变式称重传感器是基于这样一个原理：弹性体（弹性元件，敏感梁）在外力作用下产生弹性变形，使粘贴在它表面的电阻应变片（转换元件）也随同产生变形，电阻应变片变形后，它的阻值将发生变化（增大或减小），再经相应的测量电路把这一电阻变化转换为电信号（电压或电流），从而完成了将外力变换为电信号的过程。

图2-45 拉压力传感器

将电阻应变计粘贴在弹性敏感元件上，然后以适当的方式组成电桥，从而将物体的质量转换成电信号。称重传感器主要由两个部分组成：第一部分是弹性敏感元件，它将被测物体的压力质量转换为弹性体的应变值；第二部分是作为传感元件的电阻应变计，它将弹性体的应变同步地转换为电阻值的变化。称重传感器是压力测量传感器，它常用于静态测量和动态测量，压缩形式，具有较好的精度。它的机械部分是由一整块的金属部分组成，所以这个基本的测量元件和它的外壳部分没有焊接过程，从而使尺寸更小，并且加强了保护等级，这种点部测量的结构，具有 8 个压力测量点，减少了因负载不完善带来的误差。并联称重元件的典型应用是贮藏箱、加料斗、大的称重平台。不锈钢结构适合于石油化学和化学工业中攻击性环境的应用。

电阻应变式传感器利用电阻应变片变形时其电阻也随之改变的原理工作。主要由弹性元件、电阻应变片、测量电路和传输电缆 4 部分组成。电阻应变片贴在弹性元件上，弹性元件受力变形时，其上的应变片随之变形，并导致电阻改变。测量电路测出应变片电阻的变化并变换为与外力大小成比例的电信号输出。电信号经处理后以数字形式显示出被测物的质量。电阻应变式传感器的称量范围为 300 千克至数千千克，计量准确度达 1/1 000～1/10 000，结构较简单，可靠性较好。大部分电子衡器均使用此传感器。

S 型拉压力传感器适用于指定的标准称量，如平台秤、料斗称量系统等，尤其适用于一些要求精度高的工业称量系统。因其高度可靠性及密封设计，即使在恶劣环境下仍能长时间连续稳定的工作。

2．术语解释

（1）线性度：指传感器输出量与输入量之间的实际关系曲线偏离拟合直线的程度。定义为在全量程范围内实际特性曲线与拟合直线之间的最大偏差值与满量程输出值之比。

（2）灵敏度：灵敏度是传感器静态特性的一个重要指标。其定义为输出量的增量与引起该增量的相应输入量增量之比。用 S 表示灵敏度。

（3）迟滞：传感器在输入量由小到大（正行程）及输入量由大到小（反行程）变化期间其输入输出特性曲线不重合的现象成为迟滞。对于同一大小的输入信号，传感器的正反行程输出信号大小不相等，这个差值称为迟滞差值。

（4）重复性：重复性是指传感器在输入量按同一方向作全量程连续多次变化时，所得特性曲线不一致的程度。

（5）漂移：传感器的漂移是指在输入量不变的情况下，传感器输出量随着时间变化，次现象称为漂移。产生漂移的原因有两个方面：一是传感器自身结构参数；二是周围环境（如温度、湿度等）。

2.5.3 实训内容及步骤

（1）按照图 2-39、图 2-44 所示的标示，用专用线（双头航空插头）将 S 型拉压力传感器和显示仪表连接起来。

（2）按照图 2-39、图 2-41 所示的标示，将电源及仪表挂箱上的 AC220V 接到“变送器挂箱上”，然后打开电源及仪表挂箱电源，电源指示灯亮。

（3）按照拉压力传感器以及显示仪表的操作说明进行设置（出厂前已经校准好，该步骤可以省略）。

（4）在电子秤模型称重盘上放置不同物体，观察此时显示仪表上的数值，并与物体的实际质量进行对比。

（5）实验结束，将电源关闭后将导线整理好，放回原处。

（6）实训报告。简述 S 型拉压力传感器的工作原理及应用范围。

2.5.4 实训拓展——S 型拉压力传感器配套仪表

1. 概述

该仪表采用 24 位 A/D 转换器，与各类传感器、变送器配合，实现对压力、流量、物位、成分分析以及力和机械量等物理参数的测量、显示、报警监控、数据采集和记录。

2. 技术参数（见表2-1）

表 2-1　　技术参数

工作环境	温度：0～50℃	显　示	双 5 位高亮度红色 LED
	湿度：20%～90%RH	输出激励电压	9V±5%（给传感器供电），电流<50MA
测量精度	±0.2%F.S±1 个字	电源电压	AC195～242V，耗电量<5W
测控周期	0.2s；可提高到 0.05s		

3. 按键简介

“SET”键：设置键　　“>”键：移位键或去皮键（峰值仪表）

“∧”键：上升键　　“CLR”键：峰值清零键或去皮键（上下限仪表）

4．外形尺寸（见表 2-2）

表 2-2 外形尺寸

面框尺寸（mm）		外壳尺寸（mm）		开孔尺寸（mm）	
宽	高	H	L	WC	HC
96	48	91	105	92	45

5．内容说明（见表 2-3）

表 2-3 内容说明

符 号	名 称	范 围
SAL	OUT1 继电器	00000～满量程
SPL	OUT1 偏差	0<SPL<SAL
SAH	OUT2 继电器	00000～满量程
SPH	OUT2 偏差	0<SPH<SAH
SL	零点设置	0000
SH	满量程调整	满量程一半以上
Sd	小数点位置	0～3

6．操作说明

（1）按“SET”键 3s 以上显示“SAL”可进行 OUT1 继电器设置，再按“SET”键直到 PV 窗口显示“SPL”，这时可设置 OUT1 的偏差。

偏差解释 当 SPL=0 时如果当前显示值>SAL，则 OUT1 吸合；如果当前显示值<SAL，则 OUTI 释放。

当 SPL≠0 时如果当前显示值>SAL+SPL，则 OUT1 吸合；如果当前显示值<SAL-SPL，则 OUT1 释放。

（2）按“SET”键显示“SAH”，可进行 OUT2 继电器设置，再按“SET”键直到 PV 窗口显示“SPH”，这时可设置 OUT2 的偏差，设置方法同上。

（3）再按“SET”键显示“CIN”，表示输入密码，密码错误自动退出（出厂时密码为“00000”）。密码正确后，如不更换密码按“SET”键进入下一步，如更换密码，按“CLR”键显示“CON”，输入 5 位数字可作为新的密码，按“SET”键可进入下一步。

（4）按“SET”键显示“SL”，不加负载，可进行零点设置。

（5）按“SET“键显示“SH”，表示设置满量程，加上负载（至少满量程一半），输入对应的显示值后。按“SET”键出现“Sd”时，这时表示调节小数点设置，按上升键可改变小数点的设置，如果按“SET”键回到工作状态。（或按“CLR”键进行标定的数据备份，一备应急时用，厂家内部使用）

（6）在平时工作状态下，按“CLR”键，可清除当前值。

7．注意事项

如果仪表出现“E1”时，表示传感器未接或传感信号太大。

8．紧急处理（厂家内部使用）

（1）如遇密码遗忘，按住“CLR”键上电，密码恢复为“0000”。

（2）设置错误或有显示但按键不起作用，按“∧”键上电恢复出厂备份。

（3）按“>”键上电（不要松开按键），数码管在 0、1 之间变换，当显示“0”时松开按键为上下限仪表，“1”为峰值仪表。

（4）同时按“∧”和“CLR”键上电（不要松开按键），数码管在 1-05、2-10、3-20 之间变换，当松开按键时，表示测控周期；最高 20 次/秒。

1．单项选择题

（1）全桥差动电路的电压灵敏度是单臂工作时的（　　）。

A．不变　　B．2 倍　　C．4 倍　　D．6 倍

（2）通常用应变式传感器测量（　　）。

A．温度　　B．密度　　C．加速度　　D．电阻

（3）制作应变片敏感栅的材料中，用得最多的金属材料是（　　）。

A．铜　　B．铂　　C．康铜　　D．镍铬合金

（4）利用相邻双臂桥检测的应变式传感器，为使其灵敏度高、非线性误差小（　　）。

A．两个桥臂都应当用大电阻值工作应变片

B．两个桥臂都应当用两个工作应变片串联

C．两个桥臂应当分别用应变量变化相反的工作应变片

D．两个桥臂应当分别用应变量变化相同的工作应变片

（5）直流电桥的平衡条件为（　　）。

A．相邻桥臂阻值乘积相等　　B．相对桥臂阻值乘积相等

C．相对桥臂阻值比值相等　　D．相邻桥臂阻值之和相等

（6）湿敏电阻用交流电作为激励电源是为了（　　）。

A．提高灵敏度　　B．防止产生极化、电解作用　　C. 减小交流电桥平衡难度

（7）在使用测谎器时，被测试人由于说谎、紧张而手心出汗，可用（　　）传感器来检测。

A．应变片　　B．热敏电阻　　C．气敏电阻　　D．湿敏电阻

（8）MQN 气敏电阻可测量（　　）的浓度，TiO_2 电阻可测量（　　）的浓度。

A．CO　　B．N_2

C．气体打火机车间的有害气体　　D．锅炉烟道中剩余的氧气

2．填空题

（1）如图2-46所示是汽车进气管道中使用的热丝式气体流速（流量）仪的电桥结构示意图。在通有干净且干燥气体，截面积为A的管道中部，安装有一根加热到200℃左右的细铂丝R_1。另一根相同长度的细铂丝R_2安装在与管道相通、但不受气体流速影响的小室中，请分析填空。

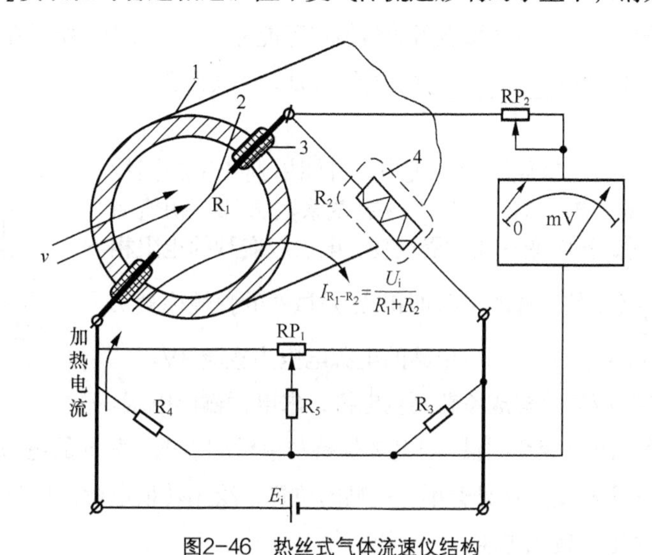

图2-46 热丝式气体流速仪结构

1—进气管；2—铂丝；3—支架；4—与管道相通的小室（连通管道未画出）；R_2—与R_1相通的铂丝

① 当气体流速v=0时，R_1的温度与R_2的温度________，电桥处于平衡________状态。当气体介质自身的温度生波动时，R_1与R_2同时感受到此波动，电桥仍处于________状态，所以设置R_2是为了起到________作用。

② 当气体介质流动时，将带走R_1的热量，使R_1温度变________，电桥________，毫伏表的示值与气体流速的大小成一定的函数关系。图中的RP_1称为________电位器。RP_2称为________电位器。欲使毫伏表的读数增大，应将RP_2向________调。

③ 如果被测气体含有水汽，则测量得到的流量值将偏________，这是因为________。

④ 可以用________（NTC/PTC）来代替图2-46中的铂丝。

（2）如图2-47所示为自动吸排油烟机电路原理框图，请分析填空。

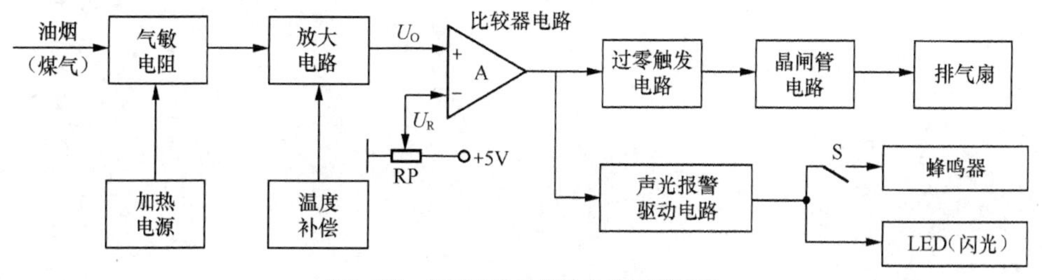

图2-47 自动吸排油烟机电路原理框图

① 图2-47中的气敏电阻是________类型，被测气体浓度越高，其电阻值就越________。

② 气敏电阻必须使用加热电源的原因是________，通常需将气敏电阻加热到________℃左右。

因此若使用电池为电源、作长期监测仪表使用时，电池的消耗较________（大/小）。

③ 当气温升高后，气敏电阻的灵敏度将（升高/降低），所以必须设置温度补偿电路，使电路的输出不随气温变化而变化。

④ 该自动吸排油烟机使用无触点的晶闸管而不用继电器来控制排气扇的原因是防止________。

⑤ 由于即使在开启排气扇后气敏电阻的阻值也不能立即恢复正常，所以在声光报警电路中，还应串接一只控制开关，以消除________（扬声器/LED）继续报警。

3．应用题

（1）在图 2-48 所示的悬臂梁测力系统中，可能用到 4 个相同特性的电阻应变片 R_1，R_2，R_3，R_4，各应变片灵敏系数 K=2，初值为 100Ω。当试件受力 F 时，若应变片要承受应变，电子应变片的电阻相对变化量 $\Delta R/R=\dfrac{K\cdot F}{A\cdot E}$（$A$ 是试件的横截面积，E 是试件的弹性模量），则其平均应变为 ε=1 000 μm /m。测量电路的电源电压为直流 3V。

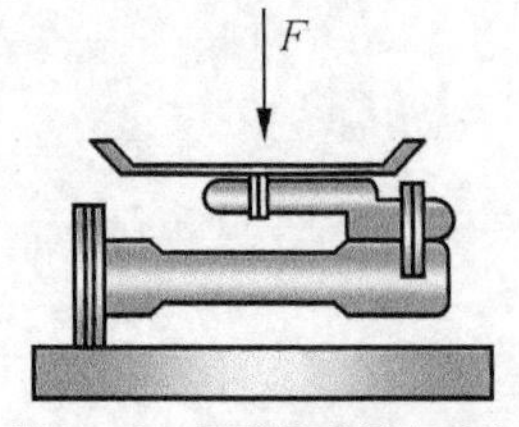

图2-48 悬臂梁式测力系统

① 若只用 1 个电阻应变片构成单臂测量电桥，求电桥输出电压。

② 若要求用 2 个电阻应变片测量，且既要保持与单臂测量电桥相同的电压灵敏度，又要实现温度补偿，请画图标出 2 个应变片在悬臂梁上所贴的位置，绘出转换电桥，标明这 2 个应变片在桥臂中的位置，并给出此时电桥输出电压。

（2）电阻应变片的灵敏度 K=2，沿纵向粘贴于直径为 0.05m 的圆形钢柱表面，钢材的弹性横量 E=2 × 10N/m，μ=0.3。求钢柱受 10t 拉力作用时，应变片电阻的相对变化量。又若应变片沿钢柱圆周方向粘贴，受同样拉力作用时，应变片电阻的相对变化量为多少？

（3）如果将 100 Ω 应变片贴在弹性试件上，若试件截面积 S=0.5 × 10m，弹性模量 E=2 × 10N/m，若由 5 × 10N 的拉力引起应变计电阻变化为 1 Ω，试求该应变片的灵敏度系数。

第3章 电感式和电容式传感器典型应用

【学习目标】

- 了解电感式和电容式传感器的类型、原理及特性。
- 理解电感式和电容式传感器的基本转换电路。
- 学会电感式接近开关的选型和接线。
- 掌握电感式和电容式传感器的典型应用。

3.1 电感式传感器的应用

滚柱直径误差是影响轴承质量的关键因素。在实际生产中测量滚柱尺寸时，因为数量较大，人工检测和分选比较困难。如何自动检测滚柱直径并分选，实现自动高效筛选?

电感式传感器是一种利用线圈电感量的变化来实现非电量电测的一种装置，它可以用于测量微小的位移以及与位移有关的工件尺寸、压力等参数，还可以用电感式接近开关检测金属物体。

3.1.1 电感式传感器的种类和特点

1．种类

电感式传感器种类很多，按原理分为 3 种。

（1）自感式电感传感器。

（2）互感式电感传感器（又称差动变压器）。

（3）电涡流式传感器。

2．特点

（1）结构简单、可靠，测量力小。

（2）分辨率高，能测量 0.1μm 以下的机械位移。

（3）传感器的输出信号强，有利于信号的传输和放大，一般每毫米的变化可达数百毫伏的输出。

（4）重复性能好以及线性宽度宽且较稳定。

（5）电感式传感器的衔铁较重，响应较慢，不宜用于快速动态测量。

3.1.2 自感式电感传感器

自感式传感器常见的形式有变气隙式、变面积式和螺线管式 3 种，如图 3-1 所示。

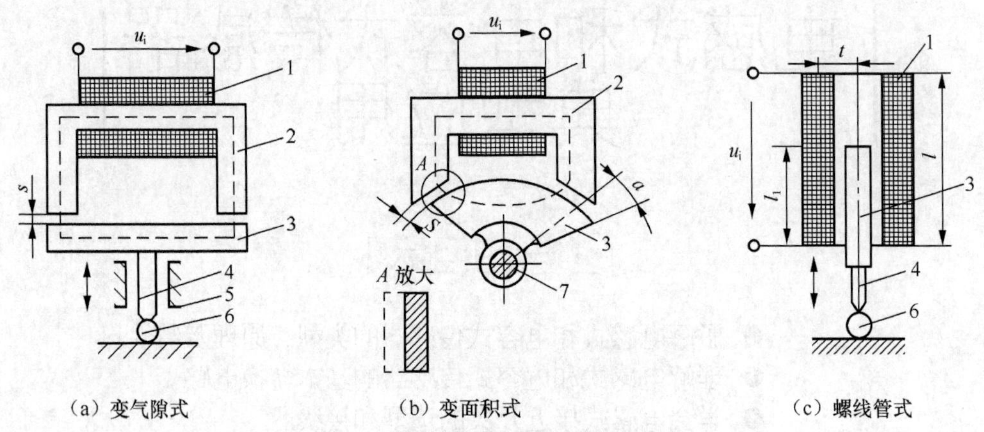

图3-1 自感式传感器原理示意图及外形

1—绕组；2—铁心；3—衔铁；4—测杆；5—导轨；6—工件；7—转轴

1. 变气隙式电感式传感器工作原理及特性

（1）组成：线圈、铁心、衔铁 3 个部分。

（2）原理分析。

由磁路知识可知：线圈的电感量 L

$$L=\frac{N^2}{R_m} \tag{3-1}$$

式中 N——线圈匝数；

R_m——磁路总磁阻。

在气隙较小时，磁路的总磁阻为

$$R_m=\frac{l_1}{\mu_1 s_1}+\frac{l_2}{\mu_2 s_2}+\frac{l_\delta}{\mu_0 s} \tag{3-2}$$

式中 l_1——铁心磁路总长；μ_1——铁心磁导率；s_1——铁心横截面；

l_2——衔铁磁路长；μ_2——衔铁磁导率；s_2——衔铁横截面；

l_δ——空气隙总长；μ_0——真空磁导率；s——气隙磁路截面。

$$\mu_0=4\pi\times10^{-7}\,\mathrm{H/m}$$

一般情况下：μ_1、$\mu_2 \gg \mu_0$

所以，$R_{\mathrm{m}}=\dfrac{l_\delta}{\mu_0 s}$

因此可得线圈 L

$$L=\frac{N^2\mu_{\mathrm{o}}S}{l_\delta} \tag{3-3}$$

结论如下。

① $L=f(l_\delta)$ 在 S 不变的情况下，非线性反比例函数。

在图 3-1（a）中，变气隙式自感传感器工作时，衔铁通过测杆与被测物体相接触。被测物体的尺寸变化将引起衔铁的上下位移，改变了衔铁与铁心之间的间隙 l_δ，从而引起线圈电感量的变化，输入输出是非线性关系。

② $L=f(s)$ 在 l_δ 不变的情况下，线性正比例函数。

③ 如图所示，分别通过改变 l_δ 或改变 s 均可以获得 ΔL 的变化。

2．变面积式电感式传感器特性

在图 3-1（b）中，保持气隙 l_δ 为常数，则衔铁的位移将引起衔铁与铁心间有效投影截面积 A 在较小的范围内发生变化，灵敏度比变气隙式低。

3．螺线管式电感传感式器特性

单线圈螺线管式电感传感器的结构如图 3-1（c）所示。主要元件是一只螺线管和一根柱形衔铁。传感器工作时，衔铁在线圈中伸入长度的变化将引起螺线管电感量的变化。电感量 L 在几毫米的范围内与衔铁插入深度大致呈正比。

4．差动电感式传感器特性

上述 3 种电感式传感器在使用时，由于线圈中通有交流励磁电流，因而衔铁始终承受电磁吸力，会引起振动。温度升高时，线圈的尺寸增大，电感量随之增大，将引起测量误差。

在实际使用中常采用差动形式，两个完全相同的线圈共用一根活动衔铁，构成差动式电感传感器，既可以提高传感器灵敏度，又可以减小测量误差。差动式电感传感器结构如图 3-2 所示。

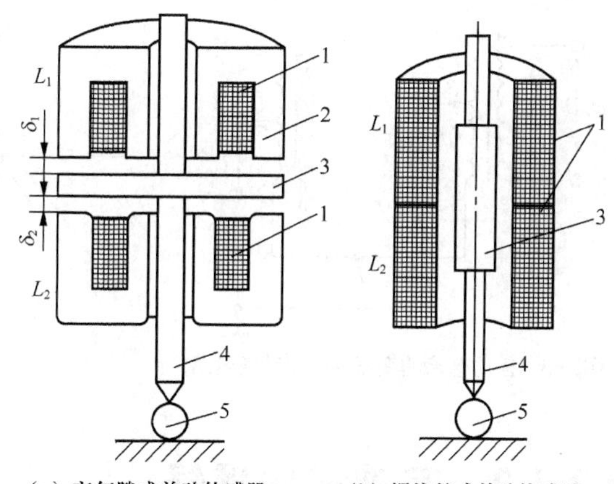

图3-2 差动式电感传感器结构

1—差动线圈；2—铁心；3—衔铁；4—测杆；5—工件

5．自感式传感器测量转换电路

测量转换电路将电感量的变化转换成电压或电流信号，以便送入放大器进行放大，然后用仪表指出或记录下来。

（1）变压器电桥电路。

变压器电桥电路如图 3-3 所示。相邻两工作臂 Z_1、Z_2 是差动电感传感器的两个线圈阻抗。另两臂为激励变压器的二次绕组，输入电压约为 10V，频率约为数千赫兹。输出电压取自 A、B 两点。图中的 $\dot{U}_{\mathrm{o}}$ 表示交流电压的“相量”，其内涵包括了交流电压的幅值及初相角。

当衔铁处于中间位置时：由于线圈完全对称，因此，$L_1=L_2=L_0$，$Z_1=Z_2=Z_0$，此时桥路平衡，输出电压$\dot{U}_o=0$。

当衔铁下移时：下线圈感抗增加，而上线圈感抗减小时，输出电压绝对值增大，其相位与激励源同相。

衔铁上移时：输出电压的相位与激励源反相。

如果在转换电路的输出端接上普通指示仪表时，实际上无法判别输出的相位和位移的方向。

（2）相敏检波电路。

“检波”与“整流”的含义：均指能将交流输入转换成直流输出的电路。但检波多用于描述信号电压的转换。

普通的全波整流：只能得到单一方向的直流电，不能反映输入信号的相位。

相敏检波电路：如果输出电压在送到指示仪前经过一个能判别相位的检波电路，则不但可以反映位移的大小（$\dot{U}_o$的幅值），还可以反映位移的方向（$\dot{U}_o$的相位）。这种检波电路称为相敏检波电路，不同检波方式的输出特性曲线如图 3-4 所示。相敏检波电路的输出电压$\bar{U}$为直流，其极性由输入电压的相位决定。当衔铁向下位移时，检流计的仪表指针正向偏转。当衔铁向上位移时，仪表指针反向偏转。采用相敏检波电路，得到的输出信号既能反映位移大小，也能反映位移方向。

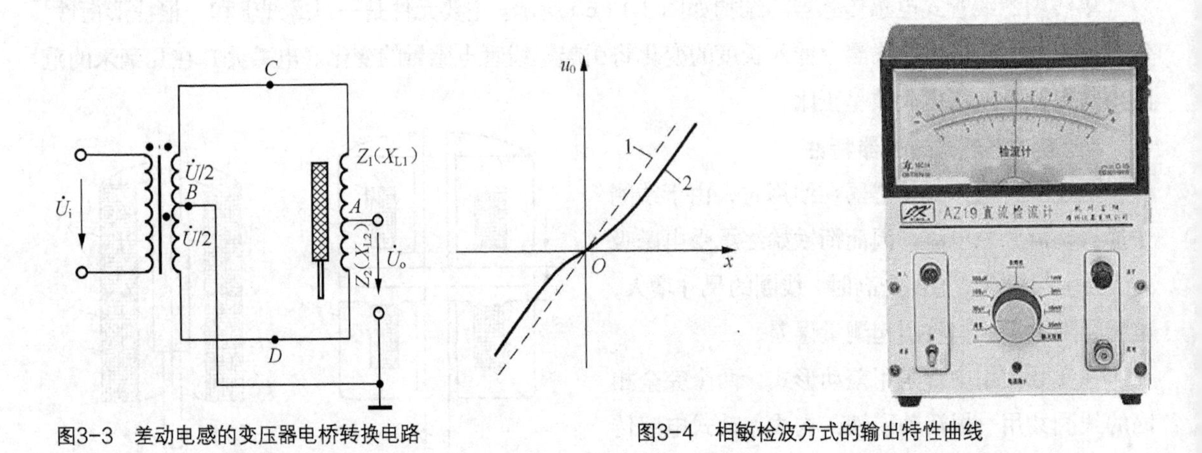

图3-3　差动电感的变压器电桥转换电路

图3-4　相敏检波方式的输出特性曲线

3.1.3　互感式传感器

1．互感式传感器工作原理

差动变压器是把被测位移量转换为一次绕组与二次绕组间的互感量 M 的变化的装置。当一次绕组接入激励电源之后，二次绕组就将产生感应电动势，当两者间的互感量变化时，感应电动势也相应变化。目前应用最广泛的结构形式是螺线管式差动变压器。

差动变压器结构及工作原理如图 3-5 和图 3-6 所示。两组完全对称的二次绕组反向串联，输出电压 U_o与衔铁的位移 x 成正比。

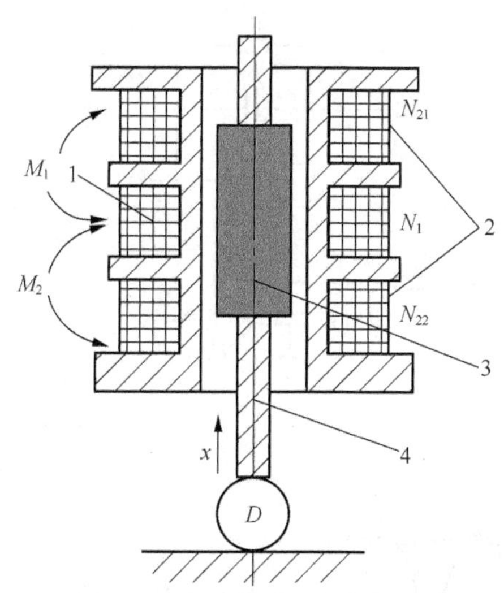

图3-5　差动变压器结构示意图及外形图
1—次绕组；2—二次绕组；3—衔铁；4—测杆

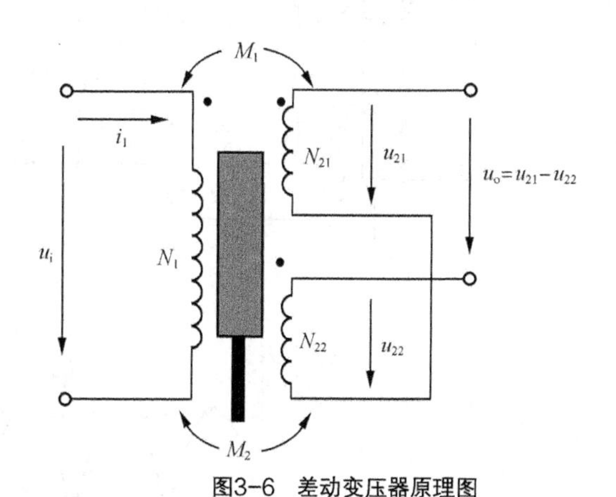

图3-6　差动变压器原理图

2．互感式传感器主要特性

（1）灵敏度：单位 mV/（mm·V）。行程越小，灵敏度越高。

适当提高励磁电压，能提高灵敏度。以 10V 为宜。

电源频率以 1～100Hz 为宜。

（2）线性范围：差动电感和变压器线性范围为线圈骨架长度的 1/10 左右。

3．测量电路

差动变压器的输出电压是交流分量，它与衔铁位移成正比，其输出电压如用交流电压表来测量时，无法判别衔铁移动的方向。

解决办法如下。

（1）采用差动相敏检波电路。

“检波”与“整流”的含义：都指能将交流输入转换成直流输出的电路。但检波多用于描述信号电压的转换。

普通的全波整流：只能得到单一方向的直流电，不能反映输入信号的相位，电路如图 3-7 所示。

相敏检波电路：输出信号既能反映位移大小，也能反映位移方向。

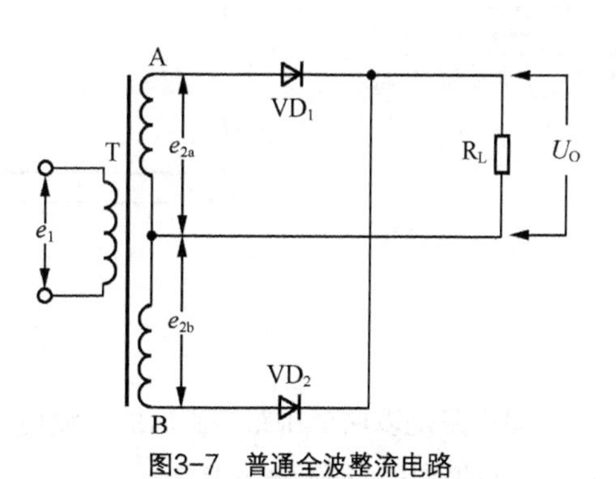

图3-7　普通全波整流电路

（2）采用图 3-8 所示的差动整流电路。分析差动整流过程如下。

差动变压器的二次电压 $\dot{U}_{21}$、$\dot{U}_{22}$ 分别经 VD_1～VD_4、VD_5～VD_8 两个普通桥式电路整流，变成直流电压 U_{ao} 和 U_{bo}。由于 U_{ao} 与 U_{bo} 是反向串联的，所以

$$U_{c3}=U_{ab}=U_{ao}-U_{bo} \tag{3-4}$$

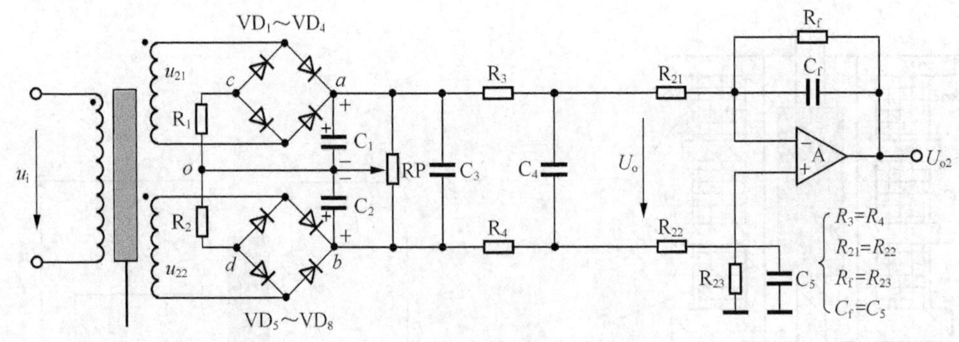

（a）差动整流电路

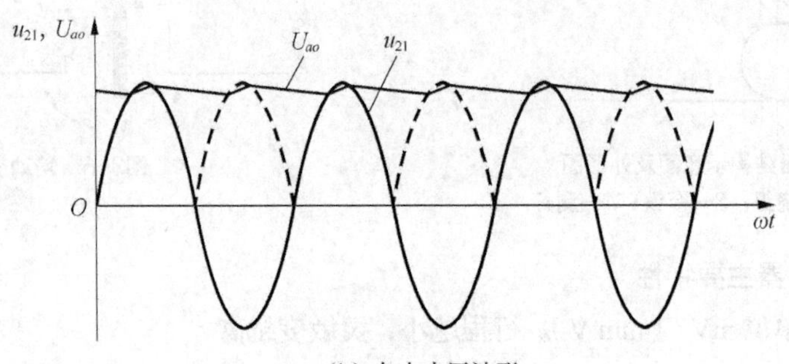

（b）各点电压波形

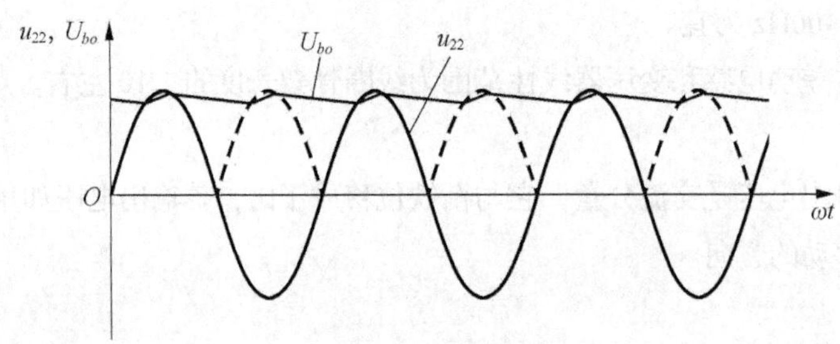

（c）各点电压波形

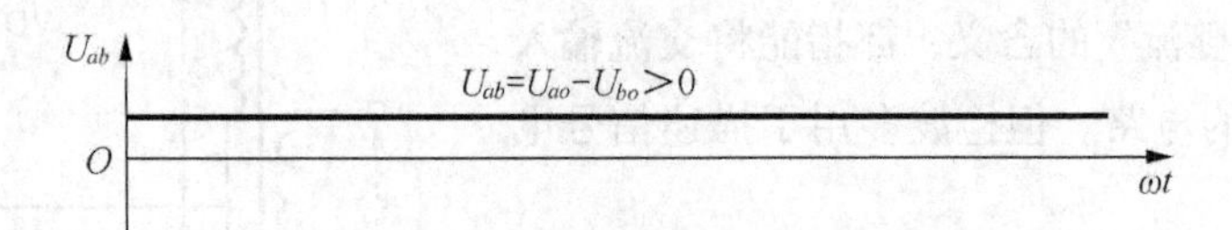

（d）各点电压波形

图3-8　差动整流电路及波形

该电路是以两个桥路整流后的直流电压之差作为输出的，所以称为差动整流电路。

RP 的作用：微调电路平衡。

低通滤波电路：C_3、C_4、R_3、R_4 组成低通滤波电路，其时间常数 τ 必须大于 U_i 周期的 10 倍以上。

差动减法放大器：A 及 R_{21}、R_{22}、R_f、R_{23} 组成差动减法放大器，用于克服 a、b 两点的对地共模电压。

图 3-9（b）是当衔铁上移时的各点输出波形。当差动变压器采用差动整流测量电路时，应恰当设置一次线圈和二次线圈的匝数比，使 $\dot{U}_{21}$、$\dot{U}_{22}$ 在衔铁最大位移时，仍然能大于二极管死区电压（0.5V）的 10 倍以上，才能克服二极管的正向非线性的影响，减小测量误差。

随着微电子技术的发展，目前已能将图 3-8（a）中的激励源、相敏或差动整流及信号放大电路、温度补偿电路等做成厚膜电路，装入差动变压器的外壳（靠近电缆引出部位）内，它的输出信号可设计成符合国家标准的 1～5V 或 4～20mA。

3.1.4　滚子直径分选机电路

用人工测量和分选轴承用滚柱的直径是一项十分费时且容易出错的工作。下面设计的电感式滚柱直径分选装置可以高效准确地分选不同规格的滚柱。

1．滚柱的推动与定位

采用“振动料斗”。气缸的活塞在高压气体的推动下，将滚柱快速推至电感测微器的测标下方的限位挡板位置。使用“钨钢测头”可延长测量端的使用寿命。

2．气缸的控制

什么是气缸：引导活塞在其中进行直线往复运动的圆筒形金属机件。工质在气缸中通过膨胀将压力转化为机械能。

气缸有后进/出气口 B 和前进/出气口 A。当 A 向大气敞开、高压气体从 B 口进入时，活塞向右推动，气缸前室的气体从 A 口排出。反之，活塞后退，气缸后室的气体从 B 口排出。气缸 A 口与 B 口的开启由电磁阀门控制，气缸外形、结构及图形符号如图 3-9 所示。

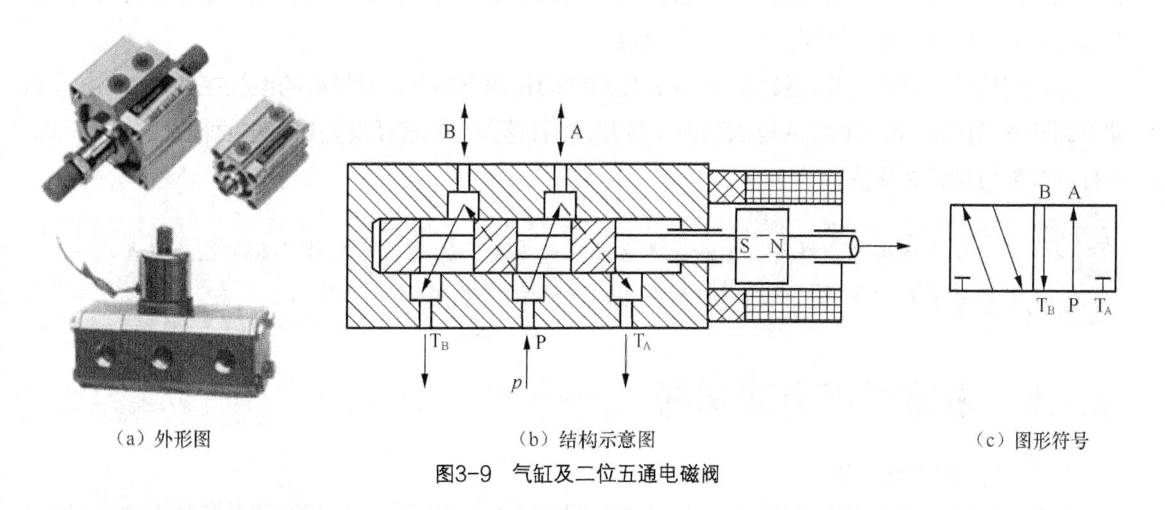

（a）外形图　　（b）结构示意图　　（c）图形符号

图3-9　气缸及二位五通电磁阀

3．落料箱翻板的控制

按设计要求，落料箱共 9 个，分别是−3μm、−2μm、−1μm、0μm、＋1μm、＋2μm、＋3μm 以及“偏大”“偏小”废品箱（图中未画出）。它们的翻板分别由 9 个交流电磁铁控制。

4．电信号处理电路设计

系统的电路原理图框图如图 3-10 的上半部分所示。本设计采用相敏检波电路，该电路能判别电

感测微仪的衔铁运动方向。当误差为正值时，它的输出电压亦为正值，反之为负值。

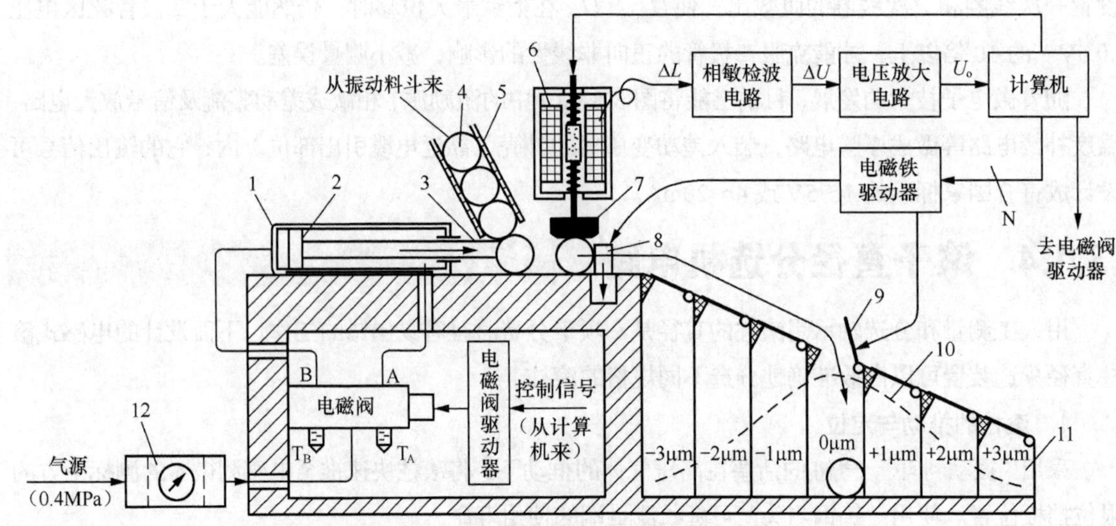

图3-10　滚子直径分选机的工作原理示意图

1—气缸；2—活塞；3—推杆；4—被测滚柱；5—落料管；6—电感测微器；7—钨钢测头；8—限位挡板；9—电磁翻板；10—滚柱的公差分布；11—容器（料斗）；12—气源处理三联件

5．工作过程

有料斗送来的滚柱按顺序进入落料管 5，电感测微器的测杆在电磁铁的控制下，先是提升到一定的高度，气缸推杆 3 将滚柱推入电感测微头正下方（电测限位挡板 8 决定滚柱的前后位置），电磁铁释放，钨钢测头 7 向下压住滚柱，滚柱的直径决定了衔铁的位移量。电感式传感器的输出信号经相敏检波后送到计算机，计算出直径的偏差值。

完成测量后，测杆上升，限位挡板 8 在电磁铁的控制下移开，测量好的滚柱在推杆 3 的再次推动下离开测量区域。这时相应的电磁翻板 9 打开，滚柱落入与其直径偏差相对应的容器 11 中。同时，推杆 3 和限位挡板 8 复位。

压力与生产、科研、生活等各方面密切有关，因此压力测量是本课程的重点之一。物理学中的“压强”在检测领域和工业中称为“压力”。

3.1.5　电感式压力变送器

1．压力测量用的膜盒

差动变压器式压力变送器结构、外形及电路图如图 3-11 所示。它适用于测量各种生产流程中液体、水蒸气及气体压力。在该图中能将压力转换为位移的弹性敏感元件称为膜盒。

膜盒由两片波纹膜片焊接而成。所谓波纹膜片是一种压有同心波纹的圆形薄膜。当膜片四周固定，两侧面存在压差时，膜片将弯向压力低的一侧，因此能够将压力变换为直线位移。膜盒如图 3-12 所示。

（a）外形图

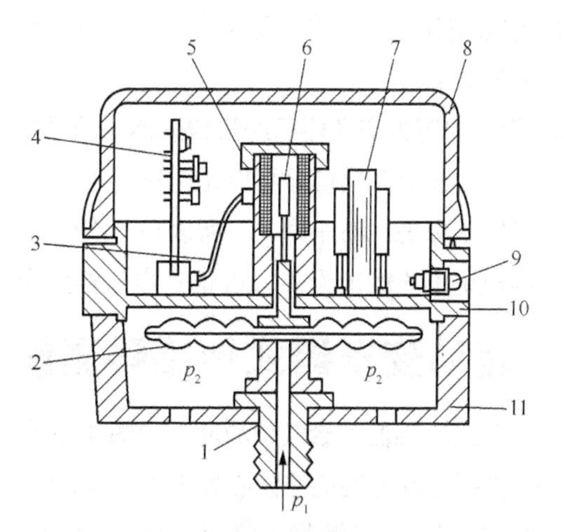

（b）结构示意图

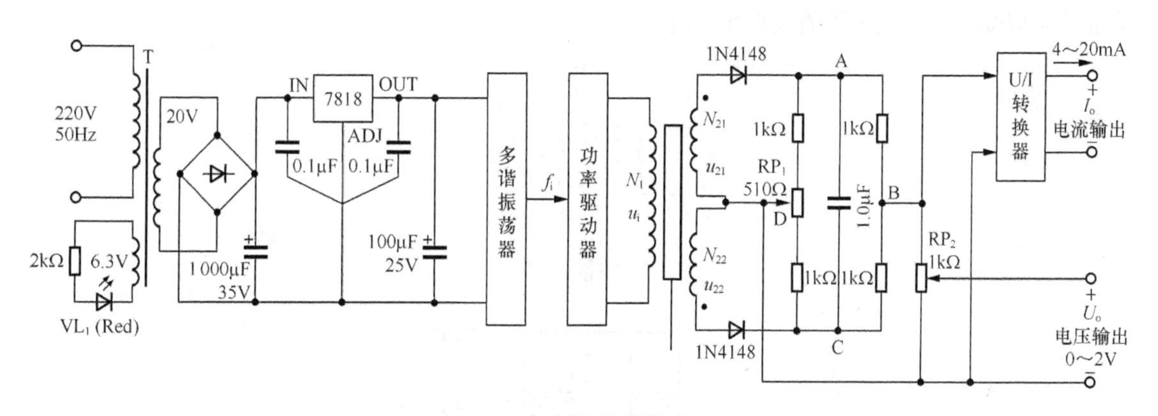

（c）电气原理框图

图3-11　差动变压器式压力变送器的外形、结构及电路图

1—压力输入接头；2—波纹膜盒；3—电缆；4—印制电路板；5—差动线圈；6—衔铁；
7—电源变压器；8—罩壳；9—指示灯；10—密封隔板；11—安装底座

2．测力原理

当被测压力未导入传感器时，膜盒 2 无位移。这时，活动衔铁在差动线圈的中间位置，因而输出电压为零。当被测压力从输入口 1 导入膜盒 2 时，膜盒在被测介质的压力作用下，其自由端产生正比于被测压力的位移，测杆使衔铁向上位移，在差动变压器的二次绕组中产生的感应电动势发生变化而有电压输出，此电压经过安装在电路板 4 上的电子线路处理后，送给二次仪表，加以显示。

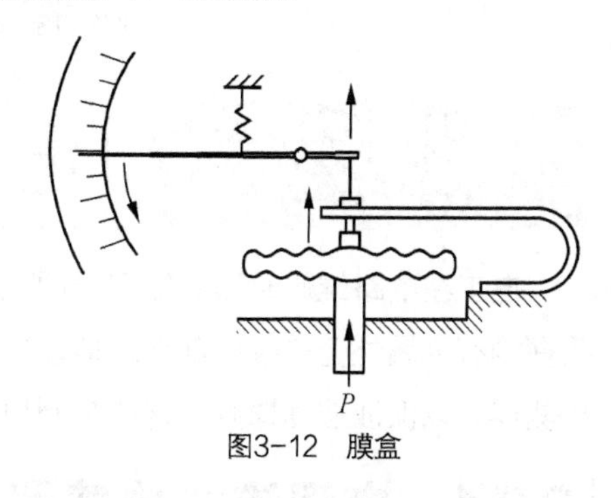

图3-12　膜盒

此压力变送器的电气框图如图 3-11（c）所示。220V 交流电通过降压、整流、滤波、稳压后，由多谐振荡器及功率驱动电路转换为 6V、2kHz 的稳频、稳幅交流电压，作为差动变压器的激励源。差动变压器的二次侧输出电压通过半波差动整流电路、滤波电路后，作为变送器的输出信号，可接入二次仪表加以显示。线路中 RP_1 是调零电位器，RP_2 是调量程电位器。差动整流电路的输出也可

以进一步作电压/电流变换，输出与压力成正比的电流信号，称为电流输出型变送器，它在各种变送器中占有很大的比例。

图 3-11 所示的压力变送器已经将传感器与信号处理电路组合在一个壳体中，这在工业中被称为一次仪表。一次仪表的输出信号可以是电压，也可以是电流。由于电流信号不易受干扰，且便于远距离传输（可以不考虑线路压降），所以在一次仪表中多采用电流输出型。

新的标准规定电流输出为 4～20mA；电压输出为 1～5V。

3.1.6 差动变压器式传感器测量位移

差动变压器式传感器测量液位的原理如图 3-13 所示，在油罐中有一浮子，浮子一端连着差动变压器的铁心，当某一设定液位使铁心处于中心位置时，差动变压器输出信号 U_o=0；当液位上升或下降时，$U_o \neq 0$，通过相应的测量电路便能确定液位的高低。因此，通过差动变压器输出电压的大小和相位可以知道衔铁位移量的大小和方向。

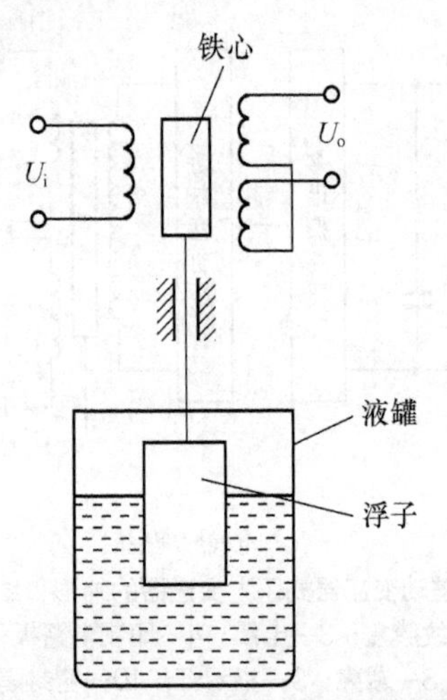

图3-13 差动变压器式传感器测量液位的原理

3.2 电涡流式传感器的应用

电工在电路维修时需要探测出埋藏在墙壁内的电线或地下电缆位置；地下宝藏的探测；国防士兵探测有金属外壳或金属部件的地雷自动报警，以确保人身安全；地质专家搜寻地下宝藏需要金属探测器，以保证准确探测。这些都利用了电涡流式传感器。

3.2.1 电涡流式传感器工作原理

当金属导体放置在一变化的磁场中时，导体内就会产生感应电流，这种电流像水中漩涡在导体内转圈，称为电涡流或涡流，这种现象就称为涡流效应。根据电涡流效应制成的传感器称为电涡流式传感器。这里金属探测器属于电涡流传感器。

电涡流式传感器在金属导体上产生的涡流，其渗透深度与传感器线圈的励磁电流的频率有关。图 3-14 是电涡流式传感器工作原理示意图。当高频（100kHz 左右）信号源产生的高频电压施加到一个靠近金属导体附近的电感线圈 L_1 时，将产生高频磁场 H_1。如被测导体置于该交变磁场范围之内时，被测导体就产生电涡流 I_2，I_2 又产生新的交变磁场 H_2。H_2 将反作用于原磁场 H_1，从而导致线圈的等效阻抗发生变化。这些参数变化与导体的几何形状、电阻率 ρ，磁导率 μ、线圈的几何参数、线圈的励磁频率 f 以及线圈到被测导体间的距离 x 有关。

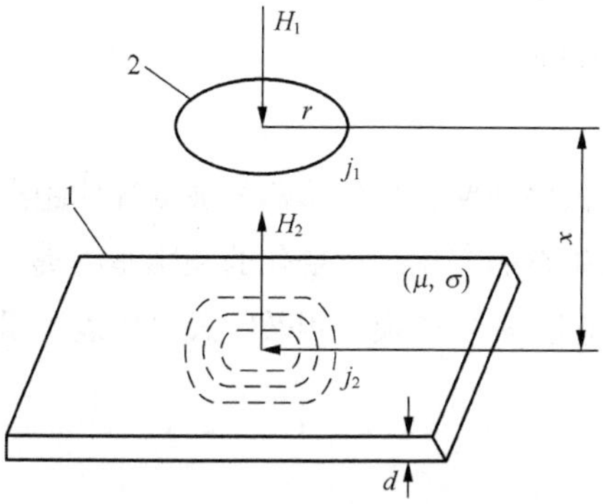

$$z = f(\rho, \mu, \gamma, f, x) \tag{3-5}$$

式中　γ—线圈与被测体的尺寸因子。

由式（3-5）可知，如果控制上述参数中仅使一个参数改变，余者皆不变，就能构成测量该参数的传感器。改变线圈和导体之间的距离 x，可以做成测量位移、厚度、振动的传感器；改变导体的电阻率 ρ，可以做成测量表面温度、检测材质的传感器；改变导体的磁导率 μ，可以做成测量应力、硬度的传感器；同时改变 x，ρ 和 μ，可以对导体进行探伤。

图3-14　电涡流式传感器原理图
1—金属导体；2—线圈

小知识　当导体处于磁场中时，铁心会因电磁感应而在其内部产生自行闭合的电涡流并发热。变压器和交流电动机的铁心用硅钢片叠制而成，就是为了减小电涡流，避免烧毁。

3.2.2　电涡流式传感器的结构及特点

电涡流式传感器的结构主要是一个绕制在框架上的扁平绕组，绕组的导线应选用电阻率小的材料，一般采用高强度漆包铜线，图 3-15 所示为 CZF1 型电涡流式传感器的探头结构图，电涡流是采用把导线绕制在框架上形成的，框架采用聚四氟乙烯。

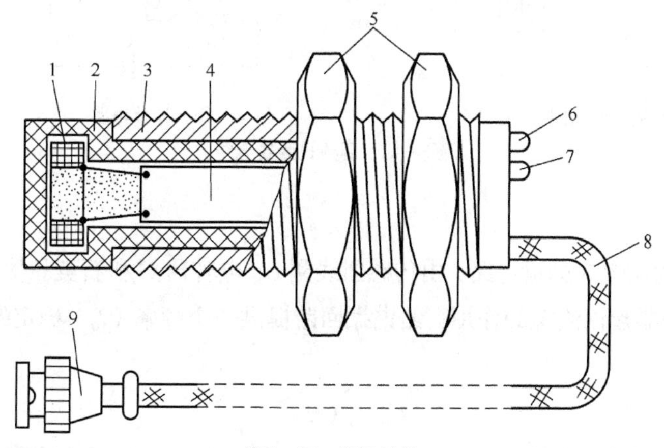

图3-15　探头结构
1—电涡流线圈；2—探头壳体；3—壳体上的位置调节螺纹；4—印制电路板；5—夹持螺母；6—电源指示灯；7—阈值指示灯；8—输出屏蔽电缆线；9—电缆插头

这种传感器的线圈与被测金属之间是磁性耦合的，并利用这种耦合程度的变化作为测量值，它的尺寸和形状都与测量装置的特性有关。所以作为传感器的线圈装置仅为实际传感器的一半，而另一半是被测体，所以，在电涡流式传感器的设计和使用中，必须同时考虑被测物体的物理性质和几何形状及尺寸。

3.2.3 电涡流式传感器测量转换电路

用于电涡流传式感器的测量电路主要有调频式、调幅式电路两种。

1．调频式电路

如图 3-16 所示为调频式测量电路，传感器线圈接入 LC 振荡回路，当传感器与被测导体距离 x 改变时，在涡流影响下，传感器的电感变化，将导致振荡频率的变化，该变化的频率是距离 x 的函数，即 $f=L(x)$，该频率可由数字频率计直接测量，或者通过 f–U 变换，用数字式电压表测量对应的电压。

振荡频率为：

$$f=\frac{1}{2\pi\sqrt{LC}}$$

为了避免输出电缆的分布电容的影响，通常将 L、C 装在传感器内。此时电缆分布电容并联在大电容 C_2、C_3 上，因而对振荡频率 f 的影响将大大减小。

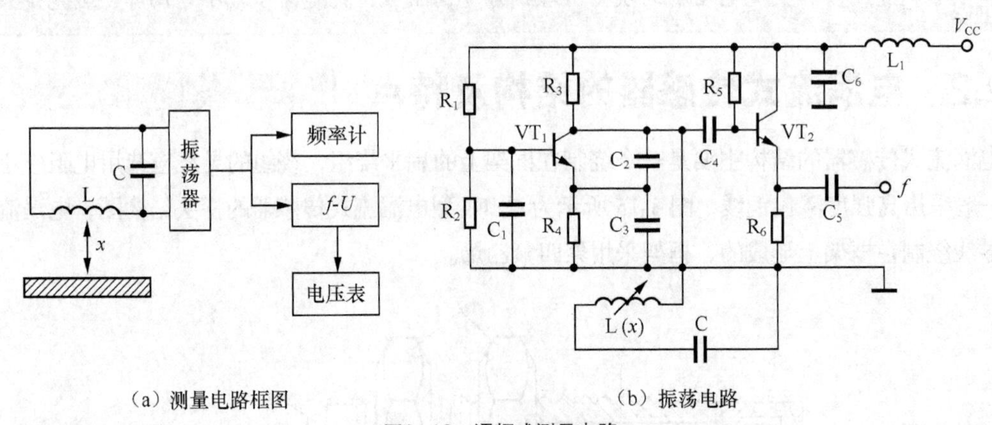

（a）测量电路框图　（b）振荡电路

图3-16 调频式测量电路

2．调幅式电路

如图 3-17 所示为调幅式测量电路，由传感器线圈 L、电容器 C 和石英晶体组成的石英晶体振荡电路。石英晶体振荡器起恒流源的作用，给谐振回路提供一个频率（f_o）稳定的激励电流 I_o，LC 回路输出电压为

$$U_o=I_o(fz) \tag{3-6}$$

式中　z ——LC 回路的阻抗。

当金属导体远离或去掉时，LC 并联谐振回路谐振频率即为石英振荡频率 f_o，回路呈现的阻抗最

大，谐振回路上的输出电压也最大；当金属导体靠近传感器线圈时，线圈的等效电感 L 发生变化，导致回路失谐，从而使输出电压降低，L 的数值随距离 x 的变化而变化。

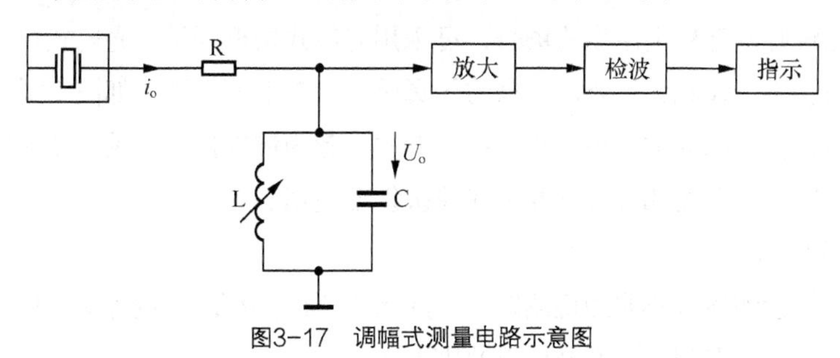

图3-17　调幅式测量电路示意图

3.2.4　接近开关

接近开关又称无触点行程开关，它能在一定的距离（几毫米至几十毫米）内检测有无物体靠近。当物体与其接近到设定距离时，就可以发出“动作”信号。接近开关的核心部分是“感辨头”，它对正在接近的物体有很高的感辨能力。

1．常用接近开关分类

常用的接近开关有电涡流式（俗称电感式接近开关）、电容式、磁性干簧开关、霍尔式、光电式、微波式和超声波式等。

2．接近开关的特点

非接触检测，避免了对传感器自身和目标物的损坏，工作寿命长；响应快、无触点、无火花、无噪声、防潮、防尘、防爆性能较好；输出信号负载能力强；体积小，安装调整方便。

3．接近开关术语（见图 3-18）

（1）动作（检测）距离：动作距离是指检测按一定方式移动时，从接近开关的感应表面到开关动作时测得的基准位置到检测面的空间距离。

（2）复位距离：接近开关动作后，又再次复位时与被测物的距离，它略大于动作距离。

（3）回差值：动作距离与复位距离之间的绝对值。回差值越大，对外界的干扰以及被测物的抖动等的抗干扰能力就越强。

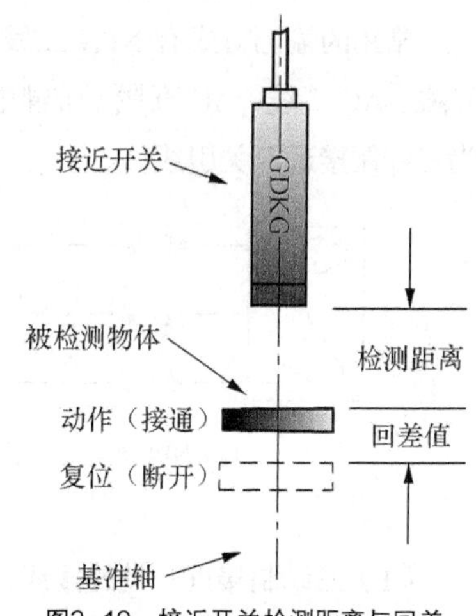

图3-18　接近开关检测距离与回差

4．接近开关注意事项

在一般的工业生产场所，通常都选用电涡流式接近开关和电容式接近开关。因为这两种接近开关对环境的要求条件较低。

当被测对象是导电物体或可以固定在一块金属物上的物体时，一般都选用电涡流式接近开关，因为它的响应频率高、抗环境干扰性能好、应用范围广、价格较低。

若所测对象是非金属（或金属）、液位高度、粉状物高度、塑料、烟草等，则应选用电容式接近开关。这种开关的响应频率低，但稳定性好。安装时应考虑环境因素的影响。

若被测物为导磁材料或者为了区别和它在一同运动的物体而把磁钢埋在被测物体内时，应选用霍尔式接近开关，它的价格最低。

在环境条件比较好、无粉尘污染的场合，可采用光电式接近开关。光电式接近开关工作时对被测对象几乎无任何影响。因此，在要求较高的传真机上，在烟草机械上都被广泛地使用。

在防盗系统中，自动门通常使用热释电接近开关、超声波式接近开关、微波式接近开关。有时为了提高识别的可靠性，上述几种接近开关往往被复合使用。

5．接近开关的选型

对于不同材质的检测体和不同的检测距离，应选用不同类型的接近开关，以使其在系统中具有高的性能价格比，为此在选型中应遵循以下原则。

当检测体为金属材料时，应选用高频振荡型接近开关，该类型接近开关对铁镍、钢类检测体检测最灵敏。对铝、黄铜和不锈钢类检测体，其检测灵敏度就低。

当检测体为非金属材料时，如木材、纸张、塑料、玻璃和水等，应选用电容式接近开关。

金属体和非金属要进行远距离检测和控制时，应选用光电式接近开关或超声波式接近开关。

对于检测体为金属时，若检测灵敏度要求不高时，可选用价格低廉的磁性接近开关或霍尔式接近开关。

6．接近开关输出状态：常开/常闭型接近开关

当无检测物体时，对常开型接近开关而言，由于接近开关内部的输出三极管截止，所接的负载不工作（失电）；当检测到物体时，内部的输出级三极管导通，负载得电工作。对常闭型接近开关而言，当未检测到物体时，三极管反而处于导通状态，负载得电工作；反之则负载失电。

7．接近开关输出方式

常用的输出方式有 NPN 二线、NPN 三线、NPN 四线、PNP 二线、PNP 三线、PNP 四线、DC 二线、AC 二线、AC 五线（带继电器）等几种。下面主要介绍 NPN 三线和 PNP 三线，图 3-19 所示为三线制接近开关引线。

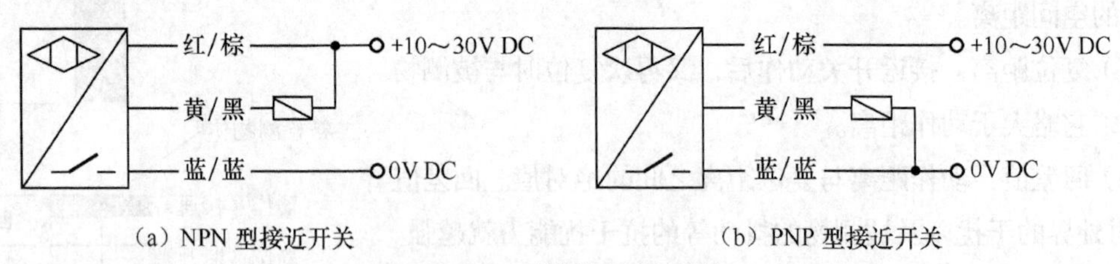

（a）NPN 型接近开关　（b）PNP 型接近开关

图3-19　三线制接近开关引线

（1）三线制接近开关的接线：如图 3-19 所示，红（棕）线接电源正端；蓝线接电源 0V 端；黄（黑）线为信号，应接负载。而负载的另一端是这样接的：对于 NPN 型接近开关，应接到电源正端；对于 PNP 型接近开关，则应接到电源 0V 端。

（2）接近开关的负载可以是信号灯、继电器线圈或可编程控制器（PLC）的数字量输入模块。

（3）需要特别注意接到 PLC 数字输入模块的三线制接近开关的型式选择。PLC 数字量输入模块一般可分为两类：一类的公共输入端为电源 0V，电流从输模块流出（日本模式），此时，一定

要选用 NPN 型接近开关；另一类的公共输入端为电源正端，电流流入输入模块，即阱式输入（欧洲模式），此时，一定要选用 PNP 型接近开关。

3.2.5　接近开关与 PLC 接线

（1）输入传感器为接近开关时，只要接近开关的输出驱动力足够，漏型输入的 PLC 输入端就可以直接与 NPN 集电极开路型接近开关的输出进行连接。如图 3-20 所示。

但是，当采用 PNP 集电极开路型接近开关时，由于接近开关内部输出端与 0V 间的电阻很大，无法提供电耦合器件所需要的驱动电流，因此需要增加“下拉电阻”。如图 3-21（b）所示。增加下拉电阻后应注意，此时的 PLC 内部输入信号与接近开关发信状态相反，即接近开关发信时，“下拉电阻”上端为 24V，光电耦合器件无电流，内部信号为“0”；未发信时，PLC 内部 DC24V 与 0V 之间，通过光电耦合器件、限流电阻、“下拉电阻”经公共端 COM 构成电流回路，输入为“1”。

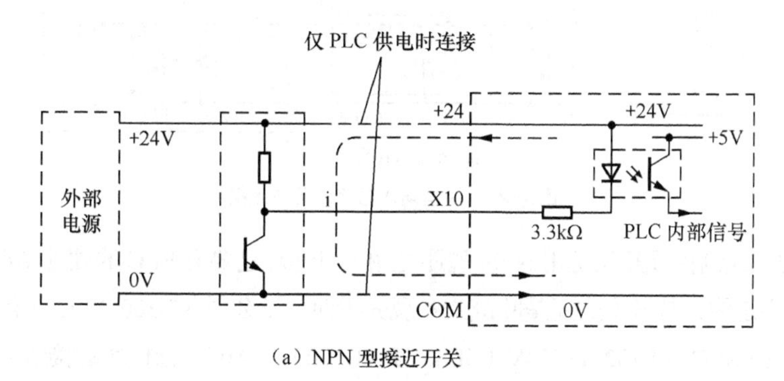

（a）NPN 型接近开关

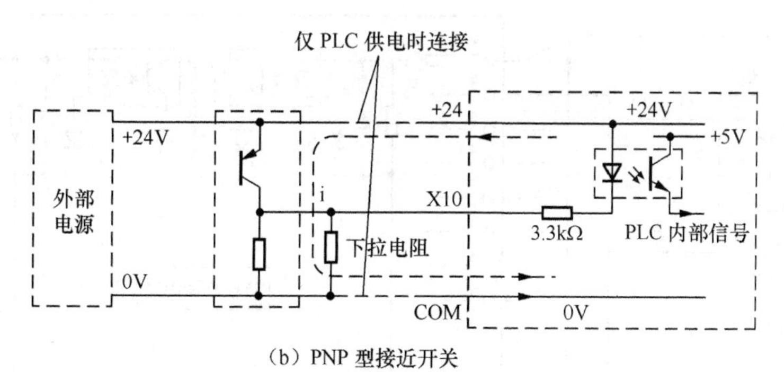

（b）PNP 型接近开关

图3-20　漏型输入与接近开关连接

（2）输入传感器为接近开关时，只要接近开关的输出驱动力足够，源型输入的 PLC 输入端就可以直接与 PNP 集电极开路型接近开关的输出进行连接。如图 3-21 所示。

相反，当采用 NPN 集电极开路型接近开关时，由于接近开关内部输出端与 24V 间的电阻很大，无法提供电耦合器件所需要的驱动电流，因此需要增加“上拉电阻”。如图 3-21（b）所示。增加下拉电阻后应注意，此时的 PLC 内部输入信号与接近开关发信状态相反，即接近开关发信时，“上拉电阻”上端为 0V，光电耦合器件无电流，内部信号为“0”；未发信时，PLC 内部 DC24V 与 0V 之间，通过光电耦合器件、限流电阻、“上拉电阻”经公共端 COM 构成电流回路，输入为“1”。

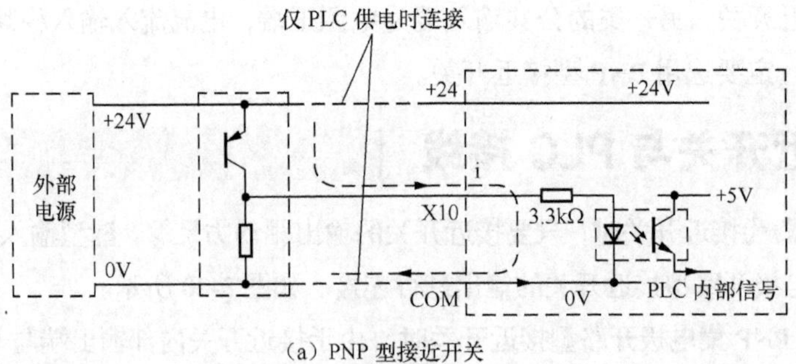

（a）PNP 型接近开关

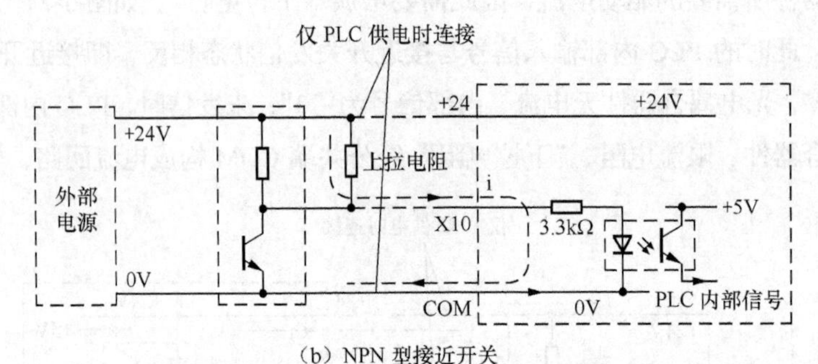

（b）NPN 型接近开关

图3-21 源型输入与接近开关连接

接入 PLC 的三线制接近开关是用 NPN 型还是用 PNP 型，这要看 PLC 的硬件情况，主要是由 PLC 输入电路的结构决定的，是日本式还是欧洲式？现先举西门子公司 S7-300 PLC 为例，常用的数字量输入模块是 32 点的 SM321,DI32×DC24V（6ES7 321-1BL00-0AA0），该模块的接线如图 3-22 所示。

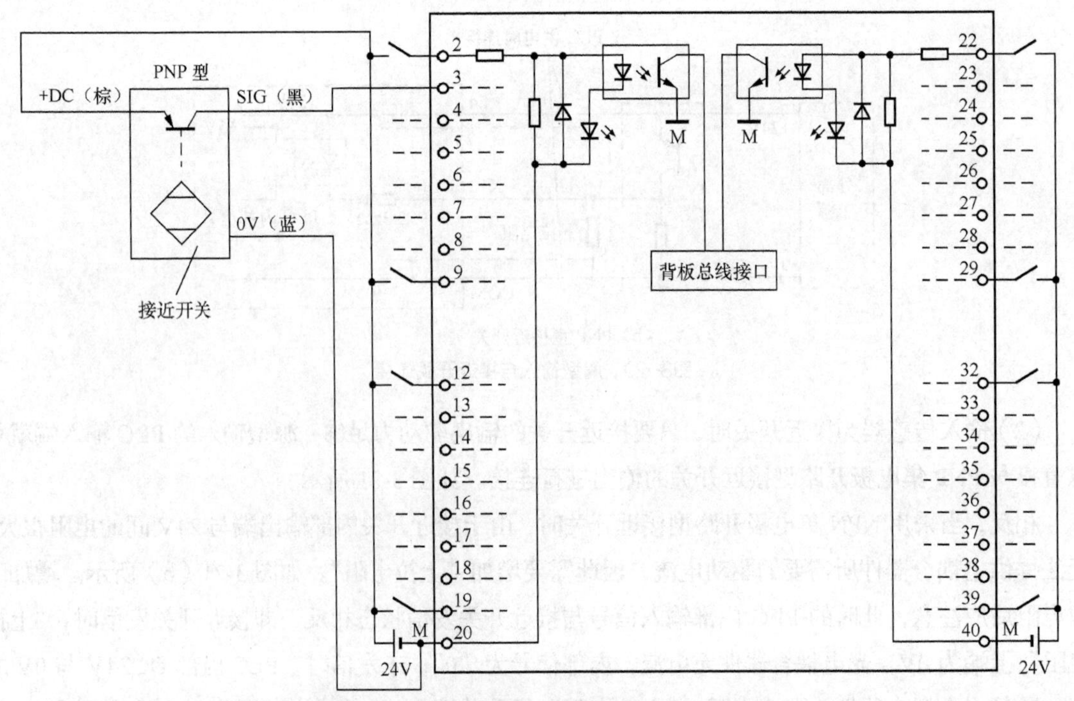

图3-22 接近开关与西门子S7-300 PLC SM321接线图

从图中可以看出，外部开关量输入触点的公共端接到了电源的正端，这种情况应使用 PNP 型接近开关。如果使用 NPN 型，是不能工作的！

三菱公司的 FX_{1N} PLC，输入电路的结构是典型的日本式，接线图如图 3-23 所示。

从图 3-23 中可以看出，外部开关量输入触点的公共端接到了电源的 0V 端，这种情况应使用 NPN 型接近开关，（只不过西门子 PLC 的“M”，相当于三菱系列中的“COM”）。同理，三菱 PLC 如果使用 PNP 型接近开关，也是不能工作的。

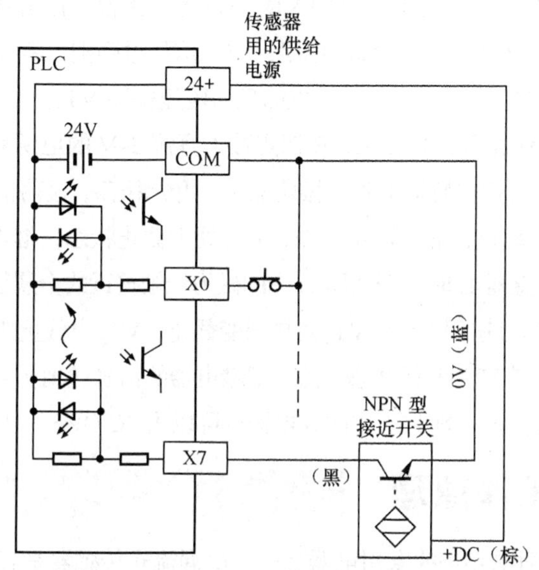

图3-23　接近开关与三菱公司的FX_{1N} PLC接线图

3.2.6　电感式接近开关

电涡式流接近开关行业习惯称其为电感式接近开关，电感式接近开关属于一种有开关量输出的位置传感器，它由 LC 高频振荡器和放大处理电路组成，其原理如图 3-24 所示。对外输出 3 根线，A 端一般是棕色，B 端一般为蓝色，输出端为黑色。

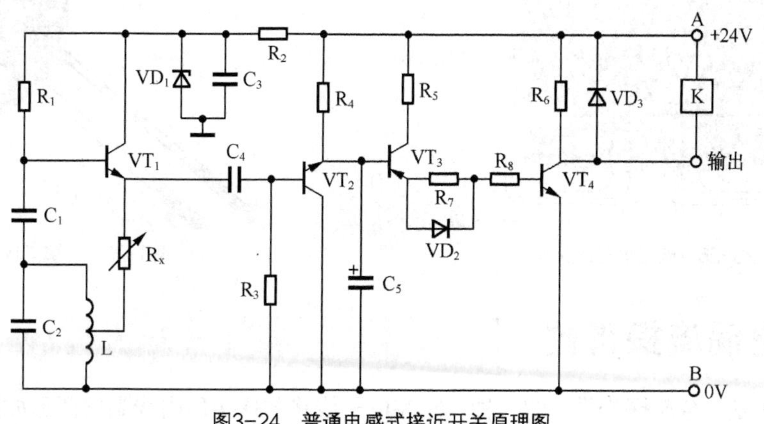

图3-24　普通电感式接近开关原理图

电路中的各个元件作用及原理简述如下：VT_1、R_1、C_1、C_2、L 及 R_x 是一个简单的电感三点式振荡器。VD_1 是简单的稳压器，直流 24V 电压经 R_2 降压后，稳定在 VD_1 的稳压值上，VD_1 的稳压值一般在 6V 左右。C_3 是滤波电容，有稳波作用。Rx 用于调试电子开关感应距离，当 R_x 阻值大，感应距离则大，但稳定差；当 R_x 阻值小，稳定性好，但感应距离小。C_4 是耦合电容，它把 VT_1 上的振荡信号送往 VT_2。VT_2、VT_3 和 R_3、R_4、R_5 组成施密特电路，它们主要有 3 个作用：①信号放大；②检波；③信号整形，把直流脉冲信号变为方波信号，并送往下一级。C_5 是滤波电容。BG_4 和 R_7、R_8、R_9 及 VD_2、VD_3 是简单的开关电路，其中 VD_2 是发光二极管，作信号指示用，R_7 是分流电阻，防止信号过强把指示灯 VD_2 烧坏，R_8 是降压电阻，防止信号过强把末级 VT_4 烧坏，R_6 是保护电阻，VD_3 是保护二极管，防止继电器在工作时，产生的反向电压击穿 VT_4。

图 3-25 所示的具体工作原理：当在 A、B 两点接上直流 24V 的电源后：

① 当金属物体还没有接近电感器 L 时，振荡器 VT_1 开始振荡，振荡信号通过 C_4 送到 VT_2，VT_2 导通，VT_3 截止，VT_4 跟着截止，继电器不动作，VT_4 处于截止状态，继电器处于常开状态；

② 当金属物体接近电感器 L 时，振荡器 L 中的磁力线被接近的金属物破坏，VT_1 由振荡变为不振荡（即停振），C_4 没有信号送到 VT_2，VT_2 由导通变截止，VT_3 由截止变为导通，VT4 跟着导通，继电器开始动作，由常开状态变为常闭状态。然后把继电器的信号送到所需的执行机构上，至此一个循环结束。周而复之，以此类推。图 3-25 中的继电器也可以用 PC 代替，把信号直接输入到电脑处理。

3.2.7 电磁炉工作原理

电磁炉是我们日常生活中必备的家用电器之一，电涡流式传感器是其核心器件，高频电流通过励磁线圈，产生交变磁场。

在铁质锅底会产生无数的电涡流，使锅底自行发热，烧开锅内的食物。电磁炉的工作原理如图 3-25 所示，电磁炉内部线圈如图 3-26 所示。

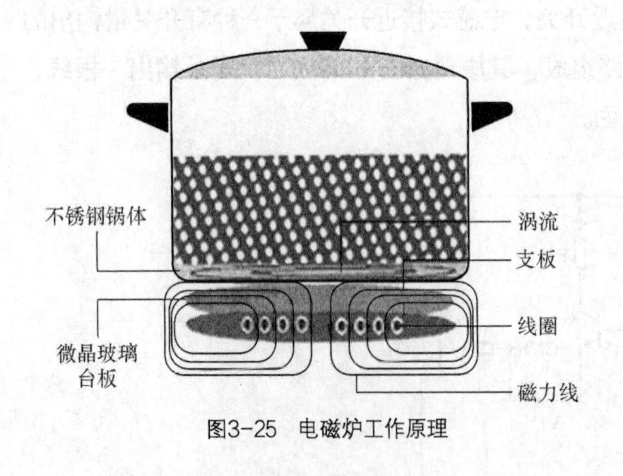

图3-25 电磁炉工作原理

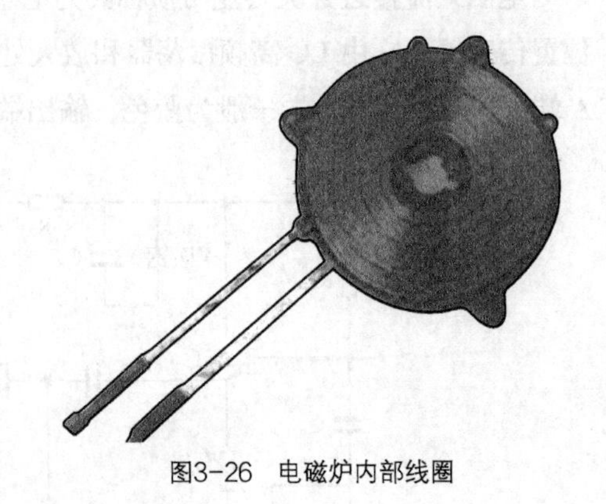

图3-26 电磁炉内部线圈

3.2.8 电涡流探雷器

探雷器其实是“金属探测器”的一种。它在电子线路与探头环内线圈振荡形成固定频率的交变磁场。当有金属接近时，利用金属导磁的原理而改变了线圈的感抗，从而改变了振荡频率发出报警信号，但对非金属不起作用。

探雷器通常由探头、信号处理单元和报警装置3个部分组成。探雷器按携带和运输方式不同，分为便携式、车载式和机载式3种类型。

便携式探雷器供单兵搜索地雷使用，又称为单兵探雷器，多以耳机声响变化作为报警信号；机载式探雷器使用直升机作为运载工具，用于在较大地域上对地雷场实施远距离快速探测。

3.2.9 电感式接近开关在自动化生产线的应用

行业习惯称其为电感式接近开关，属于开关量输出的位置传感器。它由LC高频振荡器和放大处理电路组成，利用金属物体在接近这个能产生交变电磁场的振荡感辨头时，使物体内部产生涡流。这个涡流反作用于接近开关，使接近开关振荡能力衰减，内部电路的参数发生变化，由此识别出有无金属物体接近，进而控制开关的通或断。这种接近开关所能检测的物体必须是导电性能良好的金属物体。

1．电感式接近开关按检测方法

（1）通用型：主要检测黑色金属（铁）。

（2）所有金属型：在相同的检测距离内检测任何金属。

（3）有色金属型：主要检测铝一类的有色金属。

2．电感式接近开关安装方式（见图3-27）

齐平安装：接近开关头部可以和金属安装支架相平安装。

非齐平安装：接近开关头部不能和金属安装支架相平安装。

一般，可以齐平安装的接近开关也可以非齐平安装，但非齐平安装的接近开关不能齐平安装。这是因为，可以齐平安装的接近开关头部带有屏蔽，齐平安装时，其检测不到金属安装支架，而非齐平安装的接近开关不带屏蔽，当齐平安装时，其可以检测到金属安装。正因为如此，非齐平安装的接近开关的灵敏度比齐平安装的灵敏度要大些，在实际应用中可以根据实际需要选用。

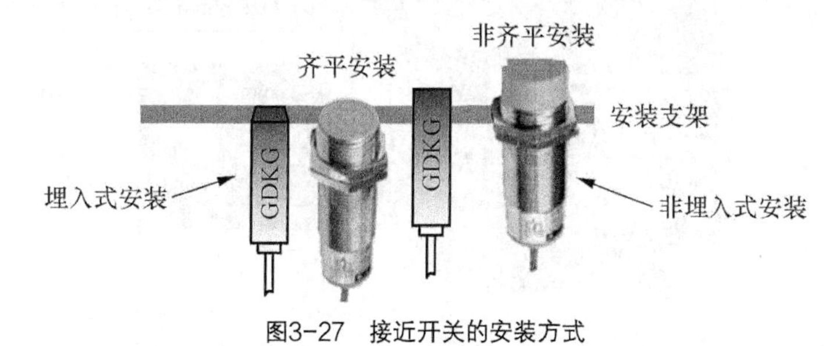

图3-27　接近开关的安装方式

3．电感式接近开关使用注意事项

（1）勿将电感式接近开关置于0.02T以上的磁场环境下使用，以免造成误动作。

（2）为了保证不损坏接近开关，用户在接通电源前要检查接线是否正确，核定电压是否为额定值。

（3）为了使接近开关长期稳定工作，务必进行定期的维护，包括被检测物体和接近开关的安装位置是否有移动或松动，接线和连接部位是否接触不良，是否有金属粉尘粘附等。

（4）直流型接近开关使用电感性负载时，务必在负载两端并接续流二极管，以免损坏接近开关的输出级。

4．电感式接近开关检测工件

图 3-28 所示为电感式接近开关一种典型 NPN 三线制接线方式。棕色引线接正电源；蓝色接地（电源负极）；黑色为输出端，有常开、常闭之分。现以 NPN、常开为例来说明，当被测物体未靠近接近开关时，OC 门截止，OUT 端为高阻态（接入负载后为高电平）；当被测物体靠近动作距离时，OC 门的输出端对地导通，OUT 端对地为低电平。如果将中间继电器 KA 跨接在+Vcc 与 OUT 端上时，KA 就处于吸合（得电）状态；把传感器正确地接入控制线路，（如果控制器为 PLC，根据 PLC 类型选择不同类型的传感器）。可对金属物体进行检测，实现对工件的定位与计数。

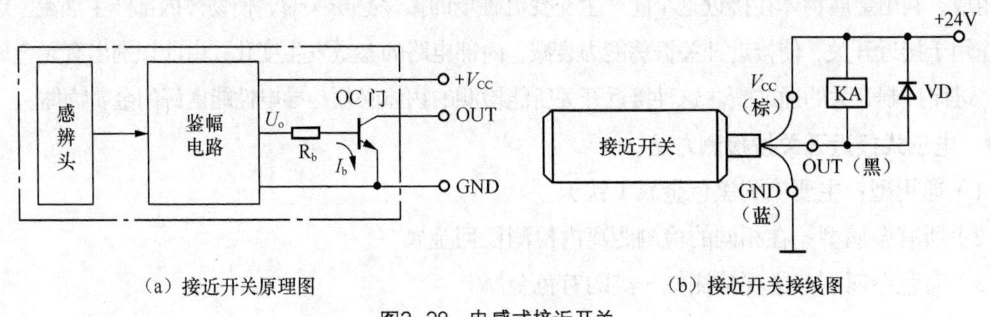

（a）接近开关原理图　（b）接近开关接线图

图3-28　电感式接近开关

图 3-29 所示为传感器在自动生产线中的应用。金属工件由传送带送至机床下方进行加工，为了实现精确地定位，当减速接近开关检测到工件时，传送带开始减速，当定位接近开关检测到待加工工件时，传送带停止运行，机床开始对工件加工，并对加工的工件数进行统计，在此，电感式接近开关用于金属工件的定位和计数。

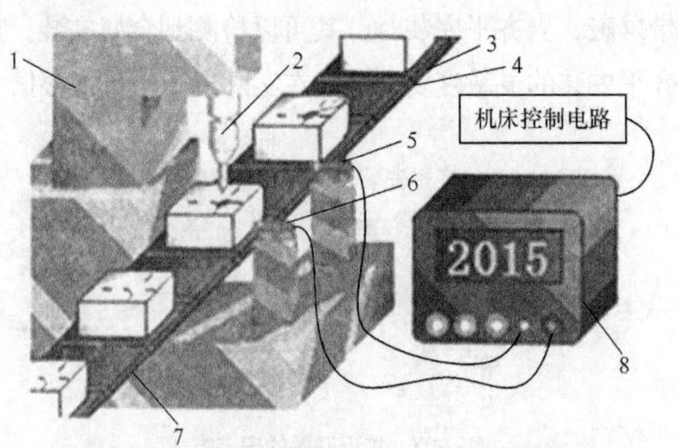

图3-29　电感式接近开关在生产线中的应用

1—加工机床；2—刀具；3—工件（导电体）；4—加工位置；5—减速接近开关；6—定位接近开关；7—传送机构；8—位置控制计数器

小知识

工作过程中，若图 3-28 中的“续流二极管”VD 虚焊或未接，当接近开关复位的瞬间，KA 线圈将产生很高的感应电压，有可能将 OC 门击穿。

3.3 电容式传感器的应用

粮仓谷物储藏时，必须留出一定空间，供谷物储藏所需氧气，金属物体用电感式接近开关，那么对谷物检测，绝缘介质的位置检测怎么实现呢？

3.3.1 电容式传感器的工作原理

电容式传感器是利用电容器的原理将被测非电量转换为电容量的变化，实现非电量到电量的转化。

平板电容器电容量表达式为

$$C=\frac{\varepsilon S}{d}=\frac{\varepsilon_0\varepsilon_r\varepsilon S}{d} \tag{3-7}$$

式中　ε_r——相对介电常数；

ε_0——真空的介电常数，$\varepsilon_0=8.85\times10^{-12}\text{F/m}$；

S——两极板间相互覆盖面积，单位为 m^2；

d——两极板之间的距离，单位 m。

改变 S、d、ε 这 3 个参量中的任意一个，均可使平板电容的电容量 C 改变。

固定 3 个参量中的 2 个，可以做成变极距式、变介电常数式、变面积式 3 种类型的电容式传感器。如图 3-30 所示为电容器的各种结构形式。

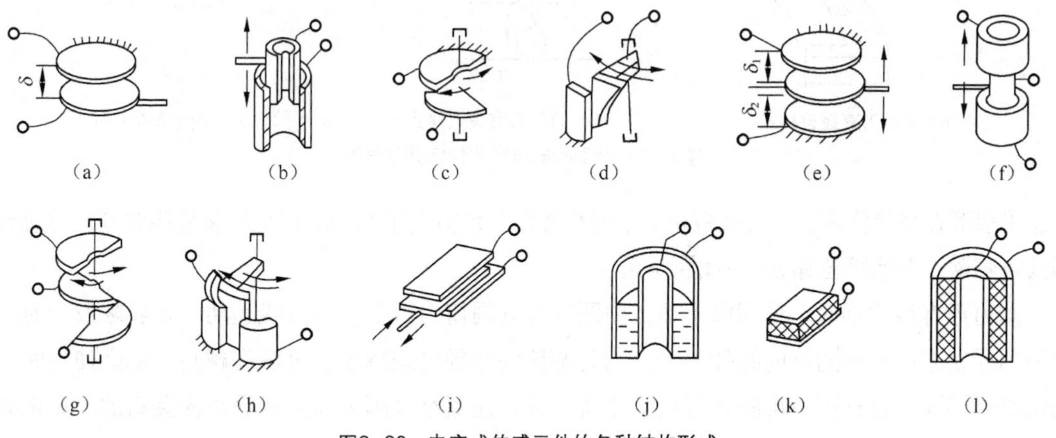

图3-30　电容式传感元件的各种结构形式

1．变极距式

变极距式电容式传感器的原理如图 3-31 所示。

传感器的输出特性不是线性关系，而是曲线关系。在 d_0 较小时，对于同样的 Δd 变化所起的 ΔC 可以增大，从而使传感器灵敏度提高。但 d_0 过小，容易引起电容器击穿或短路。为此，极板间可采用高介电常数的材料（云母、塑料膜等）作介质。

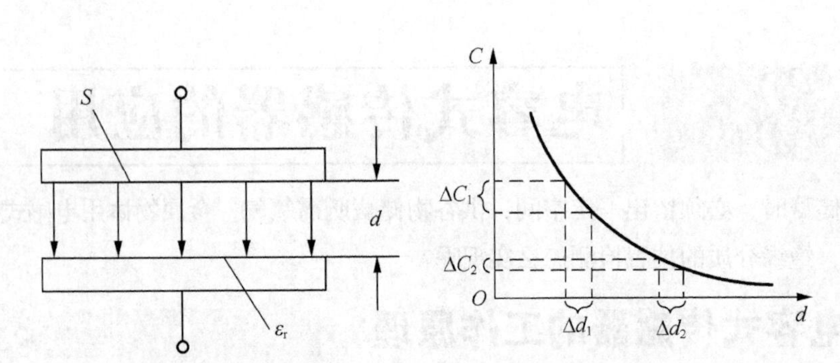

（a）变极距式电容式传感器　　（b）电容量与极板间距的关系

图3-31　变极距式电容传感器

云母片的相对介电常数是空气的 7 倍，其击穿电压不小于 1 000kV/mm，而空气仅为 3kV/mm。因此有了云母片，极板间起始距离可大大减小。其在微位移测量中应用最广。

2．变面积式

变面积式电容式传感器原理如图 3-32 所示。

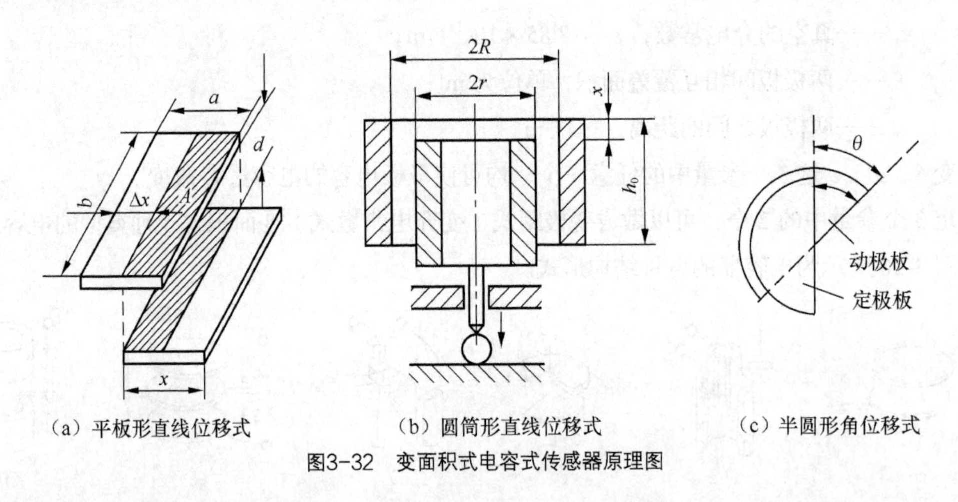

（a）平板形直线位移式　　（b）圆筒形直线位移式　　（c）半圆形角位移式

图3-32　变面积式电容式传感器原理图

平板形直线位移式。当动极板相对于定极板沿长度方向平移 Δx 时电容量发生改变。这种传感器其电容量 C 与水平位移 Δx 呈线性关系。

圆筒形直线位移式。外圆筒不动，内圆筒在外圆筒内做上、下直线运动。在实际设计时，必须使用导轨来保持两圆筒的间隙不变。内外圆筒的半径之差越小，灵敏度越高。实际使用时，外圆筒必须接地，这样可以屏蔽外界电场干扰，并且能减小周围人体及金属与内圆筒的分布电容，以减小误差。

半圆形角位移式。当动极板有一个角位移 θ 时，与定极板间的有效覆盖面积就发生改变，从而改变了两极板间的电容量。

3．变介电常数式

介电常数也是影响电容式传感器电容量的一个因素。因为各种介质的介电常数不同，在电容器两极板间加以不同介电常数的介质时，电容器的电容量也会随之变化。变介质型电容传感器有较多的结构形式，图 3-33 所示为电容式液位计原理图。当被测液体（绝缘体）的液面在两个同心圆金属管状电极间上下变化时，引起两电极间不同介电常数介质（上半部分为空气，下半部分为液体）的高度变化，因而导致总的电容量的变化。

当液罐外壁是导电金属时，可以将其接地，并作为液位计的外电极，如图 2-33（b）所示。当被测介质是导电的液体时，则内电极采用金属外套聚四氟乙烯套管式电极。而且这时的外电极也不再是液罐外壁，而是该导电介质本身，这时内、外电极的极距只是聚四氟乙烯套管的壁厚。

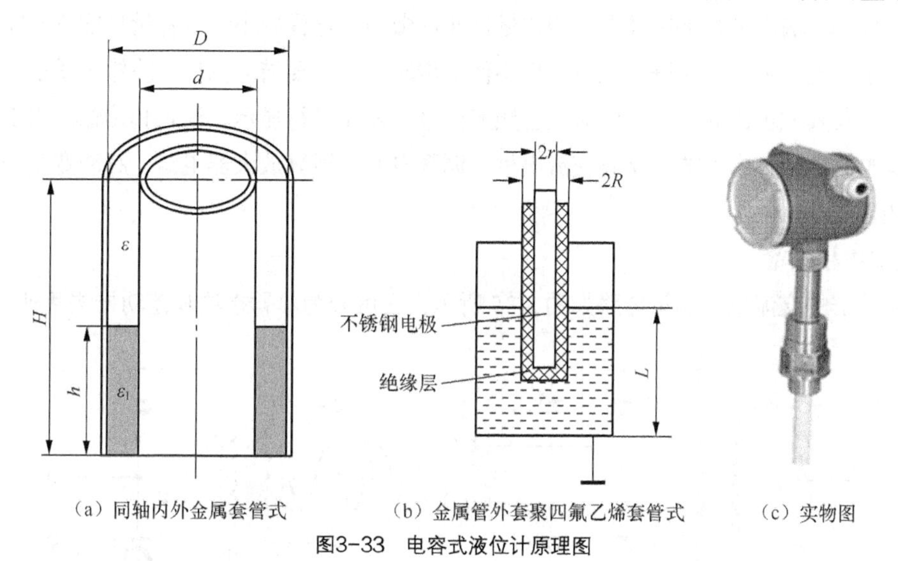

（a）同轴内外金属套管式　（b）金属管外套聚四氟乙烯套管式　（c）实物图

图3-33　电容式液位计原理图

4．差动电容式传感器

在实际应用中，为了提高灵敏度，减小非线性误差，大都采用差动式结构，如图 3-34 所示。

图 3-34 所示为变极距的差动式电容器，中间的极板为动极板，上下两块为定极板。当动极板向上移动 Δd 距离后，一边的间隙变为 $d_0-\Delta d$，而另一边则为 $d_0+\Delta d$。电容 C_1 和 C_2 成差动变化，即其中一个电容量增加，而另一个电容量相应减小。将 C_1、C_2 差接后，能使灵敏度提高一倍。图 3-34（b）和图 3-34（c）所示为变面积的差动式电容器。图 3-34（c）中上、下两个圆筒为定极板，中间的为动极板，当动极板向上移动时，与上极板的遮盖面积增加，而与下极板的遮盖面积减少，两者变化的数值相等，反之亦然。图 3-34 所示的旋转式变面积的差动式电容传感器的原理与之相似。

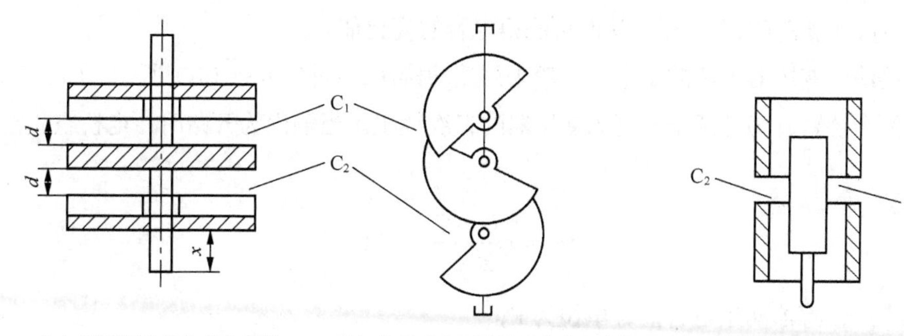

（a）变极距的差动式电容器　（b）旋转式变面积的差动式电容器　（c）圆筒式变面积的差动式电容器

图3-34　差动电容式传感器结构

打开一只老式收音机后盖，可以看到一只“可变电容器”。增加该电容器“动片”的旋出角度，收音机的谐振频率就逐渐升高，所接收到的电台频率也逐渐升高。

3.3.2 电容式传感器的测量转换电路

电容式传感器输出电容量以及电容变化量都非常微小，这样微小的电容量目前还不能直接被显示仪表所显示，无法由记录仪进行记录，也不便于传输。这就要借助测量电路检出微小的电容变化量，并转换成与其成正比的电压、电流或者频率信号，才能进行显示、记录和传输。用于电容式传感器的测量电路很多，常见的电路有交流电桥、调频电路、运算放大器电路、脉冲宽度调制电路、双 T 电桥电路等。

1．交流电桥电路

电容传感器的交流电桥测量电路如图 3-35 所示，它可分为单臂接法和差动接法两种。

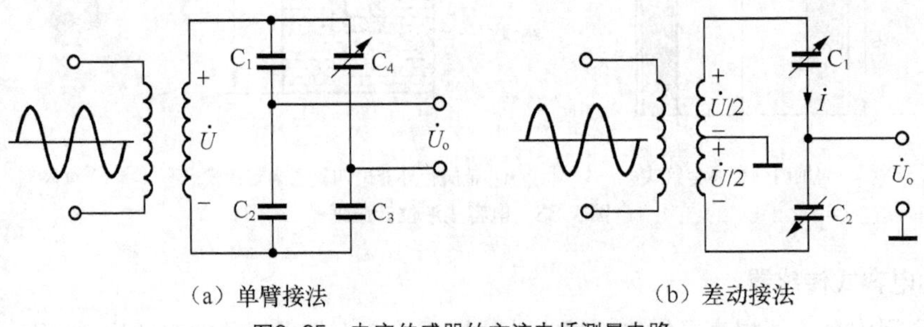

（a）单臂接法　　（b）差动接法

图3-35　电容传感器的交流电桥测量电路

（1）单臂接法。图 3-35（a）所示为单臂接法的桥式测量电路，高频电源经变压器接到电容桥的 1 个对角线上，电容 C_1、C_2、C_3 和 C_x 构成电桥的 4 个臂，其中 C_x 为电容传感器。

当传感器未工作时，交流电桥处于平衡状态，有

$$\frac{C_1}{C_2}=\frac{C_x}{C_3} \tag{3-8}$$

此时，电桥输出电压为零。

当 C_x 改变时，电桥有输出电压，从而可测得电容的变化值。

（2）差动接法。变压器电桥测量电路一般采用差动接法，如图 3-35（b）所示。C_1、C_2 以差动形式接入相邻两个桥臂，另外两个桥臂为变压器的二次绕组。当输出为开路时，电桥空载输出电压为

$$U_0=\pm\frac{U}{2}\frac{\Delta C}{C_0} \tag{3-9}$$

式中　C_0——传感器初始电容值，单位为 F；

ΔC——传感器电容量的变化值，单位为 F。

2. 调频测量电路

调频测量电路把电容式传感器作为振荡器谐振回路的一部分，当输入量导致电容量发生变化时，振荡器的振荡频率就发生变化。虽然可将频率作为测量系统的输出量，用以判断被测非电量的大小，但此时系统是非线性的，不易校正，因此必须加入鉴频器，将频率的变化转换为电压振幅的变化，经过放大就可以用仪器指示或记录仪记录下来。调频测量电路原理如图 3-36 所示。

调频振荡器的振荡频率为

$$f = \frac{1}{2\pi\sqrt{LC}} \tag{3-10}$$

式中　L——振荡回路的电感；

　　　C——振荡回路的总电容。

C 包括传感器电容 C_x、谐振回路中的微调电容 C_1 和传感器电缆分布电容 C_c，即 $C=C_x+C_1+C_c$。

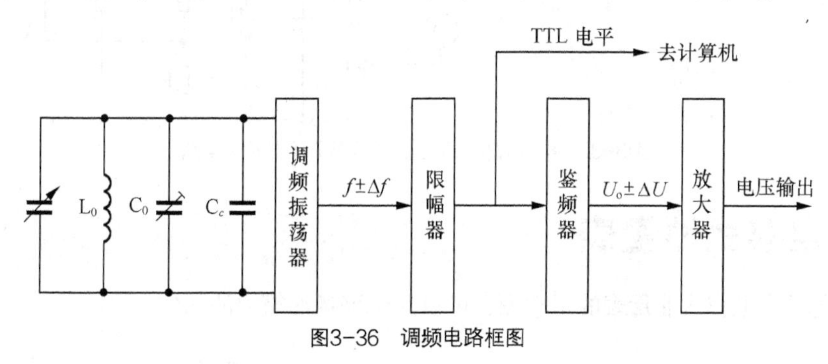

图3-36　调频电路框图

振荡器的输出信号是一个受被测量控制的调谐波，频率的变化在鉴频器中变换为电压幅度的变化，经过放大器放大、检波后就可用仪表来指示，也可将频率信号直接送到计算机的技术定时器进行测量。

3.3.3 料位指示仪控制电路

电容式传感器可用来监视密封仓内的料位，料仓内的物质应具有不导电且松散的特点。电容式传感器悬挂在料仓内，利用它对地形成的分布电容来进行检测。在仪器的面板上装有指示灯：红灯指示“料位上限”，绿灯指示“料位下限”。当料位到达设定的上限时，红灯亮，此时应人工或自动停止加料；当料位低于下限时，绿灯亮，这时应启动加料设备。

电容式料位指示仪的信号转换与控制电路如图 3-37 所示。信号转换采用阻抗平衡电桥实现，C_2 和 C_3 为固定电容，C_4 为可调电容，C_x 为探头对地的分布电容，它直接和料位相关。调整 C_4 使电桥平衡，即满足 $C_2 C_4= C_3C_x$。当料位增加时，C_x 随着增加，使电桥失去平衡，根据电桥输出电压值的大小便可判断料位情况。VT_1 和 LC 回路组成振荡器为电桥供电，其频率约为 70kHz，幅值约为 250mV。电桥输出的交流信号经 VT_2 放大，VD_1 检波后变成直流信号。控制电路是由 VT_3、VT_4 的射极耦合触发器和继电器 K 组成。信号转换电路送过来的直流信号达到一定数值后，触发器翻转，VT_4 由截止状态变为饱和状态，使继电器 K 吸合，其触点控制相应的电路和指示灯。

在安装传感器的探头时，为了减少探头对地的固有电容，通常采用相串联的两只高压绝缘子作为绝缘体。为减小引线间的寄生电容，探头接线不宜过长，信号处理电路直接安装在探头上面的铁盒子里。仪器的调整是在料位较低时进行的，将图 3-37 中的 H、L 两点断开，串接微安电流表 PA，当电流为 50μA 时调整 C_4 使表头指零。最后将表拆除，H、L 两点短接起来。

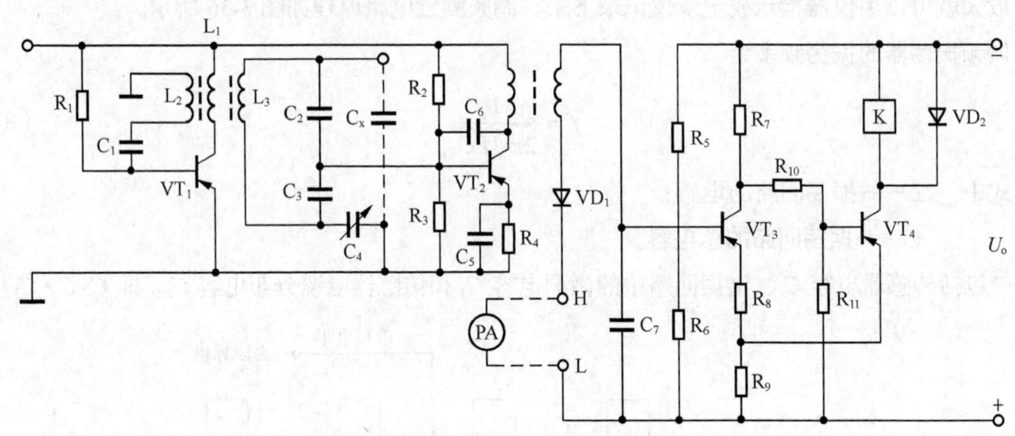

图3-37 电容式料位指示仪的信号转换与控制电路

3.3.4 电容式油量表

图 3-38 所示为电容式油量表的示意图，可以用于测量油箱中的油位。

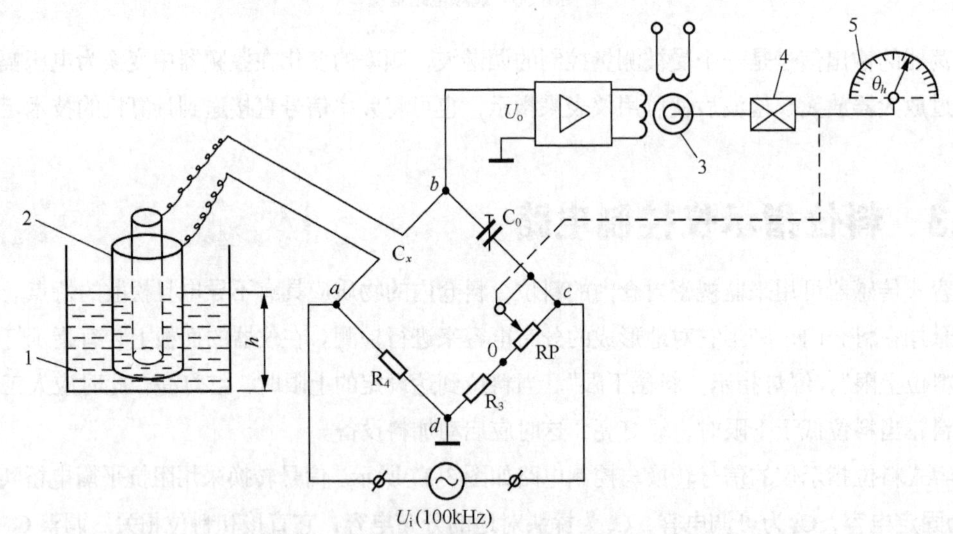

图3-38 电容式油量表的示意图

1—油箱；2—圆柱形电容器；3—伺服电动机；4—减速箱；5—油量表

当油箱中无油时，电容传感器的电容量 $C_x=C_{x0}$，调节匹配电容 $C_0=C_{x0}$，$R_4=R_3$；并使电位器 RP 的滑动臂位于 0 点，即 RP 的电阻值为 0。此时，电桥满足 $C_x/C_0=R_4/R_3$ 的平衡条件，电桥输出为零，伺服电动机不转动，油量表指针偏转角 $\theta=0$。

当油箱中注满油时，液位上升至 h 处，$C_x=C_{x0}+\Delta C_x$，而 ΔC_x 与 h 成正比，此时电桥失去平衡，电桥的输出电压 U_0 经放大后驱动伺服电动机，再由减速箱减速后带动指针瞬时针偏转，同时带动 RP 的滑动臂移动，从而使 RP 阻值增大，$R_{cd}=R_3$+RP 也随之增大。当 RP 阻值达到一定值时，电桥又达到新的平衡状态，$U_0=0$，于是伺服电动机停转，指针停留在转角为 θ 处。

由于指针及可变电阻的滑动臂同时为伺服电动机所带动，因此，RP 的阻值与 θ 间存在着确定的对应关系，即 θ 正比于 RP 的阻值，而 RP 的阻值又正比于液位高度 h，因此可直接从刻度盘上读得液位高度 h。

当油箱中的油位降低时，伺服电动机反转，指针逆时针偏转（示值减小），同时带动 RP 的滑动臂移动，使 RP 阻值减小，当 RP 阻值达到一定值时，电桥又达到新的平衡状态，$U_0=0$，于是伺服电动机再次停转，指针停留在与该液位相对应的转角 θ 处，从以上分析可知，该装置采用了类似于天平的零位式测量方法，所以放大器的非线性及温漂对测量精度影响不大。

3.3.5 电容式接近开关人体接近探测

接近开关接线前面 3.2.4 小节中已经讲述，电容式接近开关三线制与电感式相似，这里不再赘述。电容式人体接近传感器是保护人身安全的一种非接触式检测传感器，用于切纸机、压模机、锻压机等机械设备。其工作原理图如图 3-39 所示，C_1 和 L_1 构成并联谐振电路，VT 采用共基极接法，C_4 是反馈电容，R_1 和 R_2 为偏置电阻，与 C_2 形成选频网络。C_5 是耦合电容，R_3 和 C_3 形成去耦电路。VD_1、VD_2、C_6 构成检波电路。C_0 为人体与金属棒形成的电容，若人体接近金属棒，C_0 变大，使反馈电容(C_4+C_0)增大，其与 L_2 形成振荡的条件不再满足，输出的交流信号的幅值降低，经 VD_1、VD_2 检波后输出低电平。当人体与设备的距离大于保护距离时，振荡器正常振荡，输出高电平。电位器 RP 用于调节人体接近的保护距离。

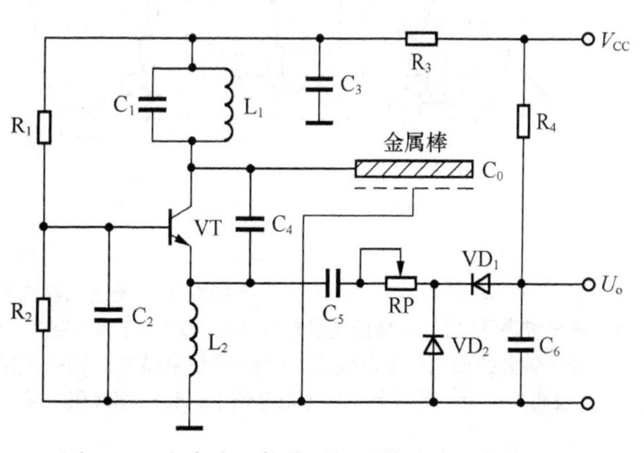

图 3-39 电容式人体接近探测传感器工作原理图

3.3.6 差动电容式差压变送器

图 3-40 所示为差动电容式差压变送器的结构示意图。它的核心部分是一个差动变极距式电容传感器。它以热胀冷缩系数很小的两个凹形玻璃圆片上的镀金薄膜与加紧在它们中间的弹性平膜片组成 C_1 和 C_2。

当被测压力 P_1、P_2 由两侧的内螺纹压力接头进入各自的空腔，该压力通过不锈钢波纹隔离膜以及热稳定性很好的灌充液，传导到 δ 腔。弹性平膜片由于受到来自两侧的压力之差，而凸向压力小的一侧。在 δ 腔中，弹性平膜片与两侧的镀金定极之间的距离很小（约 0.5mm），所以微小的位移（不大于 0.1mm）就可以使电容量变化 100pF 以上。测量转换电路（相敏检波）将此电容量的变化转换为 4～20mA 的标准电流信号，通过信号电缆线输出到二次仪表与电感式压力变送器类似。从图

3-41（b）中还可以看到，该压力变送器自带液晶数码显示器。可以在现场读取测量值，总共只需要电源提供 4～20mA 电流。

差动电容的输入激励源通常在信号处理壳体中，其频率通常选取 100kHz 左右，幅值约为 10V。经变送器内部的 CPU 线性化后，差压变送器的输出精度一般可达 1%左右。

对额定量程较小的差动式差压变送器来说，当某一侧突然失压时，巨大的差压有可能将很薄的平膜片压破，所以设置了安全悬浮膜片和限位波纹盘，起过压保护作用。

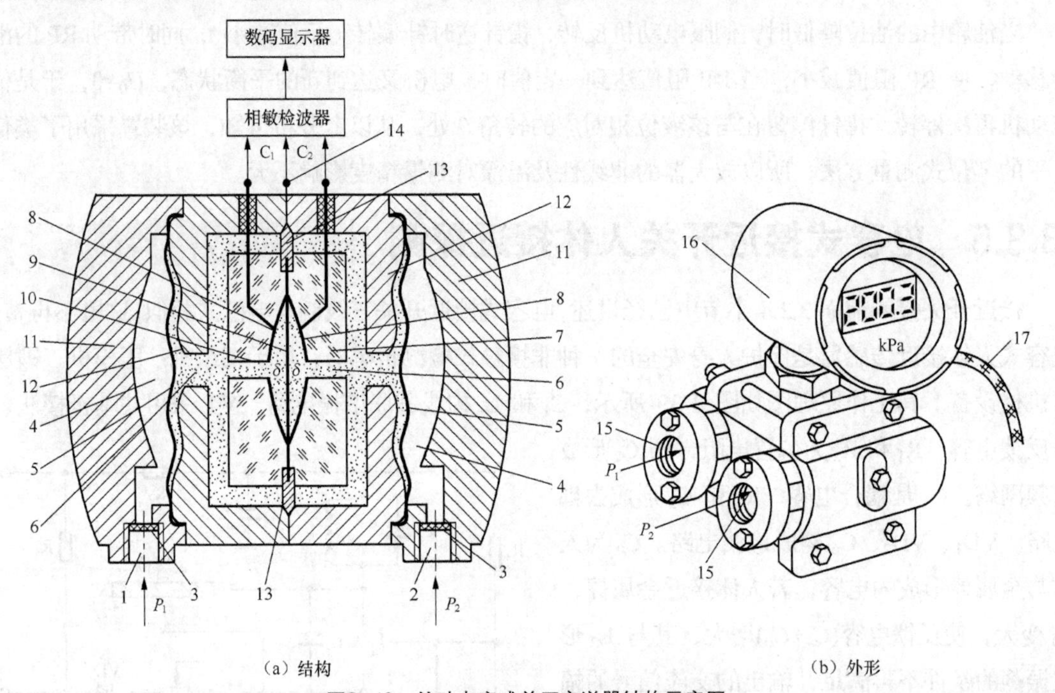

图3-40　差动电容式差压变送器结构示意图

1—高压侧进气口；2—低压侧进气口；3—过滤片；4—空腔；5—柔性不锈钢波纹隔离膜片；6—导压硅油；7—凹形玻璃圆片；8—镀金凹形电极（定极板）；9—弹性平膜片；10—δ腔；11—铝合金外壳；12—限位波纹盘；13—过压保护悬浮波纹膜片；14—公共参考端（地电位）；15—螺纹压力接头；16—测量转换电路及显示器铝合金盒；17—信号电缆

3.4 实训项目二　电感接近开关传感器

3.4.1　实训目的与设备

1．实训目的

学习和掌握电感接近开关的工作原理和使用方法。

2．实训设备

物料分拣模型（见图 3-41）、信号处理及接口挂箱（见图 2-40）、电源及仪表挂箱（见图 2-39）。

物料分拣模型简介如下。

（1）直流减速电机，转速：20r/min，电源DC24V；

（2）电磁阀：二位五通；

（3）对射式光电开关传感器：检测距离5m，常开型，NPN晶体管输出；

（4）霍尔接近开关传感器：检测距离10mm，可检测永磁体，常开型，NPN晶体管输出；

（5）电感接近开关传感器：检测距离4mm，常开型，NPN晶体管输出；

（6）电容接近开关传感器：检测距离5mm，常开型，NPN晶体管输出；

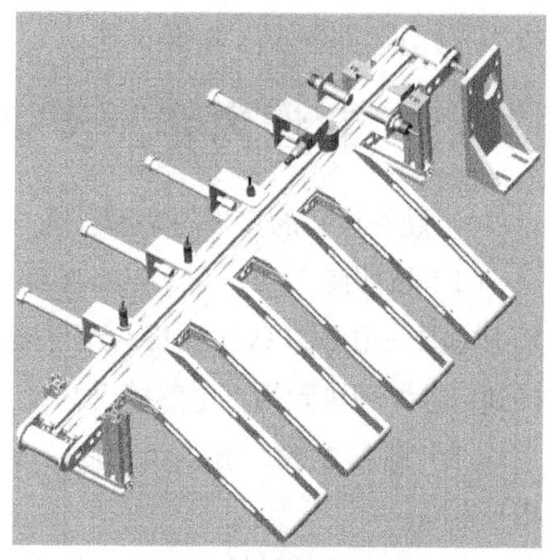

图3-41　物料分拣模型

（7）色标传感器：焦距12.5mm±2mm，红、蓝、绿三色光源，按钮式设定自动选择适用光源；

（8）安全光幕传感器：检测距离为0.3～4m，继电器输出。

3.4.2　实训原理

1．工作原理

电感式接近开关属于一种有开关量输出的位置传感器，它由LC高频振荡器和放大处理电路组成，利用金属物体在接近这个能产生电磁场的振荡感应头时，使物体内部产生涡流。这个涡流反作用于接近开关，使接近开关振荡能力衰减，内部电路的参数发生变化，由此识别出有无金属物体接近，进而控制开关的通或断。这种接近开关所能检测的物体必须是金属物体，如图3-42和图3-43所示。

图3-42　电感接近开关传感器

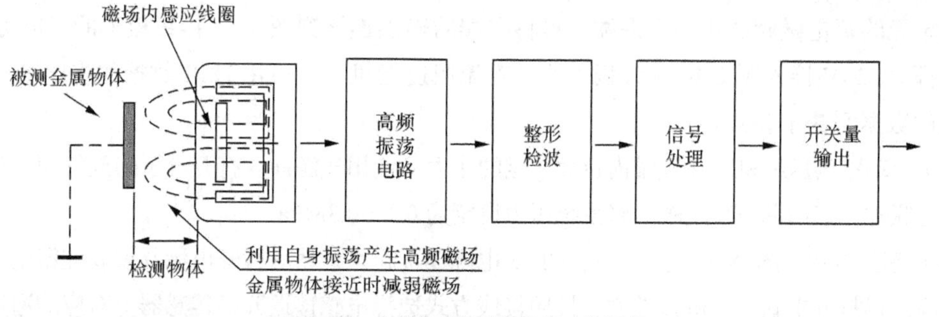

图3-43　电感接近开关的内部工作原理

2．电感接近开关的优点

（1）非接触检测，避免了对传感器自身和目标物的损坏。

（2）无触点输出，操作寿命长。

（3）即使在有水或油喷溅的苛刻环境中也能稳定检测。

（4）反应速度快。

（5）小型感测头，安装灵活。

3.4.3 实训内容及步骤

1．硬件设备的实训内容和步骤

（1）按照图 2-39、图 2-40、图 2-44 的标示，将电感接近开关传感器的电源线和信号线连接好，其中电源采用 DC12V（注意：红色接正，黑色接地，不要接反），传感器的信号输出（蓝色插座）接到信号处理单元的“电感接近开关”左端（注意：红色接正，黑色接地，不要接反）。

（2）将图 2-39、图 2-40 上的+5V、GND 电源连接起来，然后打开电源及仪表挂箱电源，电源指示灯亮。

（3）将传感器的输出信号连接到直流电压表上（此时直流电压表选择 20V 挡），观察此时的直流电压表上的电压显示，然后将铁质的检测物块放置到电感接近开关传感器的下方，观察此时直流电压表上的电压变化情况。

（4）将经过信号处理单元处理过的信号（信号处理单元的“电感接近开关”右端）连接到直流电压表上（此时直流电压表选择 20V 挡），观察此时的直流电压表上的电压显示，然后将铁质的检测物块放置到电感接近开关传感器的下方，观察此时直流电压表上的电压变化情况。

（5）实验结束，将电源关闭后将导线整理好，放回原处。

2．软件设备的实训内容和步骤

（1）按照图 2-39、图 2-40、图 2-44 的标示，将电感接近开关传感器的电源线和信号线连接好，其中电源采用 DC12V（注意：红色接正，黑色接地，不要接反），传感器的信号输出（蓝色插座）接到信号处理单元的“电感接近开关”左端（注意：红色接正，黑色接地，不要接反）。

（2）将信号处理单元的“电感接近开关”右端连接到数据采集卡挂箱上的“数字量输入端 DI2”（注意：红色导线接 DI2，黑色导线接 DGND）。同时将“数字量输出端 D00”连接到信号处理单元的“电磁阀 3 驱动”左端，再将右端的输出连接到图 2-44 接线板上的“电磁阀 3”，其中电源 DC24V 接入图 2-44 接线板上的“直流减速电机”，再用 USB 数据线将电脑与采集卡挂箱上的数据采集卡相连接。

（3）启动空气压缩机，在气罐内建立一定的压力。使用气源前，打开气泵的放气阀，使压缩空气进入三联件，然后调节减压阀，将系统压力设定为 0.1～0.3MPa。

（4）将图 2-39、图 2-40 上的+5V、GND 电源连接起来，然后打开电源及仪表挂箱电源，电源指示灯亮。再打开电脑上的测试软件，按照接线方式选择电感接近开关传感器上对应的通道，并让软件运行，则铁质检测物料经过电感接近开关传感器时软件上就会显示对应的数量，同时气缸会自动弹出并将铁质检测物料推入物料槽中。

（5）实验结束，关闭电脑及电源开关再将导线整理好，放回原处。

（6）实训报告：简述电感接近开关传感器的工作原理及应用范围。

3.5 实训项目三　电容接近开关传感器

3.5.1　实训目的与设备

1. 目的

学习和掌握电感接近开关的工作原理和使用方法。

2. 实训设备

物料分拣模型（见图3-41）、信号处理及接口挂箱（见图2-40）、电源及仪表挂箱（见图2-39）。

3.5.2　实训原理

1. 工作原理

电容式接近开关亦属于一种具有开关量输出的位置传感器，如图3-44所示。它的测量头通常是构成电容器的一个极板，而另一个极板是物体的本身，当物体移向接近开关时，物体和接近开关的介电常数发生变化，使得和测量头相连的电路状态也随之发生变化，由此便可控制开关的接通和关断。电容接近开关的内部工作原理，如图3-45所示。这种接近开关的检测物体，并不限于金属导体，也可以是绝缘的液体或粉状物体，在检测较低介电常数ε的物体时，可以顺时针调节多圈电位器（位于开关后部）来增加感应灵敏度，一般调节电位器使电容式的接近开关在0.7～0.8Sn的位置动作。介质常数如表3-1所示。

图3-44　电容接近开关传感器

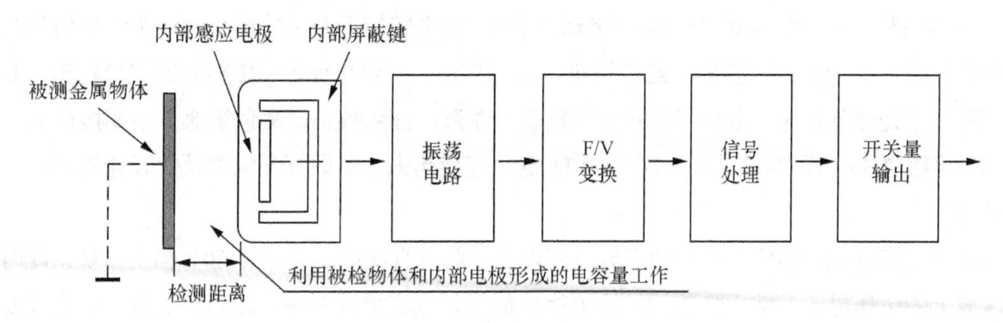

图3-45　电容接近开关的内部工作原理

表 3-1 部分常用材料的介质常数

材　料	介质常数	材　料	介质常数
水	80	软橡胶	2.5
大理石	8	松节油	2.2
云母	6	水	80
陶瓷	4.4	酒精	25.8
硬橡胶	4	电木	3.6
玻璃	5	电缆	2.5
硬纸	4.5	油纸	4
空气	1	汽油	2.2
合成树脂	3.6	米	3.5
赛璐璐	3	聚丙烯	2.3
普通纸	2.3	纸碎屑	4
有机玻璃	3.2	石英玻璃	3.7
聚乙烯	2.9	硅	2.8
苯乙烯	3	变压器油	2.2
石蜡	2.2	木材	2-7
石英砂	4.5		

2．电容接近开关的优点

（1）非接触检测，避免了对传感器自身和目标物的损坏。

（2）无触点输出，操作寿命长。

（3）即使在有水或油喷溅的苛刻环境中也能稳定检测。

（4）反应速度快。

（5）小型感测头，安装灵活。

3.5.3　实训内容及步骤

1．硬件设备的实训内容和步骤

（1）按照图 2-39、图 2-40、图 2-44 所示的标示，将电容接近开关传感器的电源线和信号线连接好，其中电源采用 DC12V（注意：红色接正，黑色接地，不要接反），传感器的信号输出（蓝色插座）接到信号处理单元的“电容接近开关”左端（注意：红色接正，黑色接地，不要接反）。

（2）将图 2-39、图 2-40 上的+5V、GND 电源连接起来，然后打开电源及仪表挂箱电源，电源指示灯亮。

（3）将传感器的输出信号连接到直流电压表上（此时直流电压表选择 20V 挡），观察此时的直流电压表上的电压显示，然后将铝质的检测物块放置到电容接近开关传感器的下方，观察此时直流电压表上的电压变化情况。

（4）将经过信号处理单元处理过的信号（信号处理单元的“电容接近开关”右端）连接到直流电压表上（此时直流电压表选择20V挡），观察此时的直流电压表上的电压显示，然后将铝质的检测物块放置到电容接近开关传感器的下方，观察此时直流电压表上的电压变化情况。

（5）实验结束，将电源关闭后将导线整理好，放回原处。

2．软件设备的实训内容和步骤

（1）按照图2-39、图2-40、图2-44所示的标示，将电容接近开关传感器的电源线和信号线连接好，其中电源采用DC12V（注意：红色接正，黑色接地，不要接反），传感器的信号输出（蓝色插座）接到信号处理单元的“电容接近开关”左端（注意：红色接正，黑色接地，不要接反）。

（2）将信号处理单元的“电容接近开关”右端连接到数据采集卡挂箱上的“数字量输入端DI3”（注意：红色导线接DI3，黑色导线接DGND）。同时将“数字量输出端D02”连接到信号处理单元的“电磁阀2驱动”左端，再将右端的输出连接到图2-44接线板上的“电磁阀2”，其中电源DC24V接入图2-44接线板上的“直流减速电机”。再用USB数据线将电脑与采集卡挂箱上的数据采集卡相连接。

（3）启动空气压缩机，在气罐内建立一定的压力。使用气源前，打开气泵的放气阀，使压缩空气进入三联件，然后调节减压阀，将系统压力设定为0.1～0.3MPa。

（4）将图2-39、图2-40上的+5V、GND电源连接起来，然后打开电源及仪表挂箱电源，电源指示灯亮。再打开电脑上的测试软件，按照接线方式选择电容接近开关传感器上对应的通道，并让软件运行，则铝质检测物料经过电容接近开关传感器时软件上就会显示对应的数量，同时气缸会自动弹出并将铝质检测物料推入物料槽中。

（5）实验结束，关闭电脑及电源开关再将导线整理好，放回原处。

（6）实训报告：简述电容接近开关传感器的工作原理及应用范围。

1．单项选择题

（1）电感式传感器的常用测量电路不包括（　　）。

A. 交流电桥　　B. 变压器式交流电桥

C. 脉冲宽度调制电路　　D. 谐振式测量电路

（2）电感式传感器采用变压器式交流电桥测量电路时，下列说法不正确的有（　　）。

A. 衔铁上、下移动时，输出电压相位相反

B. 衔铁上、下移动时，输出电压随衔铁的位移而变化

C. 根据输出的指示可以判断位移的方向

D. 当衔铁位于中间位置时，电桥处于平衡状态

（3）希望远距离传送信号，应选用具有（　　）输出的标准变送器。

A. 0～2V　　B. 1～5V　　C. 0～10mA　　D.4～20mA

（4）电涡流式接近开关可以利用电涡流原理检测出（　　）的靠近程度。

A. 人体　　B. 水　　C. 黑色金属零件　　D. 塑料零件

（5）电涡流探头的外壳用（　　）制作较为恰当。

A. 不锈钢　　B. 塑料　　C. 黄铜　　D. 玻璃

（6）如将变面积式电容式传感器接成差动形式，则其灵敏度将（　　）。

A. 保持不变　　B. 增大一倍　　C. 减小一半　　D. 增大两倍

（7）用电容式传感器测量固体或液体物位时，应该选用（　　）。

A. 变间隙式　　B. 变面积式

C. 变介电常数式　　D. 空气介质变间隙式

2. 简答题

简述电感式传感器与电容式传感器的基本工作原理和主要类型。

3. 应用题

（1）图 3-46（a）是电容式差动传感器，金属膜片与两盘构成差动电容 C_1、C_2，两边压力分别为 P_1、P_2。图 3-46（b）为二极管双 T 形电路，电路中电容是图 3-46（a）中的差动电容，电源是占空比为 50%的方波。试分析：

① 当两边压力相等 $P_1=P_2$ 时负载电阻 R_L 上的电压 U_0 值；

② 当 $P_1>P_2$ 时负载电阻 R_L 上电压 U_0 大小和方向（正负）。

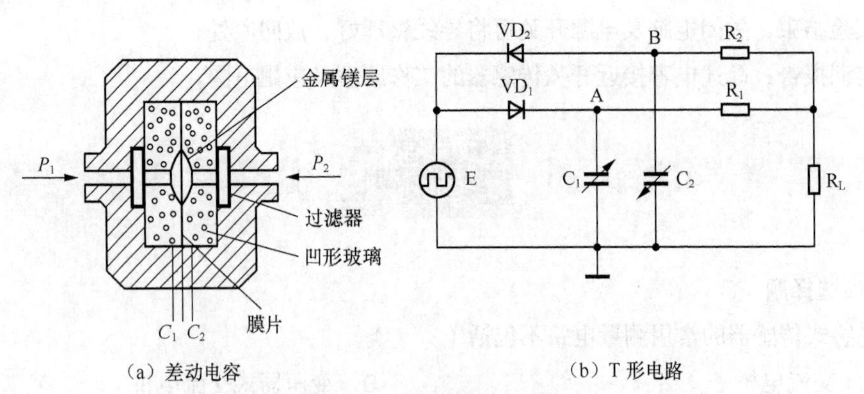

图3-46　电容式差动传感器

（2）用一电涡流式测振仪测量某机器主轴的轴向窜动，已知传感器的灵敏度为 2.5mV/mm。最大线性范围（优于 1%）为 5mm。现将传感器安装在主轴的右侧，使用高速记录仪记录下的振动波形如图 3-47 所示。问：

① 轴向振动 $a_m \sin\omega t$ 的振幅 a_m 为多少？

② 主轴振动的基频 f 是多少？

③ 为了得到较好的线性度与最大的测量范围，传感器与被测金属的安装距离 l 为多少毫米为佳？

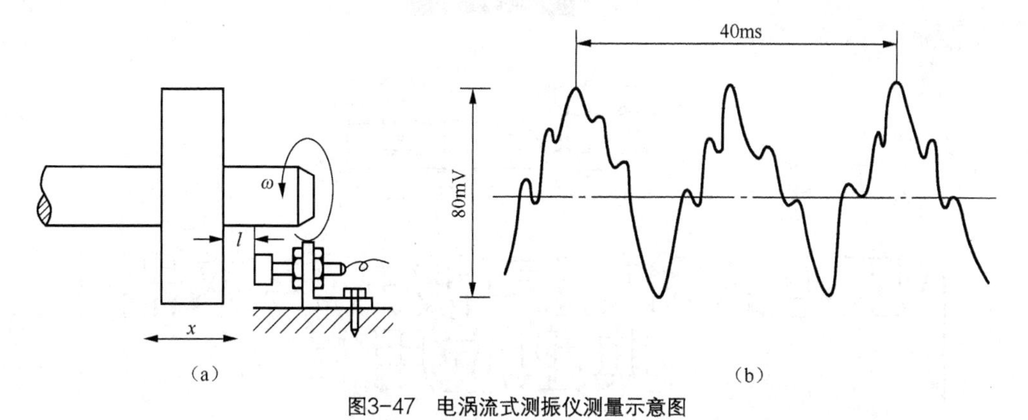

图3-47　电涡流式测振仪测量示意图

第4章 压电式和超声波式传感器典型应用

【学习目标】

- 了解压电式和超声波式传感器的工作原理。
- 学会超声波传感器好坏的检测。
- 了解压电式和超声波式传感器的典型应用。

4.1 压电式传感器的应用

玻璃破碎报警器是在玻璃破碎时发出警报的安保器件，它在我们的日常生活中有着重要的应用，多数防盗系统中都有它的身影，比较常见的是在银行、博物馆、珠宝店等。压电式传感器是玻璃破碎报警器的核心器件，其中以使用压电陶瓷为最多。

压电陶瓷是一种能够将机械能和电能互相转换的功能陶瓷材料，它可以产生压电效应。利用压电陶瓷片的压电效应，如何将玻璃破碎声音信号转化为电信号，制成玻璃破碎报警器。对高频的玻璃破碎声音（10k～15kHz）进行有效检测，而对 10kHz 以下的声音信号（比如说话、走路声）有较强的抑制作用，这是我们这次的任务。

小知识　1880 年，居里兄弟首先发现电气石的压电效应；第一次世界大战，居里的继承人郎之万，最先利用石英的压电效应制成了水下超声探测器并用于探测潜水艇，从而揭开了压电应用史篇章。第二次世界大战中发现了 $BaTiO_3$ 陶瓷，压电材料及其应用取得划时代的进展。

4.1.1 压电式传感器的工作原理

压电式传感器是利用某些电介质受力后产生的压电效应制成的传感器。压电效应是指某些电介质在受到某一方向的外力作用而发生形变（包括弯曲和伸缩形变）时，由于内部电荷的极化现象，会在其表面产生电荷的现象。

某些物质沿一定方向受压力或拉力作用而发生形变时，在其表面上会产生电荷；若将外力去掉时，它们又重新回到不带电状态，这种现象称为正压电效应。

在压电材料的两个电极面上，加以交流电压，压电片能产生机械振动，即压电片在电极方向上有伸缩的现象，压电材料的这种现象称为“电致伸缩效应”，也叫作“逆压电效应”。

具有压电效应的材料称为压电材料，压电材料能实现机—电能量的相互转换，如图4-1所示。

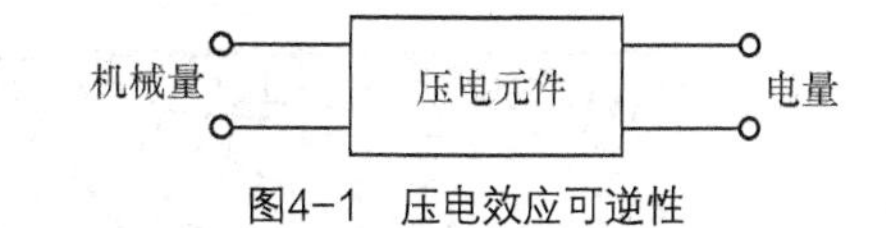

图4-1　压电效应可逆性

在自然界中大多数晶体都具有压电效应，但压电效应十分微弱。随着对材料的深入研究，发现石英晶体、钛酸钡、锆钛酸铅等材料是性能优良的压电材料。

压电材料可以分为两大类，即石英晶体和压电陶瓷。

（1）石英晶体。石英晶体化学式为 SiO_2，是单晶体结构。图4-2（a）表示了天然结构的石英晶体外形，它是一个正六面体，其各个方向的特性是不同的。其中纵向轴 z 称为光轴，经过六面体棱线并垂直于光轴的 x 称为电轴，与 x 和 z 轴同时垂直的轴 y 称为机械轴。通常把沿电轴 x 方向的力作用下产生电荷的压电效应称为“纵向压电效应”，而把沿机械轴 y 方向的力作用下产生电荷的压电效应称为“横向压电效应”，而沿光轴 z 方向的力作用时不产生压电效应。

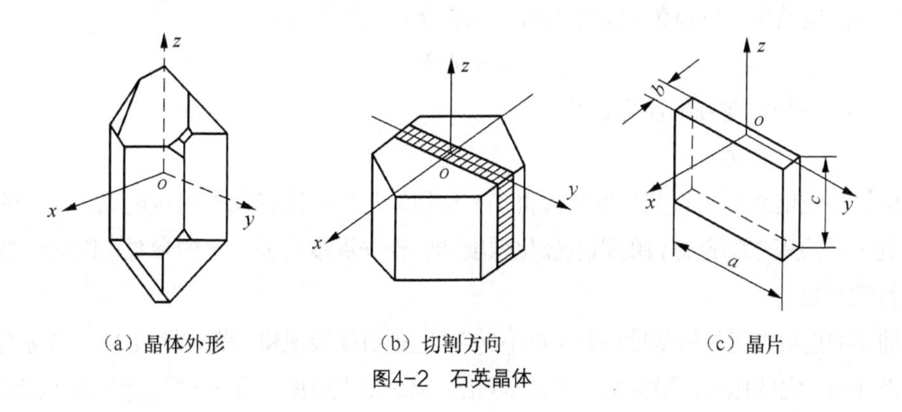

（a）晶体外形　（b）切割方向　（c）晶片

图4-2　石英晶体

若从晶体上沿 y 方向切下一块如图4-2（c）所示的晶片，当沿电轴方向施加作用力 F_x 时，在与电轴 x 垂直的平面上将产生电荷 q_x，其大小为

$$q_x = d_{11}F_x \tag{4-1}$$

式中　d_{11}——x 方向受力的压电系数。

若在同一晶片上，沿机械轴 y 方向施加作用力 F_y，则仍在与 x 轴垂直的平面上产生电荷 q_y，其大小为

$$q_y = d_{12}\frac{a}{b}F_y \tag{4-2}$$

式中：d_{12}——y 轴方向受力的压电系数，根据石英晶体的对称性，有 $d_{12}=-d_{11}$；

a、b——晶体切片的长度和厚度。

（2）压电陶瓷。压电陶瓷是人工制造的多晶体压电材料。原始的压电陶瓷呈中性，不具有压电性质，如图 4-3（a）所示。

在陶瓷上施加外电场时，电畴的极化方向发生转动，趋向于按外电场方向的排列，从而使材料得到极化。让外电场强度大到使材料的极化达到饱和的程度，即所有电畴极化方向都整齐地与外电场方向一致时，当外电场去掉后，电畴的极化方向基本不变化，即剩余极化强度很大，这时的材料才具有压电特性，如图 4-3（b）所示。

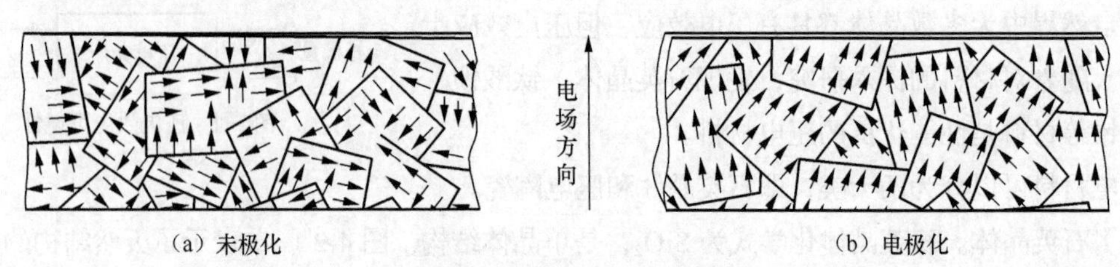

图4-3 压电陶瓷的极化

极化处理后陶瓷材料内部存在有很强的剩余极化，当陶瓷材料受到外力作用时，电畴的界限发生移动，电畴发生偏转，从而引起剩余极化强度的变化，因而在垂直于极化方向的平面上将出现极化电荷的变化。这种因受力而产生的由机械效应转变为电效应，将机械能转变为电能的现象，就是压电陶瓷的正压电效应。电荷量的大小与外力成如下的正比关系：

$$q = d_{33}F \tag{4-3}$$

式中 d_{33}——压电陶瓷的压电系数；

F——作用力。

压电陶瓷的压电系数比石英晶体的大得多，所以采用压电陶瓷制作的压电式传感器的灵敏度较高。极化处理后的压电陶瓷材料的剩余极化强度和特性与温度有关，它的参数也随时间变化，从而使其压电特性减弱。

最早使用的压电陶瓷材料是钛酸钡（$BaTiO_3$）。它是由碳酸钡和二氧化钛按 1∶1 摩尔分子比例混合后烧结而成的。它的压电系数约为石英的 50 倍，但居里点温度只有 115℃，使用温度不超过 70℃，温度稳定性和机械强度都不如石英。

目前使用较多的压电陶瓷材料是锆钛酸铅（PZT）系列，它是钛酸铅（$PbTiO_2$）和锆酸铅（$PbZrO_3$）组成的［Pb（ZrTi）O_3］。居里点在 300℃以上，性能稳定，有较高的介电常数和压电系数）。

铌镁酸铅是 20 世纪 60 年代发展起来的压电陶瓷。它由铌镁酸铅、锆酸铅（$PbZrO_3$）和钛酸铅（$PbTiO_3$）按不同比例配出不同性能的压电陶瓷。具有极高的压电系数和较高的工作温度，而且能承受较高的压力。

4.1.2 压电材料的主要特性参数

（1）压电常数。压电常数是衡量材料压电效应强弱的参数，它直接关系到压电传感器的输出灵敏度。

（2）弹性常数。压电材料的弹性常数、刚度决定着压电器件的固有频率和动态特征。

（3）介电常数。对于一定形状、尺寸的压电元件，其固有电容与介电常数有关；而固有电容又影响着压电传感器的频率下限。

（4）机电耦合系数。在压电效应中，其值等于转换输出能量（如电能）与输入能量（如机械能）之比的平方根，它是衡量压电材料机电能量转换效率的一个重要参数。

（5）电阻。压电材料的绝缘电阻将减少电荷泄漏，从而改善压电传感器的低频特性。

（6）居里点。压电材料开始丧失压电特性的温度称为居里点。

4.1.3　压电传感器的等效电路和测量电路

1．等效电路（见图 4-4～图 4-6）

压电元件受力作用时产生电荷，它相当于一个电荷发生器，可将压电元件看作为一个电容器，见图 4-4（a），其电容量为

$$C_a = \frac{\varepsilon_0 \varepsilon_r A}{h} = \frac{\varepsilon A}{h} \tag{4-4}$$

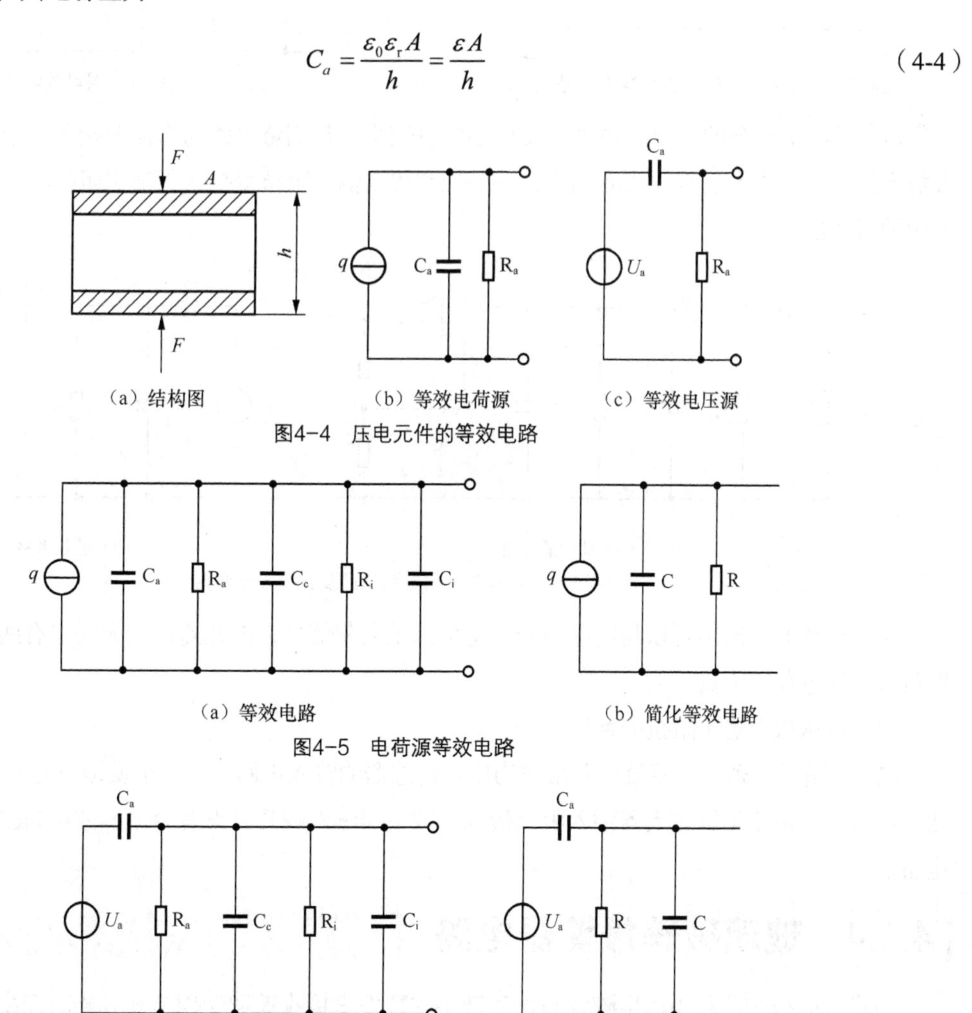

（a）结构图　（b）等效电荷源　（c）等效电压源

图4-4　压电元件的等效电路

（a）等效电路　（b）简化等效电路

图4-5　电荷源等效电路

（a）等效电路　（b）简化等效电路

图4-6　电压源等效电路

压电传感器不能测量直流或静态的物理量，只能测量具有一定频率的物理量，这说明压电传感器的低频响应较差，而高频响应相当好，适用于测量高频物理量。

2. 测量电路

压电元件的内阻很高，输出信号能量微弱，为提高测量精度，必须设置前置放大器。前置放大器的作用是阻抗变换和信号放大。根据等效电路，前置放大器有电压放大器和电荷放大器两种，如图 4-7 和图 4-8 所示。

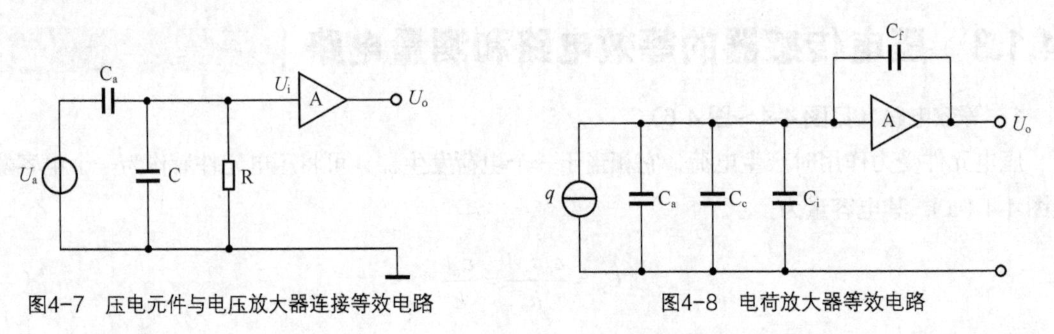

图4-7 压电元件与电压放大器连接等效电路　　图4-8 电荷放大器等效电路

压电传感器本身的内阻抗很高，而输出能量较小，其测量电路通常需要接入一个高输入阻抗前置放大器（见图 4-9）。其作用有两个：一是把它的高输出阻抗变换为低输出阻抗；二是放大传感器输出的微弱信号。

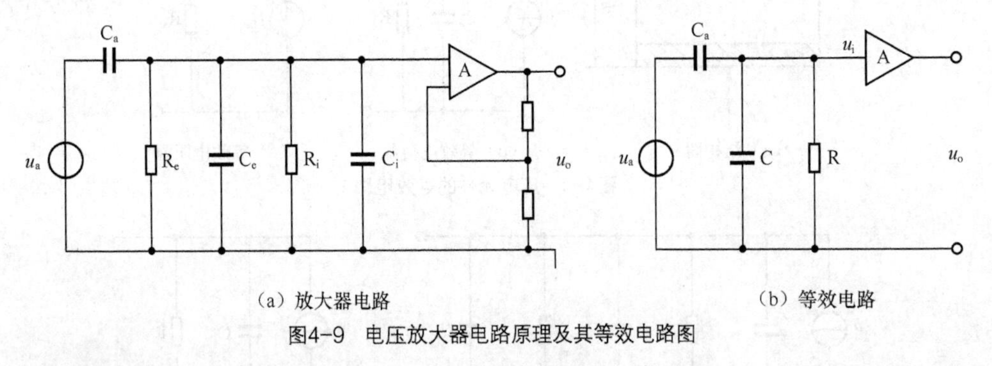

（a）放大器电路　　（b）等效电路

图4-9 电压放大器电路原理及其等效电路图

压电传感器的输出可以是电压信号，也可以是电荷信号，因此前置放大器也有两种形式，即电压放大器和电荷放大器。

（1）电压放大器（阻抗变换器）。

（2）电荷放大器。电荷放大器常作为压电传感器的输入电路，由一个反馈电容 C_f 和高增益运算放大器构成。由于运算放大器输入阻抗极高，放大器输入端几乎没有分流，故可略去 R_a 和 R_i 并联电阻。

4.1.4 玻璃破碎报警器电路

所设计的报警器利用压电陶瓷对振动敏感的特性来接收玻璃受撞击和破碎时产生的振动波，并以此来触发报警系统发出“抓贼呀”等不同的声响，可广泛用在保管文物、贵重金饰和其他商品柜台等场合。

1．电路原理

玻璃破碎报警器的电路如图 4-10 所示。压电陶瓷片 B 将破碎发出的振动信号或响声转换成电信号，这个极其微弱的电信号经过由三极管 VT_1 和 VT_2 构成的直耦式放大器放大后，利用 C_2 从 VT_2 的集电极上取出放大信号，然后经二极管 VD_1、VD_2 倍压整流后使 VT_3 导通。VT_3 导通后在 R_4 两端产生的压降使单向可控硅 VS 导通并锁存，于是语言报警喇叭 HA 通电反复发出“抓贼呀—”的喊声。这时，只有按一下 SB，方可解除警报声。

该装置的电源是由电源变压器 T 将 220V 市电降压为 12V，经 QD 全桥整流、C_5 滤波后供给整机工作。为了防备交流电中断，还增加了 12V 电池组。这样，当电网停止供电时，G 自动续接供电，当电网复电后，G 自动停止供电，始终让报警电路处于准备状态，十分实用可靠。

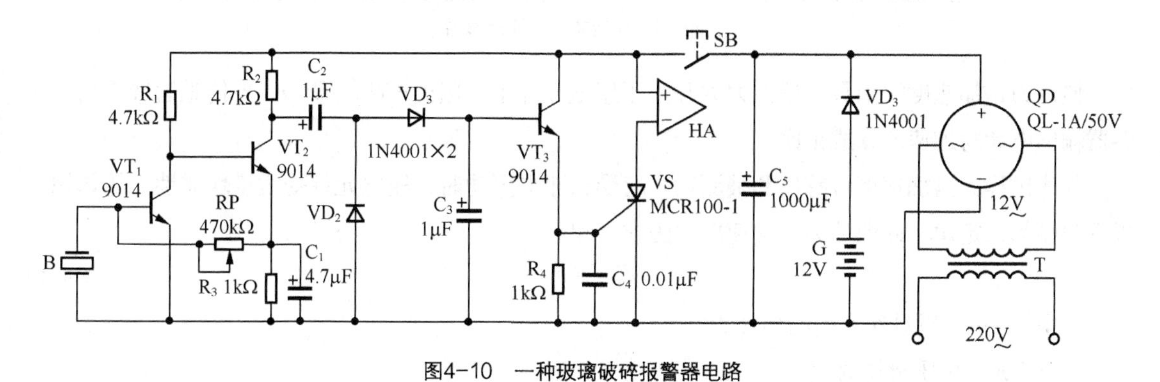

图4-10 一种玻璃破碎报警器电路

2．元器件选择与制作

HA 选用 LQ46-88D 型语言报警喇叭。振动传感器 B 采用 HTD27A-1 或 FT27 型压电陶瓷片，并配用薄形塑料谐振腔即可，它对破碎发出的响声与振动很敏感，而对缓慢变化的声响无效。VS 用 1A、100V 单向可控硅，如 MCR 100-1 型等。VT_1～VT_3 均用 9014 或 3DG8 型硅 NPN 三极管，要求 $\beta>200$。VD_1～VD_3 用 1N4001 型硅二极管。QD 用 QL-lA/50V 整流全桥，也可用 4 只 1N4001 型二极管替代。T 选用 220V/12V、5W 电源变压器，要求长时间轻载运行不发热。G 可用普通 5 号干电池八节串联而成。RP 用 WH7 型微调电阻器。R_1～R_4 均用 RTX-1/8W 型碳膜电阻器。C_1、C_2 和 C_3 均用 CD11-16V 型电解电容器，C_4 用 CT1 型瓷介电容器，C_5 用 CD11-25V 型电解电容器。SB 用普通常闭型自复位按钮，也可用 KWX 型微动开关代替。

B 在具体安装时，为了迷惑外人，可在玻璃橱窗内贴上一些装饰画或字，将 B 用强力胶粘贴在装饰画或字上，使人从外面看不出里面安有报警装置，然后用两根细导线将 B 接至主机上。调整 RP 阻值，可以微调信号放大器的增益，使报警器的灵敏度合乎使用环境要求。

4.1.5 压电式加速度传感器

压电式加速度传感器由压电元件、质量块、预压弹簧、基座及外壳等组成。如图 4-11 所示，整个部件装在外壳内，并用螺栓加以固定。

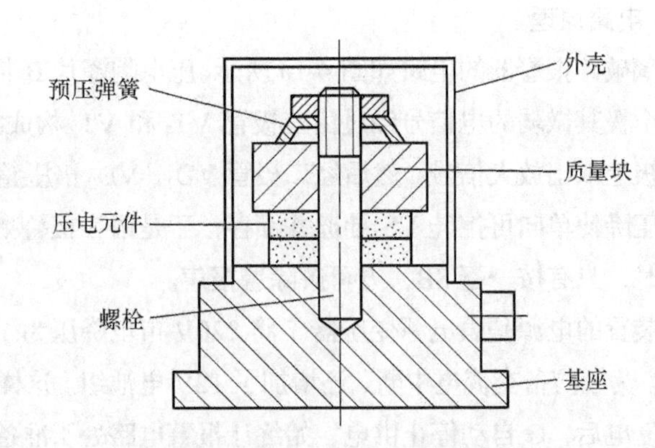

（a）YD 系列压电式加速度传感器实物图　（b）压电式加速度传感器内部结构示意图

图4-11　压电式加速度传感器

惯性力是加速度的函数，惯性力 F 作用于压电元件上，因而产生电荷 Q，当传感器选定后，传感器输出电荷与加速度 a 成正比。

具体过程：当加速度传感器和被测物一起受到冲击振动时，压电元件受质量块惯性力的作用，根据牛顿第二定律，此惯性力是加速度的函数，即

$$F = ma \tag{4-5}$$

式中：F——质量块产生的惯性力；

m——质量块的质量；

a——加速度。

此时惯性力 F 作用于压电元件上，因而产生电荷 q，当传感器选定后，m 为常数，则传感器输出电荷为

$$q = \mathrm{d}F = \mathrm{d}ma \tag{4-6}$$

与加速度 a 成正比。因此，测得加速度传感器输出的电荷便可知加速度的大小。

4.1.6　微振动检测仪电路

PV-96 压电式加速度传感器可用来检测微振动，其电路原理图如图 4-12 所示。该电路由电荷放大器和电压调整放大器组成。

如图 4-12 所示，微振动检测电路原理如下。

第一级是电荷放大器，其低频响应由反馈电容 C_1 和反馈电阻 R_1 决定。低频截止频率为 0.053Hz，RF 是过载保护电阻。

第二级为输出调整放大器，调整电位器 W_1 可使其输出约为 50mV/gal。

在低频检测时，频率越低，闪变效应的噪声越大，该电路的噪声电平主要由电荷放大器的噪声决定，为了降低噪声，最有效的方法是减小电荷放大器的反馈电容。但是当时间常数一定时，由于 C_1 和 R_1 呈反比关系，考虑到稳定性，则反馈电容 C_1 的减小应适当。

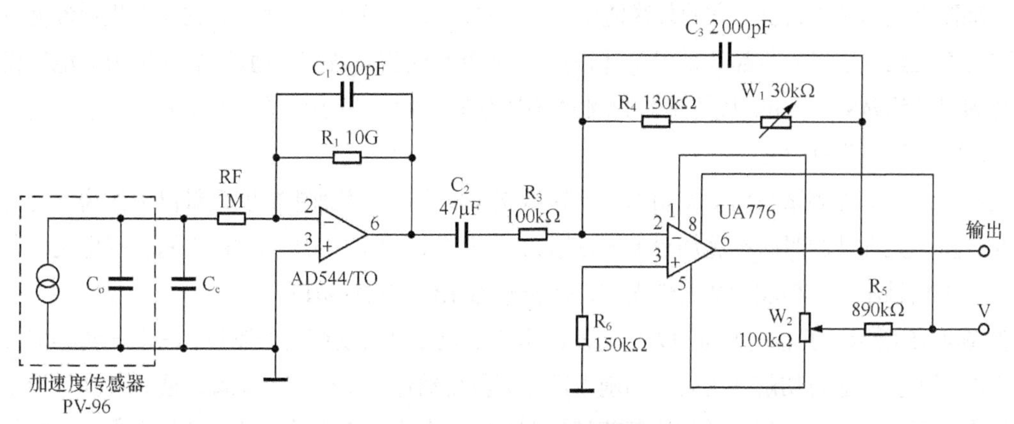

图4-12　微振动检测电路

4.1.7　基于 PVDF 压电薄膜传感器的脉象仪

由于 PDVF（聚偏氟乙烯）压电薄膜具有变力响应灵敏度高、柔韧易与制备、可紧贴皮肤等特点，因此可用人手指端大小的压电膜制成可感应人体脉搏压力波变化的脉搏传感器。脉象仪的硬件组成如图 4-13 所示。

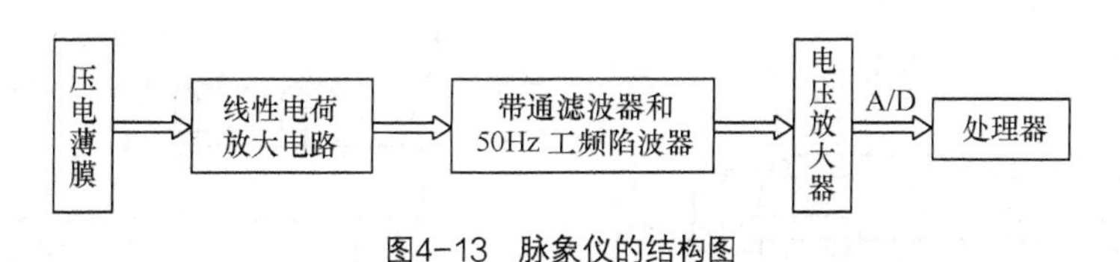

图4-13　脉象仪的结构图

因压电薄膜内阻很高，且脉搏信号微弱，设计其前置电荷放大器有两个作用：一是与换能器阻抗匹配，把高阻抗输入变为低阻抗输出；二是将微弱电荷转换成电压信号并放大。

为提高测量的精度和灵敏度，前置放大电路采用线性修正的电荷放大电路，可获得较低的下限频率，消除电缆的分布电容对灵敏度的影响，使设计的传感器体积小型化。

在一般的电荷放大器设计中，时间常数要求很大（一般在 10^5 s 以上），在小型的 PVDF 脉搏传感器中，很难实现，因为反馈电容不能选得太小。

在时间常数不足够大的情况下（小于 100s），电荷放大器的输出电压与换能器受到的压力呈非线性关系，因此需要对电荷放大器进行非线性修正。

由于脉搏信号频率很低，是微弱信号，且干扰信号较多，滤波电路在设计中，非常重要。

运算放大器应尽量选择低噪声、低温漂的器件。根据脉搏信号的特点，以及考虑高频噪声及温度效应噪声的影响，带通滤波器的通带频率宽度应选择在 0.5～100Hz。

4.1.8　压电式测力传感器

压电式单向测力传感器的结构图如图 4-14 所示，它主要由石英晶片、绝缘套、电极、上盖及基座等组成。

传感器上盖为传力元件，它的外缘壁厚为 0.1～0.5mm，当外力作用时，它将产生弹性变形，将力传递到石英晶片上。石英晶片采用 *xy* 切型，利用其纵向压电效应，通过 d_{11} 实现力—电转换。石英晶片的尺寸为 $\phi 8\times 1$ mm。该传感器的测力范围为 0～50 N，最小分辨率为 0.01，固有频率为 50～60 kHz，整个传感器重 10g。

其典型应用有在测试车床动态切削力、轴承支座反力以及表面粗糙度测量仪中作为力传感器。使用时，压电元件装配时必须施加较大的预紧力，以消除各部件与压电元件之间、压电元件与压电元件之间因接触不良而引起的非线性误差，使传感器工作在线性范围。

如图 4-15 所示，压电式单向测力传感器即可用于机床动态切削力的测量，压电式传感器位于车刀前部的下方。当进行切削加工时，切削力通过刀具传给压电式传感器上盖，使石英晶片沿电轴方向受压力作用。由于纵向压电效应使石英晶片在电轴方向上出现电荷，两块晶片沿电轴方向并联叠加，负电荷由片形电机输出，压电晶片正电荷一侧与底座连接。然后，通过电荷放大电路将电压信号进行放大输出，再通过仪表记录下电信号的变化，就可测得切削力的变化。用两块并联的晶片作为传感元件，被测力通过传力给这两块晶片，就可以提高测量的灵敏度。压力元件弹性变形部分的厚度较薄，其厚度由测力大小决定。

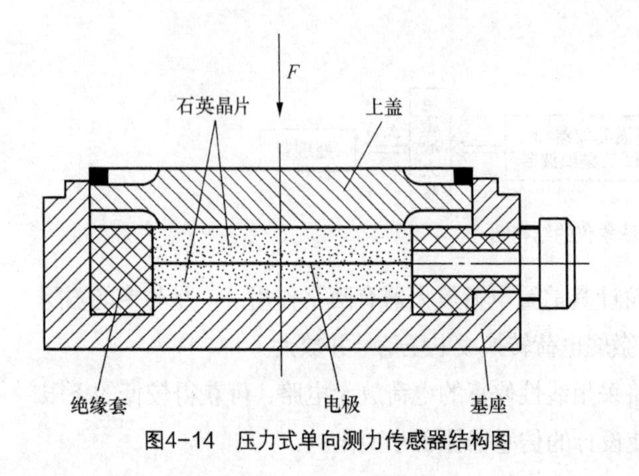

图4-14 压力式单向测力传感器结构图

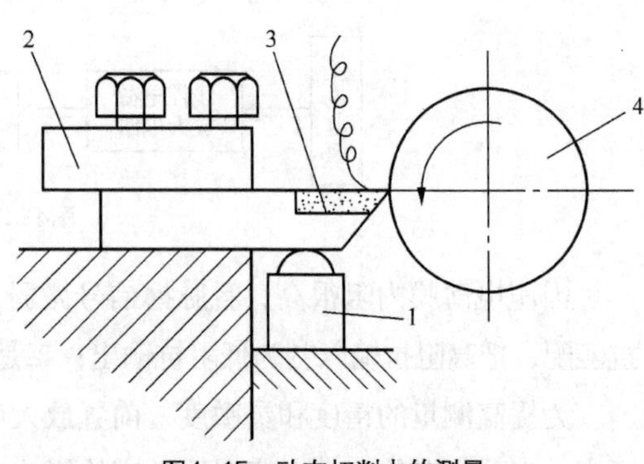

图4-15 动态切削力的测量

1—单向测力传感器；2—刀架；3—车刀；4—工件

4.2 超声波传感器的应用

随着农业现代化脚步的逐渐加快，规模化、产业化农业生产迅速发展。无土栽培、食用菌生产、水果蔬菜保鲜以及牲畜、家禽、昆虫等的规模化养殖，都不同程度地需要恒温、恒湿。洒水或简单的加湿设备，都难以达到稳定恒湿、长期工作的目的，使生产、储藏、繁殖等受到一定影响。本次任务利用超声波技术制作超声波加湿器，利用高频振荡，将水打散成细小的颗粒，并利用风动装置将这些颗粒吹到空气中，形成水雾，超声波加湿器可以说是现在运用得最为广泛的加湿器，受到各个阶层的喜欢。

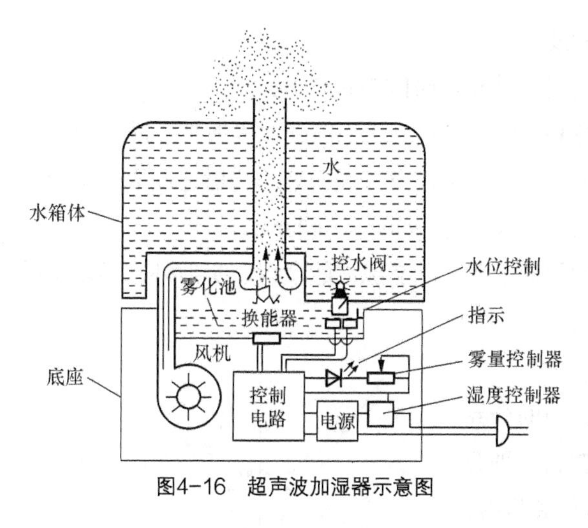

图4-16 超声波加湿器示意图

超声波加湿器采用超声波高频振荡的原理，可以将水雾化为 1～5μm 的超微粒子，通过风动装置将水雾扩散到空气中，达到均匀加湿空气的目的，如图 4-16 所示为超声波加湿器示意图。超声波加湿器加湿强度大，加湿均匀，加湿效率高，并具有省电、使用寿命长的优势，一直很受欢迎。不过超声波加湿器的缺点也很明显，那就是对水质有一定的要求。新一代超声波加湿器，采用了湿度控制，随湿度变化而自动调节加湿量，运用动平衡原理将环境相对湿度控制在人体最适宜的 45%～65%RH。当室内相对湿度高于设定的上限时，加湿器便自动停止加湿，使环境始终处于恒湿状态，对车间还可以降温加湿。这种加湿器除了日常加湿空气外，还可用来美容浴面。

1922 年，德国出现了首例超声波治疗的发明专利；1939 年发表了有关超声波治疗取得临床效果的文献报道。20 世纪 40 年代末期超声治疗在欧美兴起，直到 1949 年召开的第一次国际医学超声波学术会议上，才有了超声治疗方面的论文交流，为超声治疗学的发展奠定了基础。1956 年第二届国际超声医学学术会议上已有许多论文发表，超声治疗进入了实用成熟阶段。我国在 20 世纪 50 年代初才只有少数医院开展超声治疗工作，到了 70 年代有了各型国产超声治疗仪，超声疗法普及到全国各大型医院。

4.2.1 超声波及其物理性质

振动在弹性介质内的传播称为波动，简称波。频率在（16～2）$\times 10^4$ Hz 之间，能为人耳所闻的机械波，称为声波，低于 16Hz 的机械波，称为次声波，高于 2×10^4 Hz 的机械波，称为超声波，如图 4-17 所示。

当超声波由一种介质入射到另一种介质时，由于在两种介质中传播速度不同，在介质面上会产生反射、折射和波形转换等现象。

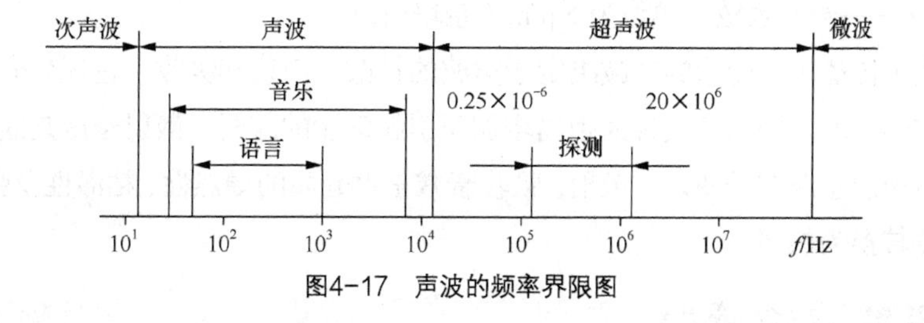

图4-17 声波的频率界限图

1. 超声波的波形及其转换

由于声源在介质中施力方向与波在介质中传播方向的不同，声波的波形也不同。通常有：

（1）纵波——质点振动方向与波的传播方向一致的波；

（2）横波——质点振动方向垂直于传播方向的波；

（3）表面波——质点的振动介于横波与纵波之间，沿着表面传播的波。

横波只能在固体中传播，纵波能在固体、液体和气体中传播，表面波随深度增加衰减很快。

为了测量各种状态下的物理量，应多采用纵波。纵波、横波及其表面波的传播速度取决于介质的弹性常数及介质密度，气体中声速为 344 m/s，液体中声速在 900～1 900 m/s。

当纵波以某一角度入射到第二介质（固体）的界面上时，除有纵波的反射、折射外，还发生横波的反射和折射，在某种情况下，还能产生表面波。

2．超声波的反射和折射

声波从一种介质传播到另一种介质，在两个介质的分界面上一部分声波被反射，另一部分透射过界面，在另一种介质内部继续传播。这样的两种情况称之为声波的反射和折射，如图 4-18 所示。

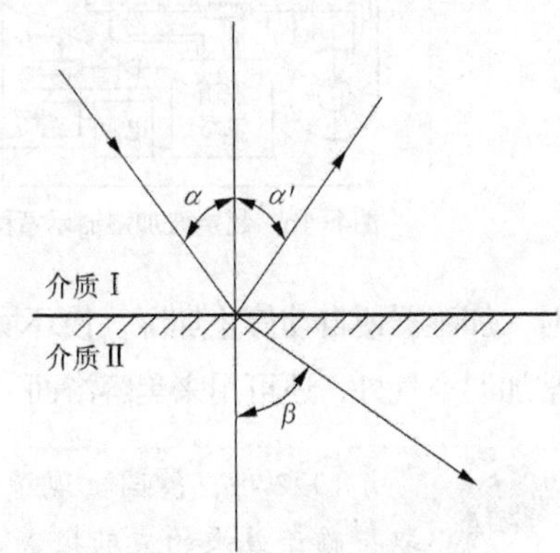

图4-18 超声波的反射和折射

由物理学知，当波在界面上产生反射时，入射角α的正弦与反射角α'的正弦之比等于波速之比。当波在界面处产生折射时，入射角α的正弦与折射角的正弦之比等于入射波在第一介质中的波速c_1与折射波在第二介质中的波速c_2之比，即：

$$\frac{\sin\alpha}{\sin\beta}=\frac{c_1}{c_2} \tag{4-7}$$

3．超声波的衰减

声波在介质中传播时，随着传播距离的增加，能量逐渐衰减，其衰减的程度与声波的扩散、散射及吸收等因素有关。其声压和声强的衰减规律为

$$P_x = P_0\mathrm{e}^{-\alpha x} \tag{4-8}$$

$$I_x = I_0\mathrm{e}^{-2\alpha x} \tag{4-9}$$

式中 P_x、I_x——距声源x处的声压和声强；

x——声波与声源间的距离；

α——衰减系数，单位为 Np/m（奈培/米）。

声波在介质中传播时，能量的衰减决定于声波的扩散、散射和吸收，在理想介质中，声波的衰减仅来自于声波的扩散，即随声波传播距离增加而引起声能的减弱。散射衰减是固体介质中的颗粒界面或流体介质中的悬浮粒子使声波散射。吸收衰减是由介质的导热性、粘滞性及弹性滞后造成的，介质吸收声能并转换为热能。

4.2.2 超声波传感器

利用超声波在超声场中的物理特性和各种效应而研制的装置可称为超声波换能器、探测器或传感器。

超声波探头按其工作原理可分为压电式、磁致伸缩式、电磁式等，而以压电式最为常用。

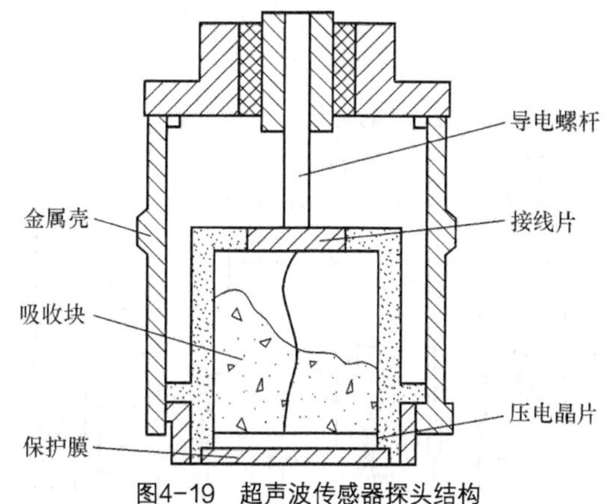

图4-19　超声波传感器探头结构

压电式超声波探头常用的材料是压电晶体和压电陶瓷，这种传感器统称为压电式超声波探头。它是利用压电材料的压电效应来工作的：逆压电效应将高频电振动转换成高频机械振动，从而产生超声波，可作为发射探头；而利用正压电效应，将超声振动波转换成电信号，可用为接收探头。

超声波传感器探头结构如图 4-19 所示，主要由压电晶片、吸收块（阻尼块）、保护膜组成。压电晶片多为圆板形，厚度为 δ，超声波频率 f 与其厚度 δ 成反比。压电晶片的两面镀有银层作导电的极板。阻尼块的作用是降低晶片的机械品质，吸收声能量。如果没有阻尼块，当激励的电脉冲信号停止时，晶片将会继续振荡，加长超声波的脉冲宽度，使分辨率变差。

4.2.3　超声波传感器的好坏检测

超声波传感器用万用表直接测试是没有什么反应的。要想测试超声波传感器的好坏可以搭一个音频振荡电路，如图 4-20 所示。当 C_1 为 3 900μF 时，在反相器⑧脚与⑩脚间可产生一个 1.9kHz 左右的音频信号。把要检测的超声波传感器（发射和接收）接在⑧脚与⑩脚之间；如果传感器能发出音频声音，基本就可以确定比超声波传感器是好的。

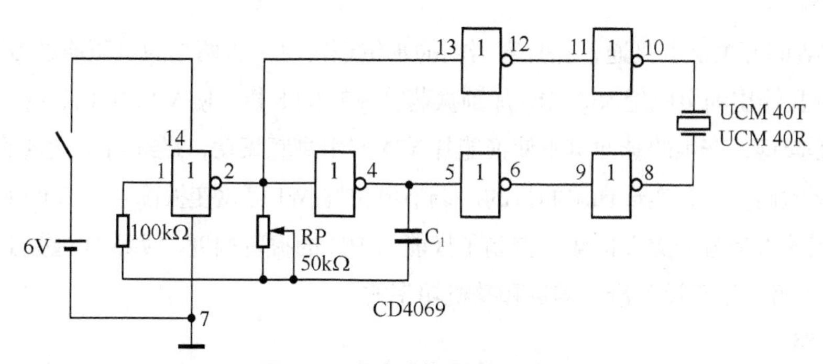

图4-20　超声波传感器检测电路

注：C_1=390 0μF时，为1.9kHz左右；C_1=0.01μF时，约0.76kHz。

4.2.4　超声波加湿器电路

超声波加湿器工作时，控制阀将水箱内的水通过净水器净化后，注入雾化池。换能器将高频电能转换为机械振动，把雾化池内的水处理为超微粒子的雾气，雾气在风机（风扇）产生的气流作用下吹入室内，完成了为空气加湿的任务。图 4-21 所示为一种典型加湿器电路原理图。

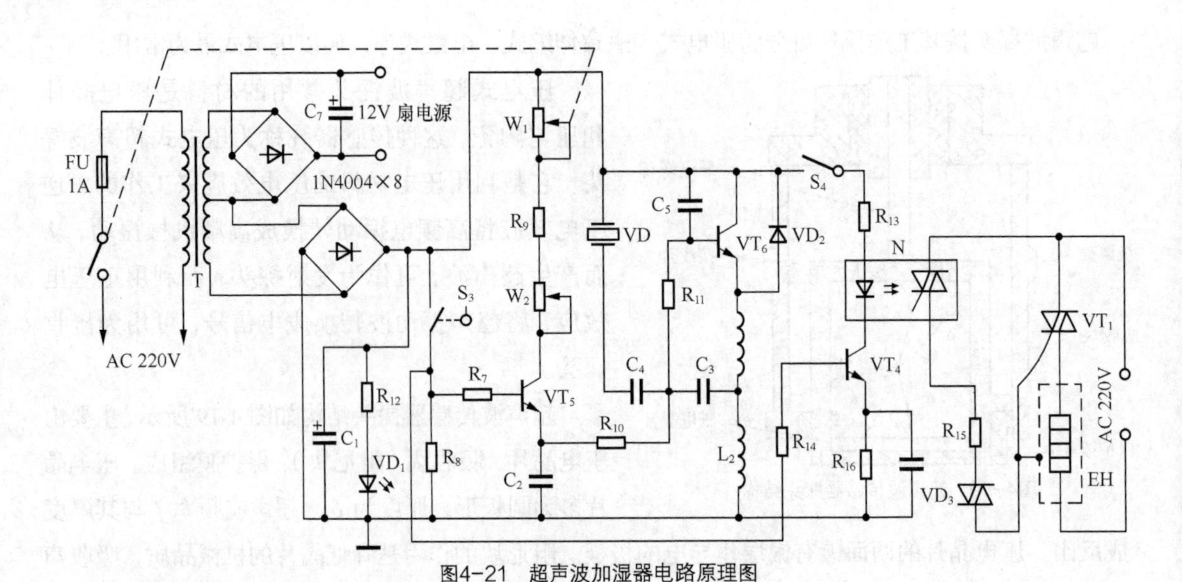

图4-21　超声波加湿器电路原理图

超声波加湿器电路由电源电路、喷雾电路和加热电路构成。

1．电源电路

旋转电位器 W_1 使它的触点接通，220V 市电电压通过熔断器 FU 输入后，第一路通过双向晶闸管为加热器电路供电；第二路通过变压器 T 降压输出 72V、12V 两种交流电压。其中，72V 交流电压经桥式整流器整流，C_1 滤波后产生 72V 左右直流电压，不仅为换能器 VD 和振荡管 VT_6 供电，而且通过 R_{12} 限流使指示灯 VD_1 发光，表明电源电路已工作；12V 交流电压经桥式整流堆整流，再经 C_7 滤波后，为直流风扇电机供电。

2．喷雾控制

当电位器 W_1 的开关触点接通，并且容器内的水位正常时，C_1 两端的电压通过 S_3、R_7 使 VT_5 导通，由 VT_5 的 e 极输出的电压经 R_{10}，R_{11} 加到振荡管 VT_6 的 b 极，使 VT_6 在 L_1、L_2、C_3 等组成的电感三点式振荡器起振，产生的脉冲电压使换能片 VD 产生高频振动，最终将水盒内的水雾化，在风扇电机的配合下吹向室内，实现加湿的目的。调节电位器 Wl 可改变振荡管 VT_6 的 b 极电流，也就可以改变振荡器输入信号的放大倍数，控制了换能器 VD 的振荡幅度，实现加湿强弱的控制。

W_2 是可调电阻，用于设置最大雾量和整机功率的。

3．加热电路

需要使用热雾加湿时，接通热雾 / 冷雾开关 S_4，C_1 两端电压通过 R_{13} 为光电耦合器 N 内的发光管供电，发光管开始发光，使 N 内部的光敏管受光照后导通。光敏管导通后，它输出的电压通过 R_{15} 限流，使双向触发二极管 VD_3 导通，为双向晶闸管 T_1 的 G 极提供触发信号，使 VT_1 导通。VT_1 导通后，为加热器 EH 供电，使其开始为水雾加热。

VT_1 的导通程度还受 EH 的漏电流控制。EH 属于 PTC 型加热器，当排气管排出的水雾量大时，EH 的漏电流也会增大，为 VT_1 提供的触发电压增大，VT_1 导通加强，为 EH 提供的工作电压增大，使 EH 的加热温度升高，从而使加热器喷出的水雾温度升高。反之，控制过程相反。

4．无水保护

无水保护是由水位探头 S_3 完成。加水后，水位开关 S_3 接通，振荡器、加热器可以工作：若水位过低，S_3 断开，不仅使 VT_5 截止，使振荡器、换能器停止工作，而且使 VT_4 截止，使加热器停止工作，避免了换能器、加热器等元件损坏，实现无水保护。

如何检测超声波加湿器电路中使用的超声波传感器的好坏？

4.2.5　超声波物位传感器

超声波物位传感器是利用超声波在两种介质的分界面上的反射特性而制成的。如果从发射超声脉冲开始，到接收换能器接收到反射波为止的这个时间间隔为已知，就可以求出分界面的位置，利用这种方法可以对物位进行测量。根据发射和接收换能器的功能，传感器又可分为单换能器和双换能器。单换能器的传感器发射和接收超声波均使用一个换能器，而双换能器的传感器发射和接收各由一个换能器担任。

图 4-22 给出了几种超声物位传感器的原理示意图。超声波发射和接收换能器可设置于水中，让超声波在液体中传播。由于超声波在液体中衰减比较小，所以即使发生的超声脉冲幅度较小也可以传播。超声波发射和接收换能器也可以安装在液面的上方，让超声波在空气中传播，这种方式便于安装和维修，但超声波在空气中的衰减比较厉害。

对于单换能器来说，超声波从发射到液面，又从液面反射到换能器的时间为

$$t=\frac{2h}{v} \tag{4-10}$$

$$h=\frac{vt}{2} \tag{4-11}$$

式中　h——换能器距液面的距离；

v——超声波在介质中传播的速度。

对于双换能器来说，超声波从发射到被接收经过的路程为 $2s$，而

$$s=\frac{vt}{2} \tag{4-12}$$

因此液位高度为：

$$h=(s^2-a^2)^{1/2} \tag{4-13}$$

式中　s——超声波反射点到换能器的距离；

a——两换能器间距之半。

从以上公式中可以看出，只要测得超声波脉冲从发射到接收的间隔时间，便可以求得待测的物位。

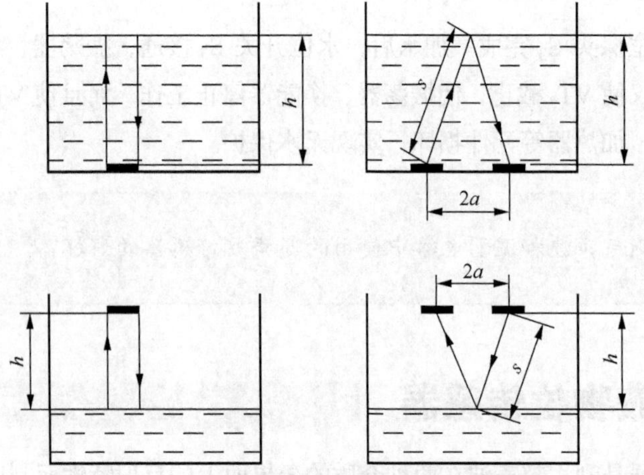

图4-22 几种超声物位传感器的原理示意图

超声物位传感器具有精度高和使用寿命长的特点，但若液体中有气泡或液面发生波动，便会有较大的误差。在一般使用条件下，它的测量误差为 ± 0.1%，检测物位的范围为 10^{-2}～10^{4} m。

4.2.6 超声波流量传感器

超声波流量传感器的测定原理是多样的，如传播速度变化法、波速移动法、多普勒效应法、流动听声法等。但目前应用较广的主要是超声波传输时间差法。

超声波在流体中传输时，在静止流体和流动流体中的传输速度是不同的，利用这一特点可以求出流体的速度，再根据管道流体的截面积，便可知道流体的流量。

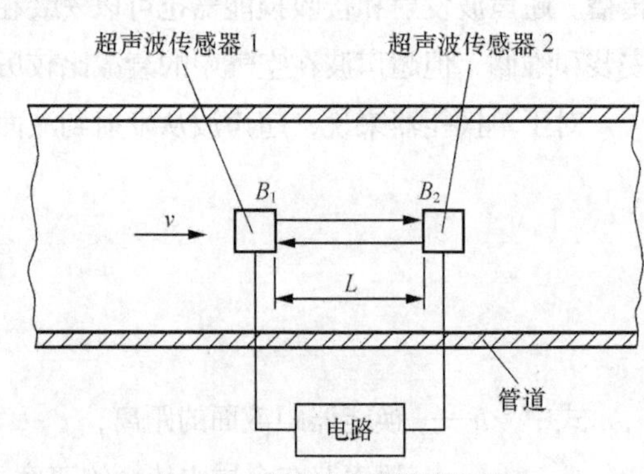

图4-23 超声波流量测试原理图

如果在流体中设置两个超声波传感器，它们可以发射超声波又可以接收超声波，一个装在上游，一个装在下游，其距离为 L。如图 4-23 所示。如设顺流方向的传输时间为 t_1，逆流方向的传输时间为 t_2，流体静止时的超声波传输速度为 c，流体流动速度为 v，则

$$t_1 = \frac{L}{c+v} \tag{4-14}$$

$$t_2 = \frac{L}{c-v} \tag{4-15}$$

一般来说，流体的流速远小于超声波在流体中的传播速度，那么超声波传播时间差为

$$\Delta t = t_2 - t_1 = \frac{2Lv}{c^2 - v^2} \tag{4-16}$$

由于$c \gg v$，从上式便可得到流体的流速，即

$$v = \frac{c^2}{2L}\Delta t \tag{4-17}$$

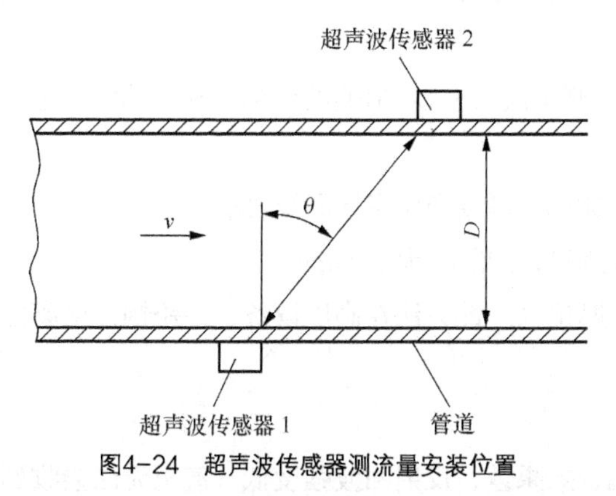

图4-24　超声波传感器测流量安装位置

在实际应用中，超声波传感器安装在管道的外部，从管道的外面透过管壁发射和接收超声波不会给管路内流动的流体带来影响，如图 4-24 所示。

超声波流量传感器具有不阻碍流体流动的特点，可测流体种类很多，不论是非导电的流体、高黏度的流体、浆状流体，只要能传输超声波的流体都可以进行测量。超声波流量计可用来对自来水、工业用水、农业用水等进行测量。还可用于下水道、农业灌溉、河流等流速的测量。

4.2.7　超声波防盗报警器电路

图 4-25 所示的上半部分为发射电路，下面为接收电路。发射器发射出频率f=40kHz 左右的超声波。如果有人进入信号的有效区域，相对速度为 v，从人体反射回接收器的超声波将由于多普勒效应，而发生频率偏移Δf。

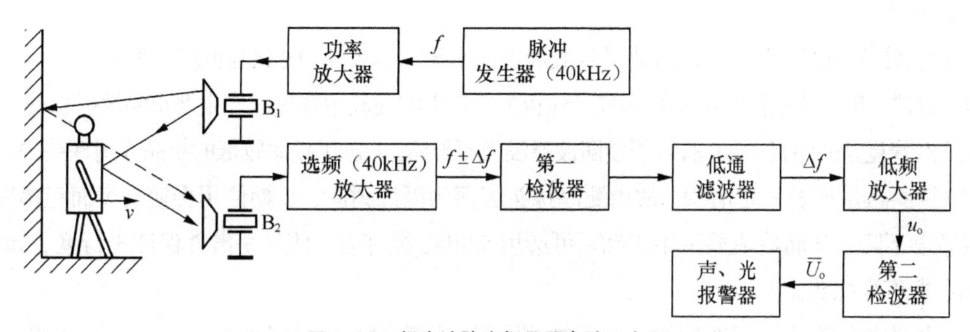

图4-25　超声波防盗报警器电路示意图

4.2.8　超声波测厚仪

超声波测厚仪是根据超声波脉冲反射原理来进行厚度测量的，当探头发射的超声波脉冲通过被测物体到达材料分界面时，脉冲被反射回探头，通过精确测量超声波在材料中传播的时间来确定被测材料的厚度。

凡能使超声波以一恒定速度在其内部传播的各种材料均可采用此原理测量。按此原理设计的测厚仪可对各种板材和各种加工零件做精确测量，也可以对生产设备中各种管道和压力容器进行监测，监测它们在使用过程中受腐蚀后的减薄程度。可广泛应用于石油、化工、冶金、造船、航空、航天等各个领域。

1. 测量方法

（1）一般测量方法

① 在一点处用探头进行两次测厚，在两次测量中探头的分割面要互为 90°，取较小值为被测工件厚度值。

② 30mm 多点测量法：当测量值不稳定时，以一个测定点为中心，在直径约为 30mm 的圆内进行多次测量，取最小值为被测工件厚度值。

（2）精确测量法：在规定的测量点周围增加测量数目，厚度变化用等厚线表示。

（3）连续测量法：用单点测量法沿指定路线连续测量，间隔不大于 5mm。

（4）网格测量法：在指定区域划上网格，按点测厚记录。此方法在高压设备、不锈钢衬里腐蚀监测中被广泛使用。

2. 影响超声波测厚仪示值的因素

（1）工件表面粗糙度过大，造成探头与接触面耦合效果差，反射回波强度低，甚至无法接收到回波信号。对于表面锈蚀，耦合效果极差的在役设备、管道等可通过砂、磨、锉等方法对表面进行处理，降低粗糙度，同时也可以将氧化物及油漆层去掉，露出金属光泽，使探头与被检物通过耦合剂能达到很好的耦合效果。

（2）工件曲率半径太小，尤其是小径管测厚时，因常用探头表面为平面，与曲面接触为点接触或线接触，声强透射率低（耦合不好），可选用小管径专用探头（6mm），能较精确地测量管道等曲面材料。

（3）检测面与底面不平行，声波遇到底面产生散射，探头无法接收到底波信号。

（4）铸件、奥氏体钢因组织不均匀或晶粒粗大，超声波在其中穿过时产生严重的散射衰减，被散射的超声波沿着复杂的路径传播，有可能使回波湮没而不显示。可选用频率较低的粗晶专用探头（2.5MHz）。

（5）探头接触面有一定磨损。常用测厚探头表面为丙烯树脂，长期使用会使其表面粗糙度增加，导致灵敏度下降，从而造成显示不正确。可选用 500#砂纸打磨，使其平滑并保证平行度。如仍不稳定，则考虑更换探头。

（6）被测物背面有大量腐蚀坑。由于被测物另一面有锈斑、腐蚀凹坑，造成声波衰减，导致读数无规则变化，在极端情况下甚至无读数。

（7）被测物体（如管道）内有沉积物，当沉积物与工件声阻抗相差不大时，测厚仪显示值为壁厚加沉积物厚度。

（8）当材料内部存在缺陷（如夹杂、夹层等）时，显示值约为公称厚度的 70%，此时可用超声波探伤仪进一步进行缺陷检测。

（9）温度的影响。一般固体材料中的声速随其温度升高而降低，有试验数据表明，热态材料每增加 100°C，声速下降 1%。对于高温在役设备常常碰到这种情况。应选用高温专用探头（300～600°C），切勿使用普通探头。

（10）层叠材料、复合（非均质）材料。要测量未经耦合的层叠材料是不可能的，因超声波无法穿透未经耦合的空间，而且不能在复合（非均质）材料中匀速传播。对于由多层材料包扎制成的设

备（像尿素高压设备），测厚时要特别注意，测厚仪的示值仅表示与探头接触的那层材料厚度。

（11）耦合剂的影响。耦合剂是用来排除探头和被测物体之间的空气，使超声波能有效地穿入工件达到检测目的。如果选择种类或使用方法不当，将造成误差或耦合标志闪烁，无法测量。因根据使用情况选择合适的种类，当使用在光滑材料表面时，可以使用低黏度的耦合剂；当使用在粗糙表面、垂直表面及顶表面时，应使用黏度高的耦合剂。高温工件应选用高温耦合剂。其次，耦合剂应适量使用，涂抹均匀，一般应将耦合剂涂在被测材料的表面，但当测量温度较高时，耦合剂应涂在探头上。

（12）声速选择错误。测量工件前，根据材料种类预置其声速或根据标准块测出声速。当用一种材料校正仪器后（常用试块为钢）又去测量另一种材料时，将产生错误的结果。要求在测量前一定要正确识别材料，选择合适声速。

（13）应力的影响。在役设备、管道大部分有应力存在，固体材料的应力状况对声速有一定的影响，当应力方向与传播方向一致时，若应力为压应力，则应力作用使工件弹性增加，声速加快；反之，若应力为拉应力，则声速减慢。当应力与波的传播方向不一致时，波动过程中质点振动轨迹受应力干扰，波的传播方向产生偏离。根据资料表明，一般应力增加，声速缓慢增加。

（14）金属表面氧化物或油漆覆盖层的影响。金属表面产生的致密氧化物或油漆防腐层，虽与基体材料结合紧密，无明显界面，但声速在两种物质中的传播速度是不同的，从而造成误差，且随覆盖物厚度不同，误差大小也不同。

4.3 实训项目四 压电加速度传感器及变送器

4.3.1 实训目的与设备

1. 目的

学习和掌握利用压电加速度传感器测量物体振动的方法。

2. 实训设备

多功能转子模型（见图4-26）、变送器挂箱（见图2-41）、电源及仪表挂箱（见图2-39）。

多功能转子模型由以下几个部分组成。

（1）直流电机：转速3 000r/min，功率15W，电源DC24V；

（2）光电开关传感器：槽式结构，槽宽30mm，输出电流＜300mA；

（3）齿轮转速传感器：测量范围0～20kHz，脉冲输出信号；

（4）电涡流传感器：量程-4～6mm，灵敏度8mA/mm；

（5）压电加速度传感器：量程50 000ms^{-2}，电荷灵敏度1.47pC/ms^{-2}，最大横向灵敏度比＜5%F.S。

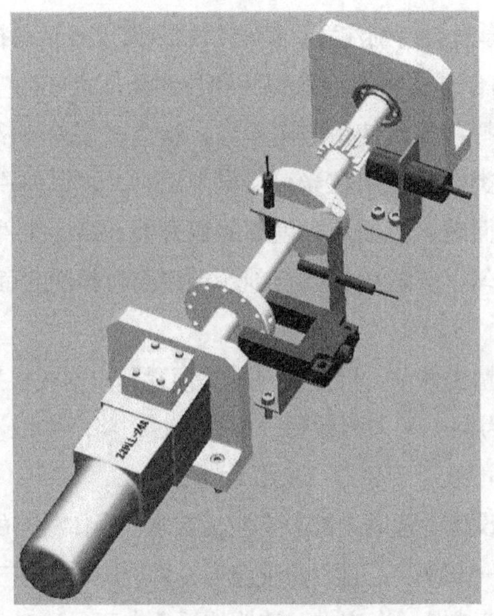

图4-26 多功能转子模型

4.3.2 实训原理

1．电荷灵敏度

压电加速度传感器（见图 4-27 和图 4-28）一般采用 PZT 压电陶瓷材料，利用晶体材料在承受一定方向的应力或形变时，其极化面会产生与应力相应的电荷，压电元件表面产生的电荷正比于作用力，因此有

$$Q=dF$$

其中，Q 为电荷量，d 为压电元件的压电常数，F 为作用力。

加速度计的电荷灵敏度则是加速度计输出的电荷量与其输入的加速度值之比。电荷量的单位取 pC，加速度单位为 m/s^2（$g=9.8m/s^2$）。

图4-27 压电加速度传感器

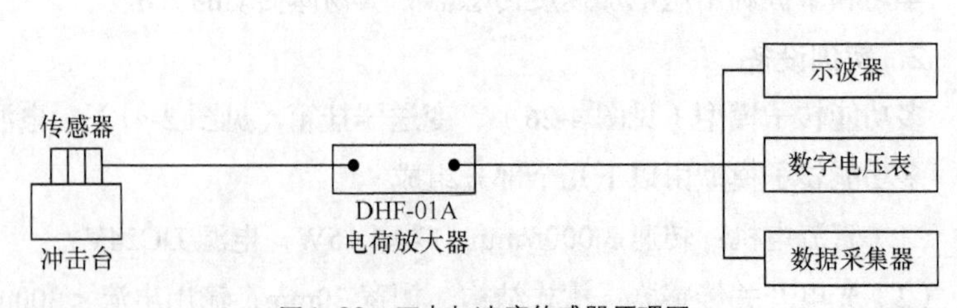

图4-28 压电加速度传感器原理图

2．频率响应

（1）谐振频率，为加速度计安装时的共振频率，随产品附有谐振频率曲线（低频传感器不附图）。

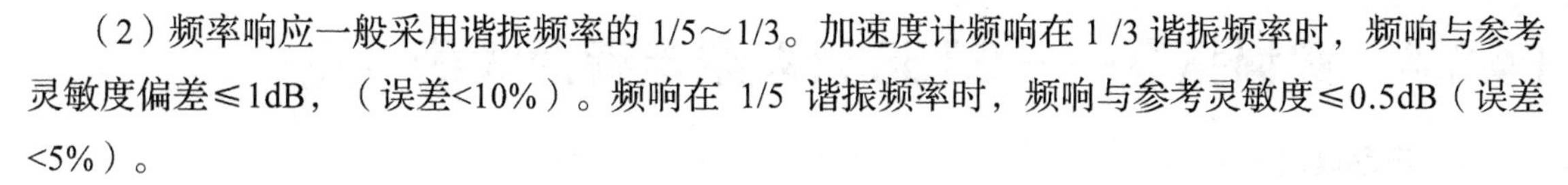

（2）频率响应一般采用谐振频率的 1/5～1/3。加速度计频响在 1 /3 谐振频率时，频响与参考灵敏度偏差≤1dB，（误差<10%）。频响在 1/5 谐振频率时，频响与参考灵敏度≤0.5dB（误差<5%）。

3．最大横向灵敏度比

加速度计受到垂直于安装轴线的振动时，仍有信号输出，即垂直于轴线的加速度灵敏度与轴线加速度之比称横向灵敏度。

电荷输出的压电式加速度计配合电荷放大器，其系统的低频响应下限主要取决于放大器的频响。

4.3.3　实训内容及步骤

1．硬件设备的实训内容和步骤

（1）按照图 2-41 所示的标示，将“压电加速度传感器”和“变送器挂箱”上的“电荷放大器”连接起来（注意：必须用自带的专用连接线）。

（2）“电荷放大器”的输出连接到“电源及仪表挂箱”上的直流电压表上（注意：红色接正，黑色接地，不要接反），此时直流电压表选择 2V 挡。

（3）将图 2-39、图 2-41 上的+12V、GND、−12V 电源连接起来，然后打开电源及仪表挂箱电源，电源指示灯亮。

（4）用手轻轻的敲击压电加速度传感器，观察直流电压表的变化。

（5）实验结束，将电源关闭后将导线整理好，放回原处。

2．软件设备的实训内容和步骤

（1）按照图 2-41 所示的标示，将“压电加速度传感器”和“变送器挂箱”上的“电荷放大器”连接起来（注意：必须用自带的专用连接线）。

（2）“电荷放大器”的输出连接到数据采集卡挂箱上的“模拟量输入端 AI0”（注意：红色导线接 AI0，黑色导线接 DGND）。

（3）将图 2-39、图 2-41 上的+12V、GND、−12V 电源连接起来，然后打开电源及仪表挂箱电源，电源指示灯亮。再打开电脑上的测试软件，按照接线方式选择压电加速度传感器上对应的通道 AI0，并让软件运行，将 DC24V 电源接入铝面板上的“直流电机”让多功能转子转动。则转动轴发生振动时压电加速度传感器就能感应到振动的变化，同时软件上就会显示对应的振动波形曲线。

（4）或用手轻轻的敲击压电加速度传感器，只要传感器能感应到振动，则就会出现如振动波形曲线。

（5）实验结束，关闭电脑及电源开关再将导线整理好，放回原处。

（6）实训报告：简述压电加速度传感器及电荷放大器的工作原理及应用范围。

（7）实训注意事项：压电加速度传感器、电荷放大器经过专业厂家标定，请不要随意相互更换配件。

4.3.4 实训拓展——ST5851A 型电荷放大器

1．产品概述

DHF-01A 电荷放大器为定制产品，具有体积小、坚固密封、耗电少的特点，增益两挡可调，出场检验时严格按照配套传感器归一化处理，在充分满足客户要求的前提下，使产品变的更简便。

2．技术参数

（1）对大电荷量：10^2pc、10^3pc 两挡可调；

（2）最大输出电压：10V/5mA；

（3）最大增益：100mV/unit、10mV/unit 两挡可调；

（4）输出噪声：10mV/unit 挡小于 500uv，100mV/unit 挡小于 1mV；

（5）低通滤波：<100kHz（−3db±1db）衰减率−12db/oct；

（6）电源电压：DC±12~±18V；

（7）输入方式：M5 插头；

（8）输出方式：5 芯航空插座。

3．使用说明

（1）调节挡位说明：10mV/unit 对应加速度测量为 10mV/ms^2；

100mV/unit 对应加速度测量为 100mV/ms^2；

（2）为了避免最大冲击力超过输出最大值，建议把增益旋钮设置为 10mV/unit；

（3）电荷放大器内部已经进行滤波和归一化处理，如果需要更换传感器需要保证传感器灵敏度和我们提供的传感器相同。

4．接线图

（1）脚：电源（−15V）；

（2）脚（电源地）；

（3）脚（空）；

（4）脚（信号输出）；

（5）脚（电源+15V）。

5．配套传感器

型号：ST-YD-103，电荷灵敏度：1.47pc/ms^2。

1．单项选择题

（1）属于压电元件的（　　）。

A．应变片　　B．压电晶片　　C．霍尔元件　　D．热敏电阻

（2）压电陶瓷是一种能够将（　　）能和（　　）互相转换的功能陶瓷材料，它可以产生压电效应。

A. 机械能　电能　　B. 电能　机械能　　C. 光能　机械能

（3）压电元件受力作用时产生电荷，它相当于一个电荷发生器，可将压电元件看作为一个（　　）。

A. 电感　　B. 电容　　C. 电荷器　　D. 电阻

（4）超声波的频率为（　　）。

A. 大于 2×10^4 Hz　　B. 小于 2×10^4 Hz　　C. 大于 2×10^6 Hz　　D. 大于 2×10^{-4} Hz

（5）超声波传感器是利用超声波在超声场中的（　　）特性和各种效应而研制的装置。

A. 化学　　B. 物理　　C. 生物

（6）要想测试超声波传感器的好坏可以搭一个（　　）电路。

A. 光敏　　B. 阻频振荡　　C. 音频振荡　　D. 化学振荡

（7）由于声源在介质中施力方向与波在介质中传播方向的不同，声波的波形也不同。为了测量各种状态下的物理量，应多采用（　　）。

A. 横波　　B. 纵波　　C. 表面波

（8）声波在介质中传播时，能量的衰减决定于声波的扩散、散射和吸收，在理想介质中随声波传播距离增加而引起声能的减弱。

A. 增强　　B. 减弱　　C. 不变

2．填空题

（1）压电式传感器是利用某些电介质受力后产生的________制成的传感器。

（2）玻璃破碎报警器的电路中压电陶瓷可以将________信号转换成________信号。

（3）压电式传感器不能测量________物理量，只能测量具有一定频率的物理量，这说明压电式传感器的低频响应较差，而高频响应相当好，适用于测量高频物理量。

（4）压电材料可以分为两大类：压电晶体和________。

（5）超声波探头按其工作原理可分为________、________、________等。

（6）超声波加湿器原理是通过振荡电路把________能转为________能，通过换能器（振荡片）产生高频振荡把水雾化成细小的颗粒，再通过风动装置把雾散发到空气中。

（7）超声波加湿器电路由________电路、________电路和加热电路等构成。

（8）超声波物位传感器是利用超声波在两种介质的分界面上的________特性而制成的。

3．简答题

什么是压电效应？压电式传感器有哪些？

4．应用题

（1）试分析如图 4-29 所示微振动测量仪电路原理。

（2）设计一个压电式力传感器。

设计要求：

① 小型低频的单向力传感器；

② 最大测力为 400kg；

③ 压电材料采用石英晶体。

（3）试分析超声波防碰撞电路工作原理。

图 4-30 所示为超声波防碰撞电路。本电路超声波发送/接收传感器采用 T/R-40 系列，该电路可用于汽车倒车时防碰撞报警器，安装于汽车尾部即可；也可用于防盗报警，在小偷进入 2～3m 范围内，就开始报警，用于家庭、仓库、金融等部门。

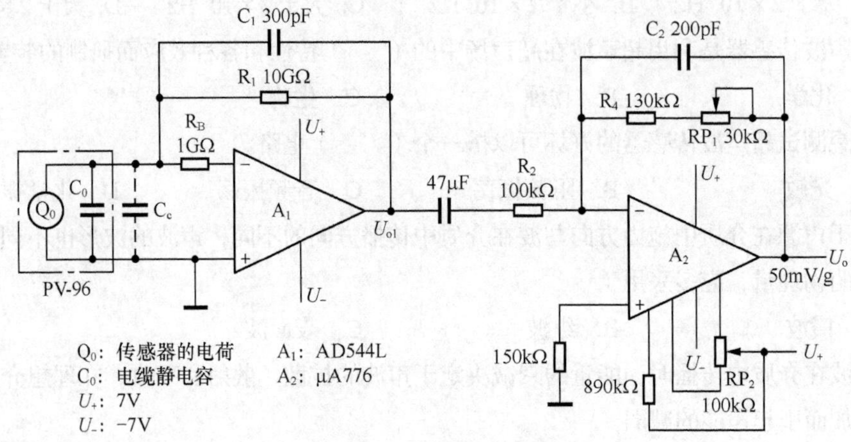

图4-29 振动测量仪电路

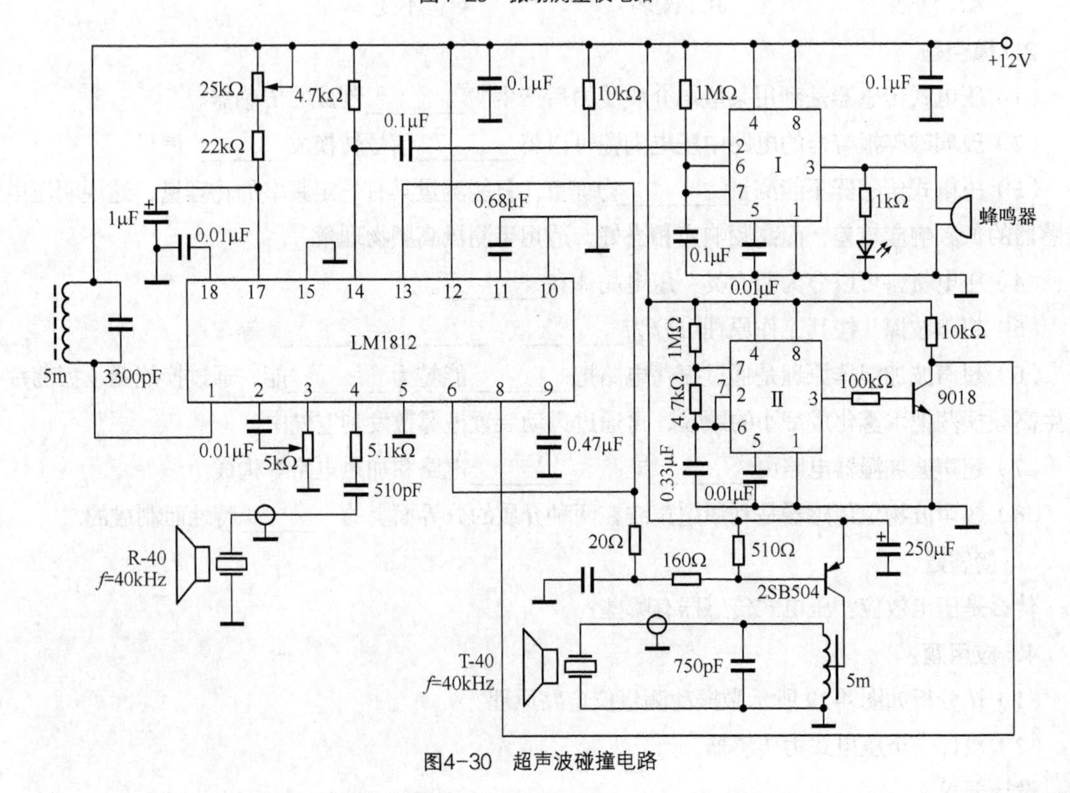

图4-30 超声波碰撞电路

（4）试分析超声波液位电路工作原理。

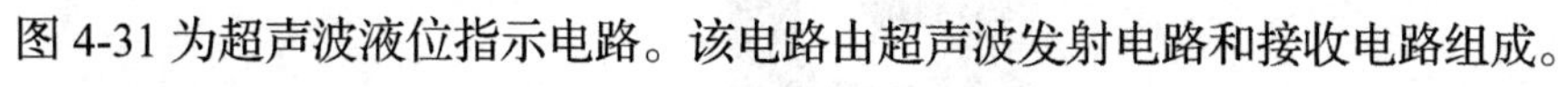

图 4-31 为超声波液位指示电路。该电路由超声波发射电路和接收电路组成。

超声波发射电路由________、R_1、________、C_1和超声波发射头________组成。超声波接收电路由与发射头相匹配的接收头 UCM40R、级联放大器________和________、检测电路组成。当液面接近接收头时，电压表偏转角________，且液面离得________，对应的偏转角越大。

由于超声波具有不受被测液体的浓度和导电性能影响的特性，因此本电路要比一般的接触式液位显示电路要优越，精度会更高。

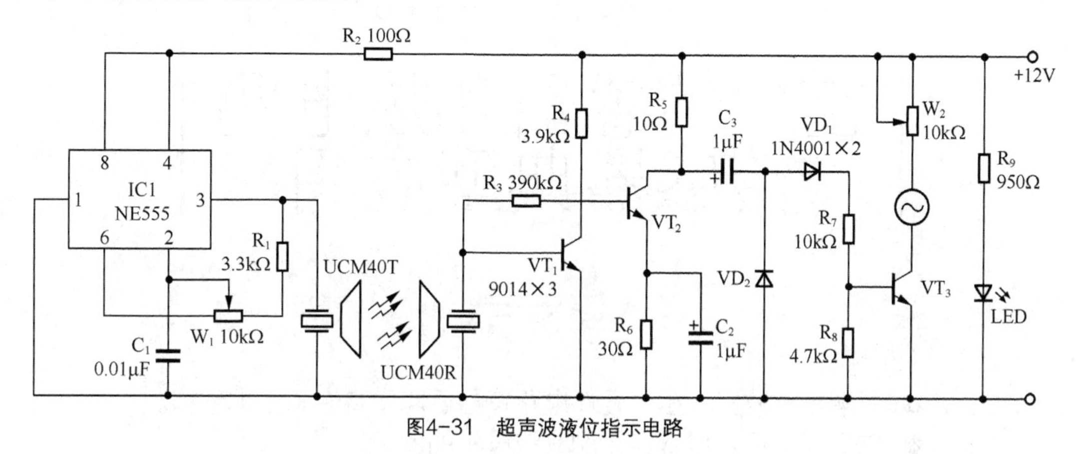

图4-31　超声波液位指示电路

第5章

霍尔传感器和热电偶传感器典型应用

【学习目标】

- 了解霍尔效应、霍尔元件电路符号、基本特性和基本结构。
- 掌握霍尔位置传感器无刷直流电机的实现。
- 掌握霍尔元件的典型应用。
- 掌握热电偶的工作原理、基本定律及温度补偿方法。
- 掌握热电偶常用的温度补偿方法。
- 掌握热电偶的典型应用。

5.1 霍尔传感器的应用

直流电机以良好的起动性能、调速性能等优点著称，其中有刷直流电机采用机械换向器，其驱动方法简单，其模型如图 5-1 所示。有刷直流电机主要由永磁材料制造的定子、绕有线圈绕组的转子（电枢）、换向器和电刷等构成。只要在电刷的 A 和 B 两端通入一定的直流电流，电机的换向器就会自动改变电机转子的磁场方向，这样，直流电机的转子就会持续运转下去。

换向器和电刷在直流电机中扮演着重要的角色，虽然它可以简化电机控制器的结构，但是它自身却存在一定的缺点：有刷直流电机在换向时易产生电火花，限制了使用范围；长期使用时容易造成换向器与电刷之间的磨损，增加了维护成本；换向器和电刷之间容易受环境（如灰尘等）影响，降低工作的可靠性。如果实现以电子换向器取代机械换向器，无刷直流电机就具有直流电机良好的调速性能，又具有交流电机结构简单、无换向火花、运行可靠的优点。

本章采用霍尔位置传感器实现用电子换向器取代机械换向器。

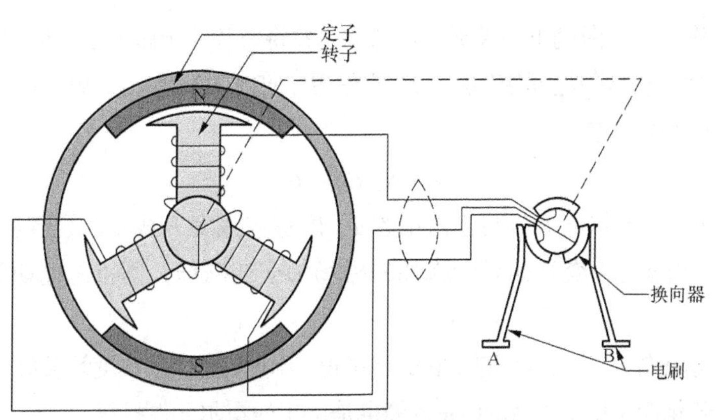

图5-1 有刷直流电机模型

1879年，美国物理学家霍尔经过大量的实验发现：如果让一恒定电流通过一金属薄片，并将薄片置于强磁场中，在金属薄片的另外两侧将产生与磁场强度成正比的电动势。这个现象后来被人们称为霍尔效应，由于这种效应在金属中非常微弱，当时并没有引起人们的重视。1948年以后，由于半导体技术迅速发展，人们找到了霍尔效应比较明显的半导体材料，并制成了锑化铟、硅、砷化镓等材料的霍尔元件。

5.1.1 霍尔传感器的工作原理

金属或半导体薄片置于磁感应强度为 B 的磁场中，磁场方向垂直于薄片，当有电流 I 流过薄片时，在垂直电流和磁场的方向上将产生电动势 E_H，这种现象称为霍尔效应，该电动势称为霍尔电动势，这种半导体薄片称为霍尔元件，用霍尔元件做成的传感器称为霍尔传感器。霍尔元件如图5-2所示。

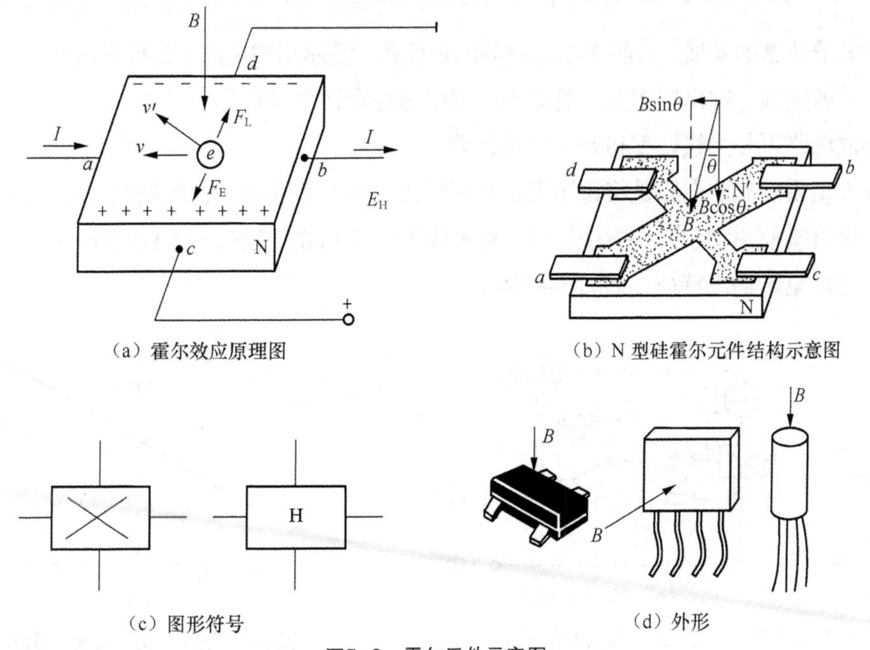

图5-2 霍尔元件示意图

霍尔元件在工作时，在激励电流端通入电流 I，并将薄片置于磁场中。设该磁场垂直于薄片，磁感应强度为 B，这时电子将受到洛伦磁力 F_L 的作用，向内侧偏移，该侧形成电子的堆积，从而在薄片的 c、d 方向产生霍尔电动势。

$$E_H=K_H IB\cos\theta \tag{5-1}$$

从式（5-1）可知，霍尔电动势与输入电流 I、磁感应强度 B 成正比，且当 B 的方向改变时，霍尔电动势的方向也随之改变。如果所施加的磁场为交变磁场，则霍尔电动势为同频率的交变电动势。

目前常用的霍尔元件材料是 N 型硅，它的灵敏度、温度特性、线性度均较好，而锑化铟（In Sb）、砷化镓（GaAs）、砷化铟（InAs）、锗（Ge）等也是常用的霍尔元件材料。

较实用的薄膜型霍尔元件，如图 5-2（b）所示。它由衬底、十字形薄膜、引线（电极）及塑料外壳等组成。

霍尔元件的壳体可用塑料、环氧树脂等制造，封装后的外形如图 5-2（d）所示。

5.1.2 霍尔传感器的特性参数

（1）灵敏度 K_H。$K_H=E_H/(IB)$，它的单位为 mV（mA·T）。

（2）额定控制电流 I_{cm}。霍尔元件将因通过电流而发热。从而引起霍尔电动势的温漂增大，霍尔元件因型号不同，规定相应的额定电流数值从几毫安至几十毫安。

（3）最大磁感应强度 B_M。磁感应强度超过 B_M 时，霍尔电动势的非线性误差将明显增大，B_M 的数值一般小于零点几特斯拉（$1T=10^4GS$）。

5.1.3 霍尔集成电路

随着微电子技术的发展，目前霍尔元件多已集成化。霍尔集成电路（又称霍尔 IC）有许多优点，如体积小、灵敏度高、输出幅度大、温漂小、对电源稳定性要求低等。

霍尔集成电路可分为线性型和开关型两大类。

（1）线性型霍尔集成电路是将霍尔元件和恒流源、线性差动放大器等做在一个芯片上，输出电压为伏级，比直接使用霍尔元件方便得多。较典型的线性型霍尔器件如 UGN3501（见图 5-3）等。线性型霍尔集成电路输出特征，如图 5-4 所示。

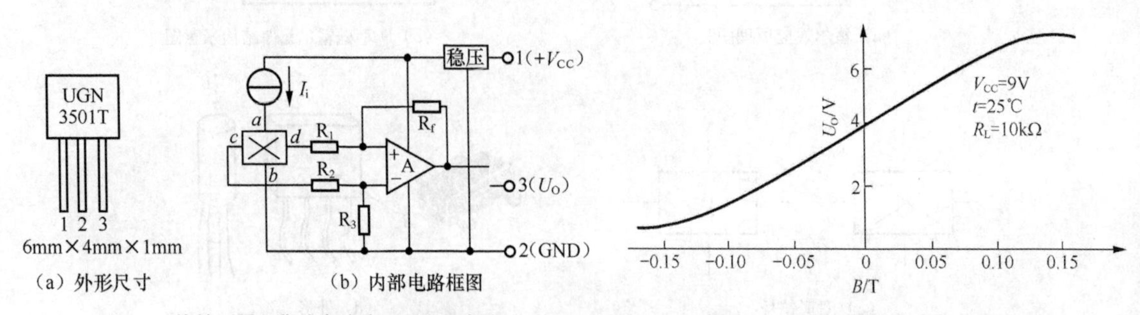

（a）外形尺寸 （b）内部电路框图

图5-3 线性型霍尔集成电路外形及内部电路

图5-4 线性型霍尔集成电路输出特性

（2）开关型霍尔集成电路是将霍尔元件、稳压电路、放大器、施密特触发器、OC 门（集电极开路输出门）等做在同一个芯片上。当外加磁场强度超过规定的工作点时，OC 门由高阻态变为导通状态，输出变为低电平；当外加磁场强度低于释放点时，OC 门重新变为高阻态，输出高电平。较典型的开关型霍尔器件如 UGN3020（见图 5-5）等。

霍尔集成电路最常用的就是开关型霍尔集成电路。如何测量出霍尔集成电路是好的还是坏的？

测量开关型霍尔集成电路可按图 5-6 所示搭建一个电路，电源可选 4.5～24V，本电路选 6V。把万用表拨在直流 10V 挡。因霍尔集成电路为集电极开路输出，所以测试时，应加一个 1~2kΩ的电阻。平时输出端 3 脚和地 2 脚为高电平（接近电源电压），当用一小磁铁（可用 10mm×10mm×15mm 的永久磁铁，也可把坏的铁氧体永磁铁砸下一小块）靠近霍尔集成电路有数字的一面时，如果电压表指针降到 0.15V 左右时，说明霍尔集成电路是好的。如果当小磁铁已接触到霍尔集成电路有字的一面时，电压表指示仍不下降，可把磁铁的磁极调一下再试（本电路所示霍尔集成电路是磁铁 N 极靠近时输出低电平），如果电压表指示下降到 0.15V 左右，说明霍尔集成电路是好的，否则说明霍尔集成电路是坏的。

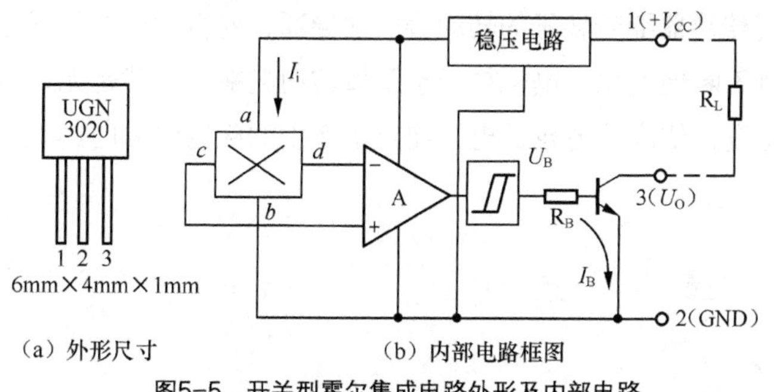

（a）外形尺寸　（b）内部电路框图

图5-5　开关型霍尔集成电路外形及内部电路

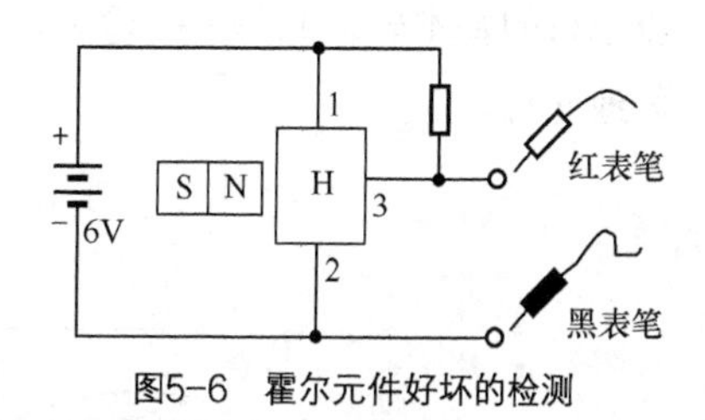

图5-6　霍尔元件好坏的检测

5.1.4 无刷直流电机电路

无刷直流电机的定子是线圈绕组电枢，转子是永磁体。如果只给电机通以固定的直流电流，则电机只能产生不变的磁场，电机不能转动起来，只有实时检测电机转子的位置，再根据转子的位置给电机的不同相通以对应的电流，使定子产生方向均匀变化的旋转磁场，电机才可以跟着磁场转动起来。

图 5-7 所示是用霍尔集成电路控制继电器的应用电路，当小磁铁靠近霍尔集成电路时，继电器吸合。

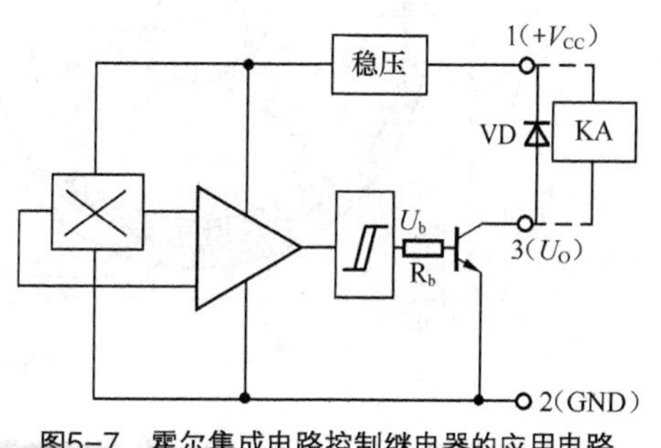

图5-7　霍尔集成电路控制继电器的应用电路

当转子在如图 5-8 所示位置时，转子磁极 S 接近霍尔位置传感器 3，图中霍尔位置传感器 3 所控制的中间继电器 3 的常开触点闭合，V 相导通，转子开始顺时针转动，下一时刻，霍尔位置传感器 3 所控制的中间继电器 1 的常开触点闭合，U 相导通，转子继续顺时针转动，3 个位置传感器依次导通，使电机转动起来。

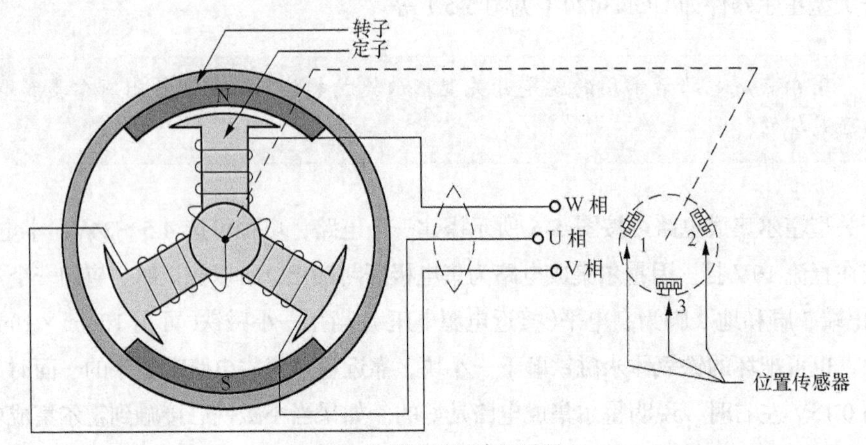

图5-8 无刷直流电机模型

图 5-9 所示为无刷直流电机的转动原理示意图，电机定子的线圈中心抽头接电机电源 POWER，各相的端点接功率管，霍尔位置传感器导通时使功率管的 G 极接 12V，功率管导通，对应的相线圈被通电。由于 3 个霍尔位置传感器随着转子的转动会一次导通，使得对应的相线圈也一次通电，从而定子产生的磁场方向也不断地变化，电机转子也跟着转动起来，这就是无刷直流电机的基本转动原理——检测转子的位置，依次给各相通电，使定子产生的磁场的方向连续均匀地变化。

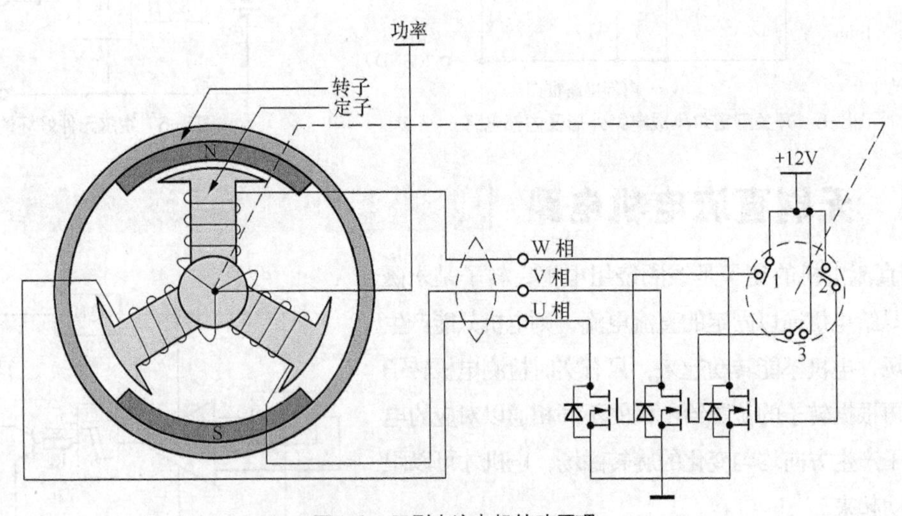

图5-9 无刷直流电机转动原理

无刷直流电机中的电刷和换向器被霍尔位置传感器取代。这样，电机结构就相对简单，降低了电机的制造和维护成本，而且无换向火花，运行可靠，具有良好的调速性能。

5.1.5　磁补偿式电流传感器——线性型霍尔集成电路

图 5-10 所示是磁补偿式电流传感器的工作原理图。根据安培定律，一次侧被测电流 I_1N_1 将产生磁场 B_2，它通过 I_2N_2 产生的磁场进行磁补偿后保持平衡状态，即 $I_1N_1= I_2N_2$ 所以 $I_2= I_1N_1/N_2$。当 N_1/ N_2 确定后，I_2 正比于 I_1，通过 R_m 转换成电压信号输出，霍尔元件则始终起着检测零磁通的作用。

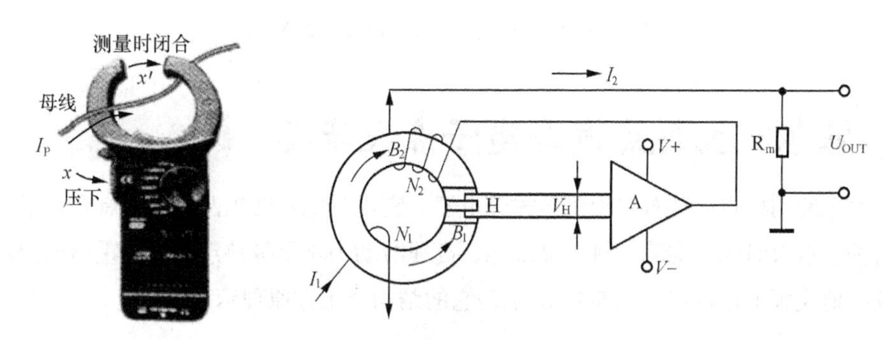

图5-10　磁补偿式电流传感器工作原理图

5.1.6　公共汽车关门指示电路

公共汽车关门指示电路如图 5-11 所示，霍尔集成电路装在公交车门的门框上，小磁铁装在门上，前门和后门各装一个，当门 1、门 2 都关上时（磁铁靠近霍尔集成电路），或非门输出高电平，VT_1 导通，绿灯亮，司机可以开车。否则，红灯亮。

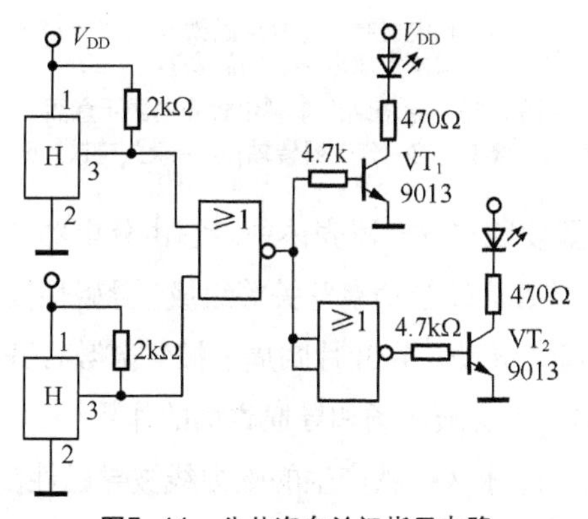

图5-11　公共汽车关门指示电路

5.1.7　金属计数器电路

图 5-12 所示是应用于计数的霍尔接近开关原理图。当带磁性的物体接近霍尔元件时，霍尔元件就输出一个脉冲电压，经过放大整形后驱动光电管工作，计数器便进行计数，并由显示器进行显示。

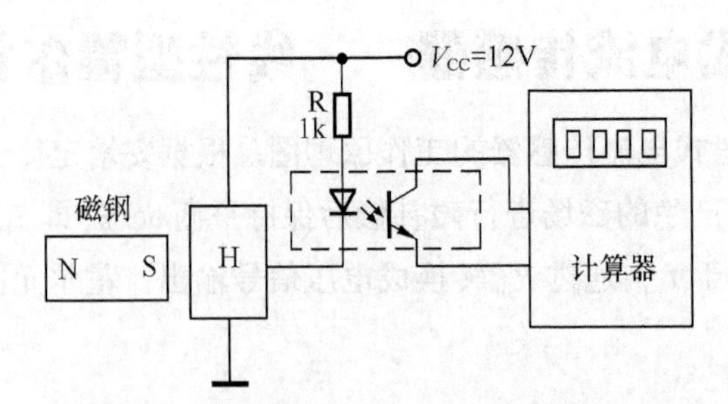

图5-12 霍尔接近开关构成的金属计数器电路

5.1.8 霍尔式无触点汽车电子点火电路

传统的汽车发动机点火装置采用机械式分电器，它由分电器转轴凸轮来控制合金触点的闭合。存在着易磨损、点火时间不准确、触电易烧坏、高速时动力不足等缺点。采用霍尔式无触点电子点火装置能较好地克服上述缺点，图 5-13 所示是它的结构及工作原理示意图。

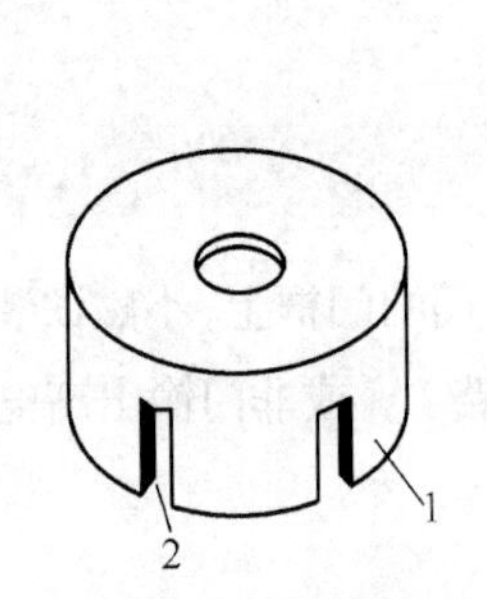

（a）带缺口的触发器叶片

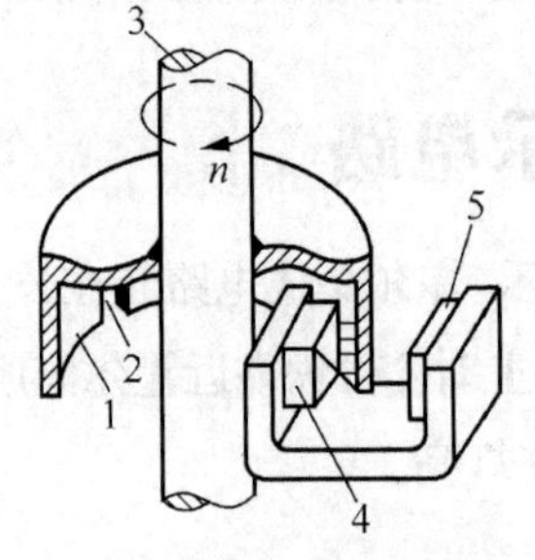

（b）触发器叶片与永久磁铁及霍尔集成电路之间的安装

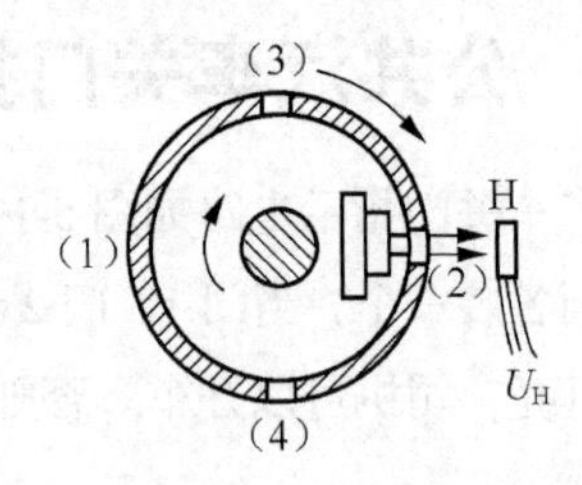

（c）叶片位置与点火正时的关系

图5-13 桑塔纳汽车霍尔式分电器示意图

1—触发器叶片；2—槽口；3—分电器转轴；4—永久磁铁；5—霍尔集成电路

霍尔式无触点电子点火装置安装在分电器壳体中。它由分电器转子（又称触发器叶片）、铝镍钴合金永久磁铁、霍尔 IC 及达林顿晶体管功率开关等组成。导磁性良好的软铁磁材料制作的触发器叶片固定在分电器转轴上，并随之转动。在叶片圆周上按气缸数目开出相应的槽口。叶片在永久磁铁和霍尔 IC 之间的缝隙中旋转，起屏蔽磁场和导通磁场的作用。

当叶片遮挡在霍尔 IC 面前时，永久磁铁产生的磁力线被导磁性良好的叶片分流，无法到达霍尔 IC（这种现象称为磁屏蔽），如图 5-14（b）所示。此时 PNP 型霍尔 IC 的输出 U_H 为低电平，往反相变为高电平 $\overline{U_H}$，由达林顿晶体管组成的晶体管功率开关处于导通状态，点火线圈低压侧有较大电流通过，并以磁场能量的形式存储在点火线圈的铁心中。

当叶片槽口转到霍尔 IC 面前时，磁力线无阻挡地穿过槽口的位置来准确控制，所以可根据车速准确地产生点火信号（适当地提前一个旋转角度），达到点火正时的目的。

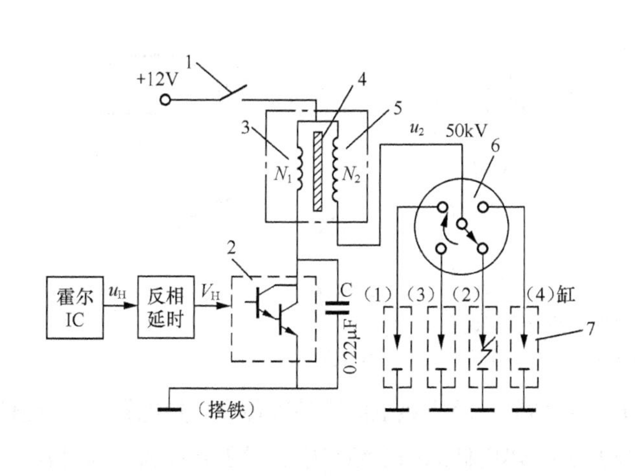

(a) 电路

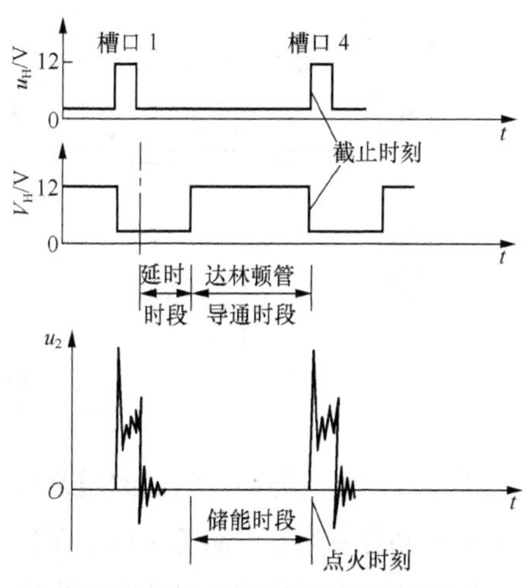

(b) 霍尔 IC 及点火线圈高压侧输出波形

图5-14　汽车电子点火电路及波形

1—点火开关；2—达林顿晶体管功率开关；3—点火线圈低压侧；4—点火线圈铁心；5—点火线圈高压侧压侧；6—分火头；7—火花塞

5.2 热电偶传感器应用

在工业生产中，温度是表征对象和过程状态的重要参数之一。比如，发电厂锅炉的温度必须控制在一定范围内；一些化学反应的工艺过程必须在适当的温度下才能正常进行；炼油过程中，原油必须在不同的温度和压力条件下进行分馏才能得到汽油、柴油、煤油等产品。金属热处理中的退火炉温度是主要被控变量，退火炉温度控制的稳定性直接影响产品的质量。那么怎样实现温度控制？

开尔文是英国著名的物理学家，他建立了热力学温度标度，也称为绝对温标。这种标度的分度距离同摄氏温标的分度距离相同。它的零度，即物质世界可能的最低温度，相当于摄氏−273℃（精确数为−273.15℃），称为绝对零度（0K）。要换算成绝对零度，只需在摄氏温度上再加273℃即可。0K 温度永远不会达到，今天的科学家对低温的研究已经非常接近这一极限了。最舒适的温度是20℃，此时的华氏温度为68°F。

热电偶是工业上最常用的一种测温元件，是一种能将温度转换为电动势的装置，在接触式测温仪表中，具有信号易于传输和变换、测温范围宽、测温上限高等优点。在机械工作的多数情况下，这种温度传感器主要用于500～1 500℃范围内的温度测量。

5.2.1 热电偶传感器工作原理

1. 热电效应原理图

如图 5-15 所示，两种不同材料（导体或半导体）A、B 组成闭合回路，两个结点处于不同温度下 T 和 T_0（$T>T_0$）则在该回路中产生热电势 $E_{AB}(T, T_0)$ 表示，该现象称为热电效应。

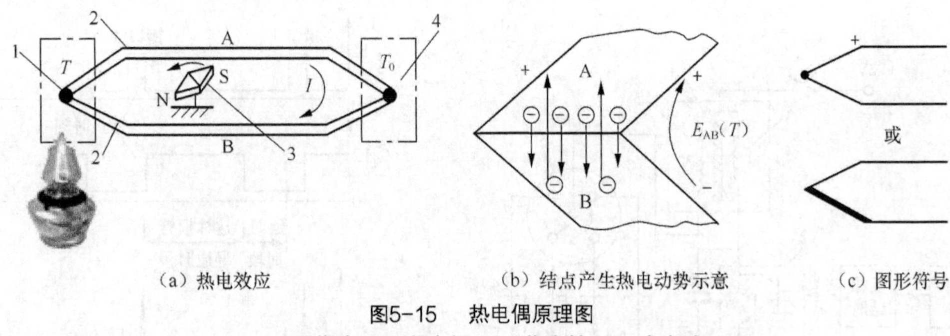

（a）热电效应　　（b）结点产生热电动势示意　　（c）图形符号

图5-15　热电偶原理图

1—工作端；2—热电极；3—指南针；4—参考端

两种不同材料的导体所组成的回路称为“热电偶”，组成热电偶的导体称为“热电极”，热电偶所产生的电动势称为热电动势（以下简称热电势）。热电偶的两个结点中，置于温度为 T 的被测对象中的结点称之为测量端，又称为工作端或热端；而置于参考温度为 T_0 的另一结点称之为参考端，又称自由端或冷端。

根据电子理论分析表明：热电偶产生的热电势主要由接触电动势组成。

2．热电效应分析

两种不同材料 A、B，其材料自由电子密度分别为 N_A 和 N_B（$N_A>N_B$）。

两个不同的结点温度 T_0—冷端、T—热端（$T> T_0$），在结点处就要发生电子扩散。在相同的时间内，从导体 A 扩散到导体 B 中的自由电子比从导体 B 扩散到导体 A 中的自由电子多，这时导体 A 因失去自由电子而带正电，导体 B 因得到自由电子而带负电，在接触面两侧的一定范围内形成一个电场，电场的方向由 A 指向 B，如图 5-15（b）所示。该电场将阻碍电子的进一步扩散，左后导体处于一种动态平衡状态。这种状态下，A 和 B 两种不同金属的结点处产生的电动势称为接触电势 E_{AB}（T）和 E_{AB}（T_0）热电动势。

$$E_{AB}(T,T_0)=E_{AB}(T)-E_{AB}(T_0)=\frac{KT}{e}\ln\frac{N_A}{N_B}-\frac{KT_0}{e}\ln\frac{N_A}{N_B}=\frac{K}{e}\ln\frac{N_A}{N_B}\ (T-T_0) \tag{5-2}$$

式中　K——波尔兹曼常数；

e——电子电荷。

总结如下。

（1）如果热电偶两结点温度相同，则回路总的热电势必然等于零。两结点温差越大，热电势越大。

（2）如果热电偶两电极材料相同，即使两端温度不同，总输出热电势仍然为零。因此必须由两种不同材料才能构成热电偶。

（3）热电势 E_{AB}（T，T_0）与材料性质（电极，A，B）以及结点的温度（T，T_0）有关，与材料电极大小尺寸无关。

5.2.2　常用热电偶及结构

1．热电偶材料的基本要求

（1）热电性质稳定，不随时间变化。

（2）具有足够的物理、化学稳定性，不易被氧化腐蚀。

（3）材料温度系数小，导电率高。

（4）热电偶产生的热电势要大，线性或接近线性特性。

（5）材料复制性好，价格低廉。

2．常用热电偶结构

目前常用热电偶材料分贵金属和普通金属两大类，常用的热电偶有以下几种。

（1）8 种国际通用热电偶特性，如表 5-1 所示。

表 5-1　8 种国际通用热电偶特性

名　称	分度号	测温范围/°C	特　点
铂铑$_{30}$—铂铑$_{6}$	B	50～1 820	熔点高，测温上限高，性能稳定，准确度高，100℃以下热电势极小，所以可不必考虑冷端温度补偿；价高，热电势小，线性差；只适用于高温域的测量
铂铑$_{13}$—铂	R	−50～1 768	使用上限较高，准确度高，性能稳定，复现性好；热电势较小，不能在金属蒸气和还原性气氛中使用，在高温下连续使用时特性会逐渐变坏，价高；多用于精密测量
铂铑$_{10}$—铂	S	−50～1 768	优点同上；但性能不如 R 型热电偶；长期以来曾经作为国际温标的法定标准热电偶
镍铬—镍硅	K	−270～1 370	热电势大，线性好，稳定性好，价廉；但材质较硬，在 1 000℃以上长期使用会引起热电势漂移；多用于工业测量
镍铬硅—镍硅	N	−270～1 300	是一种新型热电偶，各项性能均比 K 型热电偶好，适宜于工业测量
镍铬—铜镍（锰白铜）	E	−270～800	热电势比 K 型热电偶大 50%左右，线性好，耐高湿度，价廉；不能用于还原性气氛；多用于工业测量
铁—铜镍（锰白铜）	J	−210～760	价格低廉，在还原性气体中较稳定；纯铁易被腐蚀和氧化；多用于工业测量
铜—铜镍（锰白铜）	T	−270～400	价格低廉，加工性能好，离散性小，性能稳定，线性好，准确度高；铜在高温时易被氧化，测温上限低；多用于低温域测量。可作−200～0℃温域的计量标准

（2）分度号及分度表。

分度号：B，S，K，E，T。

分度表：实际使用中编制的针对各分度号不同的热电偶与温度之间的二维关系对照表。

应注意的是：分度表中的冷端 T_0=0℃。

（3）结构。由于热电偶广泛地应用于各种条件下的温度测量，因而它的结构形式很多。按热电偶本身结构划分，有普通热电偶、铠装热电偶及薄膜热电偶等。

① 普通热电偶。普通热电偶一般均由热电极、绝缘管、保护管和集线盒等组成，其结构如图 5-16 所示。

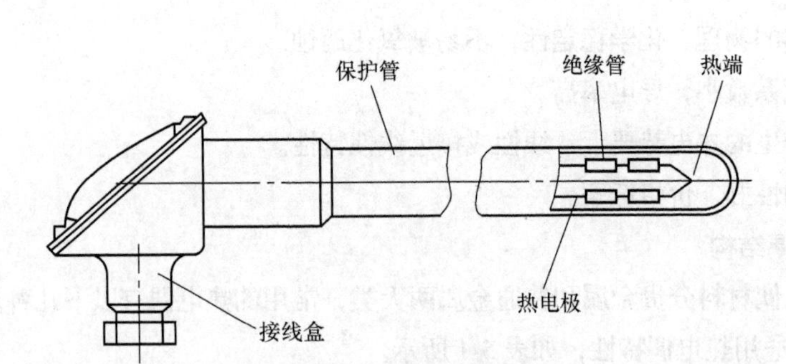

图5-16 普通热电偶结构

这种热电偶主要用气体、蒸气、液体等介质的温度测量。为了防止有害介质对热电极的侵蚀，工业用的热电偶一般都有保护套。热电偶的外形有棒形、三角形、锥形等，其外部和设备的固定方式有螺纹固定、法兰盘固定等。

② 铠装热电偶。铠装热电偶又称为套管热电偶，是将热电极、绝缘材料和金属管组合在一起，经拉伸加工成为一个坚实的组合体。它的内芯有单芯和双芯两种，如图 5-17 所示。这样测量杆部分可以做得细长，还可以根据需要弯曲各种形状。

铠装热电偶的主要优点是测量端的热容量小，动态响应快，扰性好，强度高，寿命长以及适应性强，适用于位置狭小部分的温度测量。

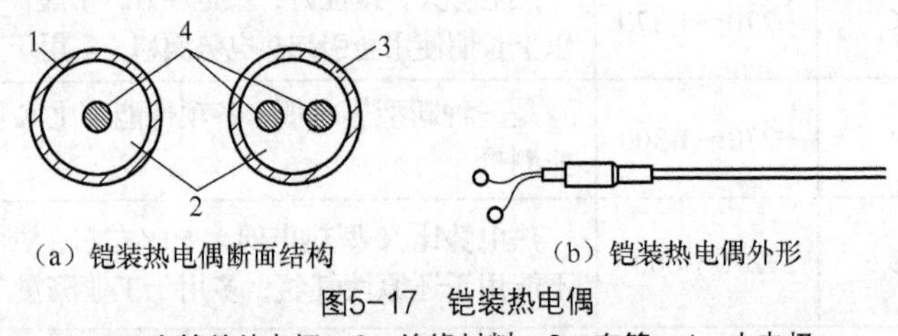

（a）铠装热电偶断面结构　（b）铠装热电偶外形

图5-17 铠装热电偶

1—套管兼外电极；2—绝缘材料；3—套管；4—内电极

③ 薄膜热电偶。为适应快速测量壁面温度，人们采用真空蒸镀，化学涂覆等工艺，将两种热电材料蒸镀到绝缘基板上，两者牢固地结合在一起，形成薄膜状热电极及热接点。其结构如图 5-18 所示。为了防止热电极氧化并与被测物质绝缘，在薄膜热电偶的表面涂覆上一层 SiO_2 保护层。

薄膜热电偶其接点可以做得很小，因而可以根据需要做成各种结构形状的薄膜热电偶。由于热接点的容量很小，使测温反应时间快达数毫秒。薄膜热电偶的测温范围为 200～300℃。

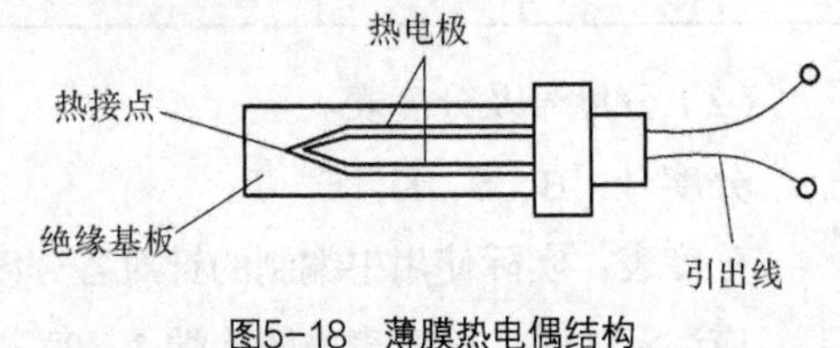

图5-18 薄膜热电偶结构

5.2.3 热电偶基本定律

1. 中间导体定律

三种不同金属组成的热电偶回路如图 5-19 所示。

$$
\begin{aligned}
E_{ABC}(T,T_0) &= E_{AB}(T)+E_{BC}(T_0)+E_{CA}(T_0) \\
&= E_{AB}(T)+\left[\frac{KT_0}{e}\ln\frac{N_B}{N_C}+\frac{KT_0}{e}\ln\frac{N_C}{N_A}\right] \\
&= E_{AB}(T)+\frac{KT_0}{e}\left[\ln\frac{N_B}{N_C}+\ln\frac{N_C}{N_A}\right] \\
&= E_{AB}(T)+\frac{KT_0}{e}\left[\ln\frac{N_B N_C}{N_C N_A}\right] \\
&= E_{AB}(T)+\frac{KT_0}{e}\ln\frac{N_B}{N_A} \\
&= E_{AB}(T)-\frac{KT_0}{e}\ln\frac{N_A}{N_B} \\
&= E_{AB}(T)-E_{AB}(T_0) \\
&= E_{AB}(T,T_0)
\end{aligned} \tag{5-3}
$$

总结如下。

（1）在闭合回路中引入第三种导体C时，只要引入点处的温度相同，则回路中总热动势不变。

（2）该定律的重要意义在于在闭合热电偶回路中，方便地引入各种导体（仪表和连接导线等）以便测量回路中的热电势或热电液的大小。

如图5-20所示的测量线路。

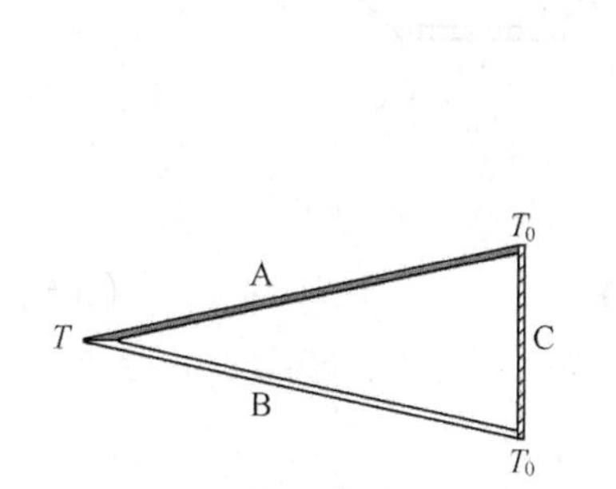

图5-19　3种不同金属组成的热电偶回路

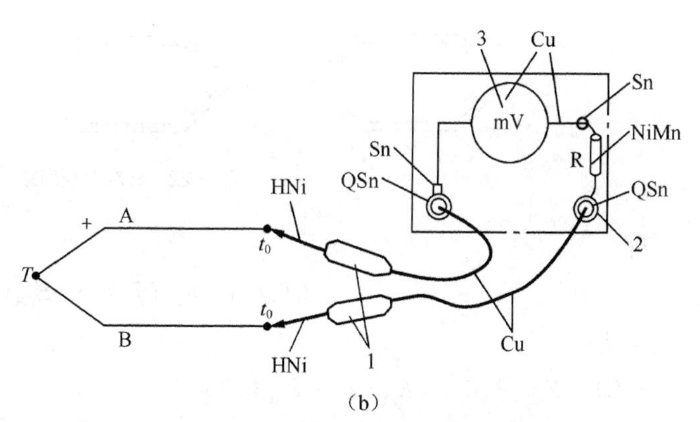

图5-20　具有中间导体的热电偶应用电路

1—毫伏表的镍铜表棒；2—磷铜接插件；3—铜漆包线动圈表头；Cu—纯铜导线
HNi—镍黄铜；QSn—锡磷青铜；Sn—焊锡；NiMn—镍锰铜电阻丝

只要保证这些中间导体两端的温度各自相同，则对热电偶的热电势没有影响。因此中间导体定律对热电偶的实际应用是十分重要的。在使用热电偶时，应尽量使上述元器件两端的温度相同。

2．温度定律

如图5-21所示，在热电偶回路中，测量端温度为T，自由端温度为T_0时，中间温度为T_n，则T、T_0的热电势

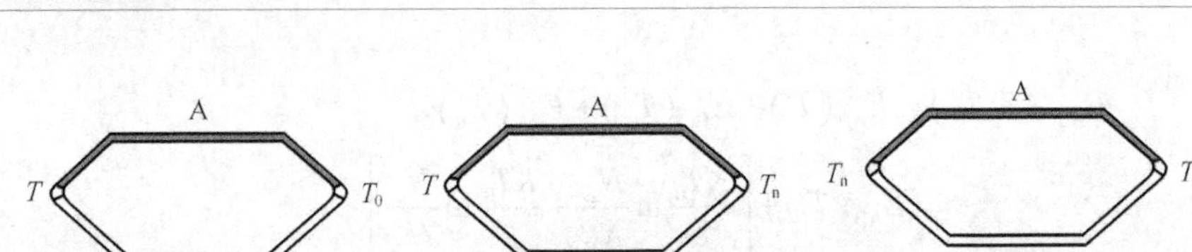

图5-21 中间温度的热电偶回路

即

$$E_{AB}(T,T_0)=E_{AB}(T,T_n)+E_{AB}(T_n,T_0) \tag{5-4}$$

证明：

$$\begin{aligned}E_{AB}(T,T_n)+E_{AB}(T_n,T_0)&=\frac{K}{e}(T-T_n)\ln\frac{N_A}{N_B}+\frac{K}{e}(T_n-T_0)\ln\frac{N_A}{N_B}\\&=\frac{K}{e}\left[(T-T_n)+(T_n-T_0)\right]\ln\frac{N_A}{N_B}\\&=\frac{K}{e}(T-T_n)\ln\frac{N_A}{N_B}\\&=E_{AB}(T,T_0)\end{aligned}$$

3．标准电极定律

如图 5-22 所示，3 种导体分别组成的热电偶，则 A、B 组成的热电偶产生的热电势等于 C；A、C 组成的热电偶产生的热电势和 B、C 组成的热电偶产生的热电势之和

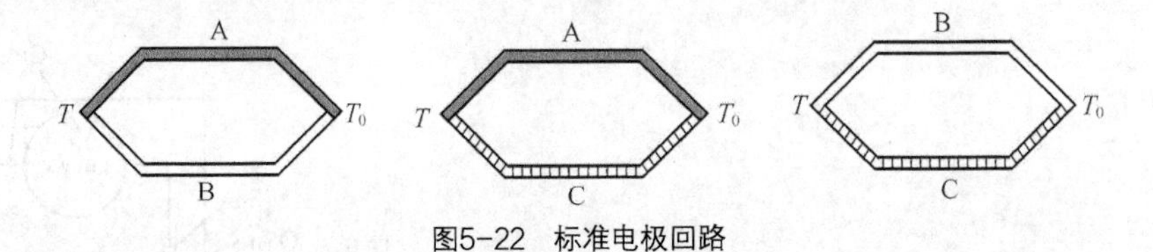

图5-22 标准电极回路

即

$$E_{AB}(T,T_0)=E_{AC}(T,T_0)+E_{CB}(T,T_0) \tag{5-5}$$

证明：

已知 $E_{AC}(T,T_0)=E_{AC}(T)-E_{AC}(T_0)$

$E_{CB}(T,T_0)=E_{CB}(T)-E_{CB}(T_0)$

则 $$\begin{aligned}E_{AC}(T,T_0)+E_{CB}(T,T_0)&=E_{AC}(T)-E_{AC}(T_0)+E_{CB}(T)-E_{CB}(T_0)\\&=\left[E_{AC}(T)+E_{CB}(T)\right]-\left[E_{AC}(T_0)+E_{CB}(T_0)\right]\\&=E_{AB}(T)-E_{AB}(T_0)\\&=E_{AB}(T,T_0)\end{aligned}$$

归纳：该定律意义在于各种材料电极与第三种材料电极 C（标准电极）组成的热电偶回路产生的热电势已知，就可依据该定律求出任何两种材料组成的热电偶产生的热电势的大小，在工艺制作上，大大方便了热电偶的配选工作。

4. 连接导体定律

如图 5-23 所示，导体 A、B 连接导体 $A'B'$，中间温度为 T_0，用 A'、B'与 A 及 B 连接后，测温回路的总的热电势仅取决于 A、B、T 及 T_0（T_0 为新的自由端，它是稳定的），而与 A、A'及 B、B'连接处的温度 T_N（中间温度，它是不稳定的）无关，在 T_0 处测得的总的热电势与直接将热电偶延伸到 T_0 无异。这里不再证明。

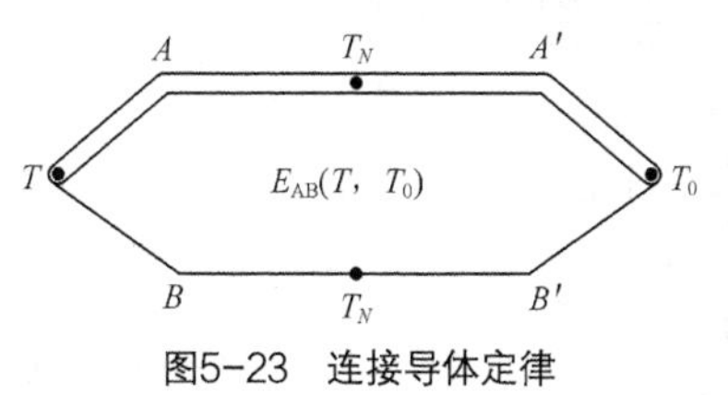

图5-23 连接导体定律

归纳：

（1）连接导体又称补偿导线，在自由端受被测温度影响时，用补偿导线将自由端从温度波动区 T_n 延长到温度相对稳定区 T_0，使指示仪表的示值变得稳定起来。

（2）购买补偿导线比使用相同长度的热电极便宜许多，可节约大量贵金属。但各种补偿导线必须与相应型号的热电偶配用；必须在规定的温度范围内使用；在与热电极相接时极性切勿接反。常用补偿导线如表 5-2 所示。

表 5-2 常用热电偶补偿导线特性

型号	配用热电偶正—负	补偿导线正—负	导线外皮颜色		100˚C热电势/mV	20˚C时的电阻率/Ω.m
			正	负		
SC	铂铑 $_{10}$—铂	铜—铜镍[①]	红	绿	0.646±0.023	0.05×10^{-6}
KC	镍铬—镍硅	铜—康铜	红	蓝	4.096±0.063	0.52×10^{-6}
$WC_5/_{26}$	钨铼 $_5$—钨铼 $_{26}$	铜—铜镍[②]	红	橙	1.451±0.051	0.10×10^{-6}

注：① 99.4%Cu，0.6%Ni。
② 98.2%～98.3% Cu，1.7%～1.8%Ni。

（3）补偿导线多是用铜及铜的合金制作，所以单位长度的直流电阻比相同长度的热电极小得多。可减小测量误差。

5.2.4 热电偶冷端温度补偿

1. 冷端恒温法

（1）将热电偶的冷端置于装有冰水混合物的恒温容器中，使冷端的温度保持在 0℃不变。此法也称冰浴法，它消除了 T_0 不等于 0℃而引入的误差，由于冰融化较快，所以一般只适用于实验室中。

（2）将热电偶的冷端置于电热恒温器中，恒温器的温度略高于环境温度的上限（如 40℃）。

（3）将热电偶的冷端置于恒温空调房间中，使冷端温度恒定。

应该指出的是，除了冰浴法是使冷端温度保持 0℃外，后两种方法只是使冷端维持在某一恒定（或变化较小）的温度上，因此，后两种方法仍必须采用下述几种方法予以修正。图 5-24 是冷端置于冰瓶中的接法布置图。

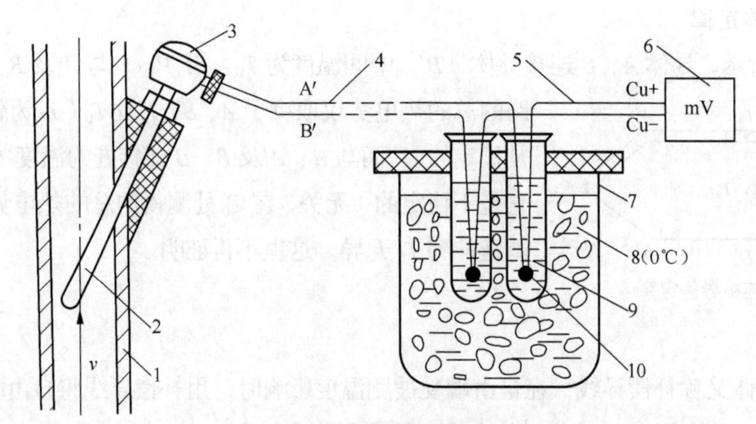

图5-24 冰浴法接线图

1—被测流体管道；2—热电偶；3—接线盒；4—补偿导线；5—铜质导线；
6—毫伏表；7—冰瓶；8—冰水混合物；9—试管；10—新的冷端

2．计算校正法

当热电偶的冷端温度 $T_0 \neq 0℃$时，由于热端与冷端的温差随冷端的变化而变化，所以测得的热电势 E_{AB}（T，T_0）与冷端为 0℃时所测得的热电势 E_{AB}（T，0℃）不等。若冷端温度高于 0℃，则 E_{AB}（T，T_0）<E_{AB}（T，0℃）。可以利用下式计算并修正测量误差

$$E_{AB}(T, 0℃) = E_{AB}(T, T_0) + E_{AB}(T_0, 0℃) \tag{5-6}$$

式（5-6）中，E_{AB}（T，T_0）是用毫伏表直接测得的毫伏数。修正时，先测出冷端温度 T_0，然后从该热电偶分度表中查出 E_{AB}（T_0，0℃）（此值相当于损失掉的热电势），并把它加到所测得的 E_{AB}（T，T_0）上。根据式（5-6）求出 E_{AB}（T，0℃）（此值是已得到补偿的热电势），根据此值再在分度表中查出相应的温度值。计算修正法共需要查分度表两次。如果冷端温度低于 0℃，由于查出的 E_{AB}（T_0，0℃）是负值，所以仍可用式（5-6）计算修正。

【例 5-1】 用镍铬—镍硅（K 型）热电偶测炉温时，冷端温度 T_0=30℃，在直流毫伏表上测得的热电势 E_{AB}（T，30℃）=38.505mV，试求炉温为多少？

解：查镍铬—镍硅热电偶（附录 B）分度表，得到 E_{AB}（30℃，0℃）=1.203mV。根据式（5-6）有

$$E_{AB}(\mathrm{T}, 0℃) = E_{AB}(\mathrm{T}, 30℃) + E_{AB}(30℃, 0℃)$$
$$= (38.505+1.203)\ \mathrm{mV} = 39.708\mathrm{mV}$$

反查 K 型热电偶分度表，得到 T=960℃。

该方法适用于热电偶冷端温度较恒定的情况。在智能化仪表中，查表及运算过程均可由计算机完成。

3．补偿电桥法

电桥补偿法是利用不平衡电桥产生的不平衡电压，来自动补偿热电偶因冷端温度变化而引起的热电动势的变化值，如图 5-25 所示。

不平衡电桥（即补偿电桥）的桥臂电阻是由电阻温度系数很小的锰铜丝绕制而成的电阻（R_1、R_2、R_3）、电阻温度系数较大的铜丝绕制成的电阻（R_{cu}）、稳压电源组成。将带有铜热电阻的补偿

电桥与被补偿的热电偶串联，R_{cu}与热电偶的冷端置于同一温度场。通常在20℃时，使电桥平衡，电桥输出U_{ab}=0，电桥对仪表的读数无影响。当环境温度高于20℃时，R_{cu}增加，平衡被破坏，产生一不平衡电压U_{ab}，与热端电势相叠加，一起送入测量仪表。适当选择桥臂电阻和电流的数值，可使电桥产生的不平衡电压 U_{ab} 正好补偿由于冷端温度变化而引起的热电势变化值，仪表即可指示出正确的温度，由于电桥是在20℃时平衡的，所以采用这种补偿电桥要把仪表的机械零件位调整到20℃。

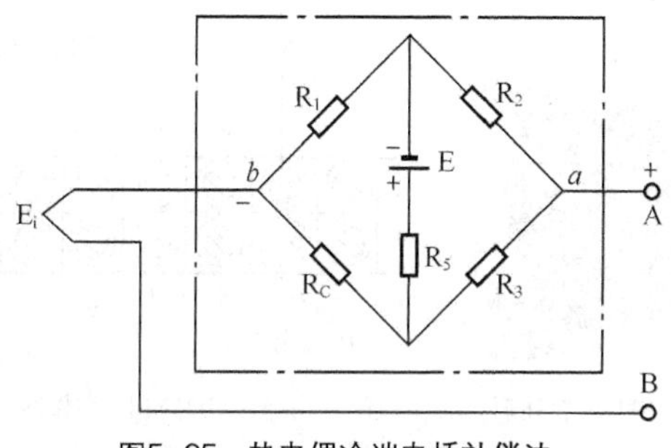

图5-25 热电偶冷端电桥补偿法

5.2.5 与热电偶配套的XMT仪表

XMT系列仪表是专为热工、电力、化工等工业系统测量、显示、变送温度的一种标准仪器，适用于旧式动圈指针式仪表的更新、改造。它不仅具有显示温度的功能，还能实现被测温度超限报警或双位继电器调节。其面板上设置有温度设定按键。当被测温度高于设定温度时，仪表内部的继电器动作，可以切断加热回路。它的特点是采用工控单片机为主控部件，智能化程度高，使用方便。这类仪表多具有以下功能。

（1）双屏显示：主屏显示测量值，副屏显示控制设定值。

（2）输入分度号切换：仪表的输入分度号可按键切换（如K、R、S、B、N、E型等）。

（3）量程设定：测量量程和显示分辨力由按键设定。

（4）控制设定：上限、下限或“上上限”“下下限”等各控制点值可在全量程范围内设定，上下限控制回差值也可分别设定。

（5）继电器功能设定：内部的数个继电器可根据需要设定成上限控制（报警）方式或下限控制（报警）方式。

（6）断线保护输出：可预先设定各继电器在传感器输入断线时的保护输出状态（ON/OFF/KEEP）。

（7）全数字操作：仪表的各参数设定、准确度校准均采用按键操作，无须电位器调整，掉电不丢失信息。

（8）冷端补偿范围：0～60℃。

（9）接口：许多型号还带有计算机串行接口和打印接口。

与热电偶配套的标准仪表外形及接线图如图5-26所示。

图 5-26（b）右上角的 3 个接线端子分别为上限输出“2”的 3 个触点，从左到右依次为：仪表内继电器的常开（动合）触点、动触点和常闭（动断）触点。当被测温度低于设定的上限值时，“高—总”端子接通，“低—总”端子断开；当被测温度达到上限值时，“低—总”端子接通，而“高—总”端子断开。“高”“总”“低”3 个输出端子在外部通过适当连接，能起到控温或报警作用。“上限输出 1”的两个触点还可用于控制其他电路，如风机等。

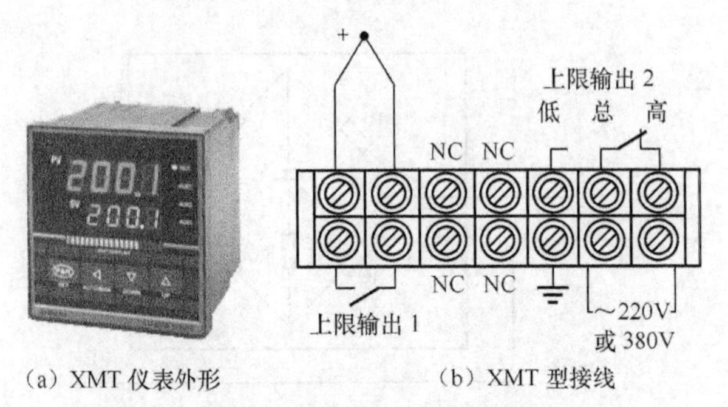

（a）XMT 仪表外形（b）XMT 型接线

图5-26 与热电偶配套的标准仪表外形及接线图

5.2.6 XMT-101 系列温控器在退火炉的应用

退火炉原理图如图 5-27 所示，退火炉由三相电源供电进行加热，当温度达到规定温度范围上限时由热电偶测温并且产生较大的热电动势使控制电路中的中间继电器线圈得电，由中间继电器的动断触点切断交流接触器的线圈电路使之失电，交流接触器主触点断开，切断三相电源，退火炉保持温度；当温度降到规定值温度范围下限时，热电偶产生电动势减小使中间继电器线圈失电，其动断触点复位交流接触器线圈得电主触点闭合开始通电加热，从而达到温度的自动控制。

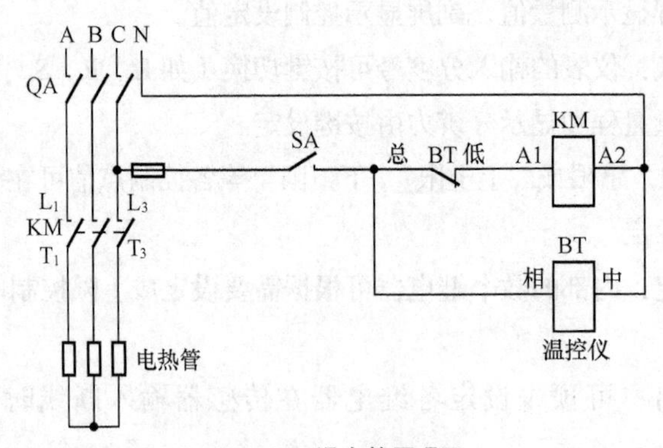

图5-27 退火炉原理图

5.2.7 燃气热水器防缺氧保护

燃气热水器的使用安全性至关重要。在燃气热水器中，设置有防止熄火装置、防止缺氧不完全燃烧装置、防缺水空烧安全装置及过热安全装置等，涉及多种传感器。防缺氧不完全燃烧的安全装置中使用了热电偶。如图 5-28 所示为燃气热水器防缺氧保护原理图。

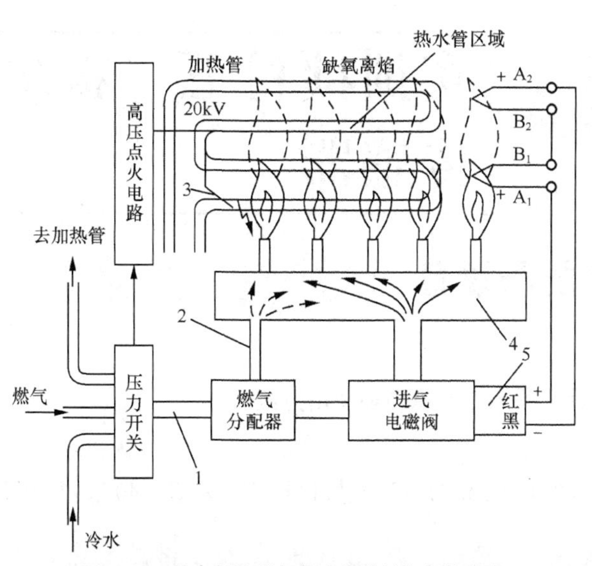

图5-28　热电偶在燃气热水器防缺氧保护原理

1—燃气进气管；2—引火管；3—高压放电针；4—主燃烧室；5—电磁阀线圈；A_1、B_1—热电偶1；A_2、B_2—热电偶2

当使用者打开热水水龙头时，自来水压力使燃气分配器中的引火管输气孔在较短的时间里与燃气管道接通，喷射出燃气。与此同时，高压点火电路发出10～20kV的高电压，通过放电针点燃主燃烧室火焰。热电偶1被烧红，产生正的热电动势，使电磁阀线圈得电，燃气改由电磁阀进入主燃烧室。

当外界氧气不足时，主燃烧室不能充分燃烧，此时将产生大量有毒的一氧化碳，火焰变红且上升，在远离火孔的地方燃烧。热电偶1的温度必然降低，热电动势减小，而热电偶2被拉长的火焰加热，产生的热电动势与热电偶1产生的热电动势反向串联，相互抵消，流过电磁阀线圈的电流小于额定电流，甚至产生反向电流，使电磁阀关闭，起到缺氧保护的作用。

5.2.8　炉温测量控制系统

如图5-29所示为常用炉温测量控制系统。图中由毫伏定值器给出设定温度对应的毫伏数，当热电偶测量的热电势与定值器输出的数值有偏差时，说明炉温偏离设定值，此偏差经放大器放大后送调节器，再经晶闸管触发器推动晶闸管执行器，从而调整炉丝加热功率，消除偏差，达到温控的目的。

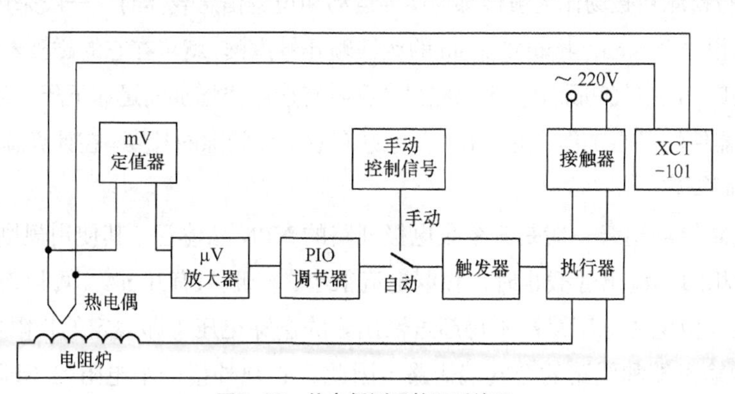

图5-29　热电偶测量炉温系统图

实训项目五 霍尔接近开关传感器

5.3.1 实训目的与设备

1. 目的

学习和掌握霍尔接近开关的工作原理和使用方法。

2. 实训设备

物料分拣模型（见图 3-41）、信号处理及接口挂箱（见图 2-40）、电源及仪表挂箱（见图 2-39）。

5.3.2 实训原理

1. 工作原理

霍尔接近开关传感器是一种有源磁电转换器件，如图 5-30 所示。它是在霍尔效应原理的基础上，利用集成封装和组装工艺制作而成，它可方便地把磁输入信号转换成实际应用中的电信号，同时又具备工业场合实际应用易操作和可靠性的要求。

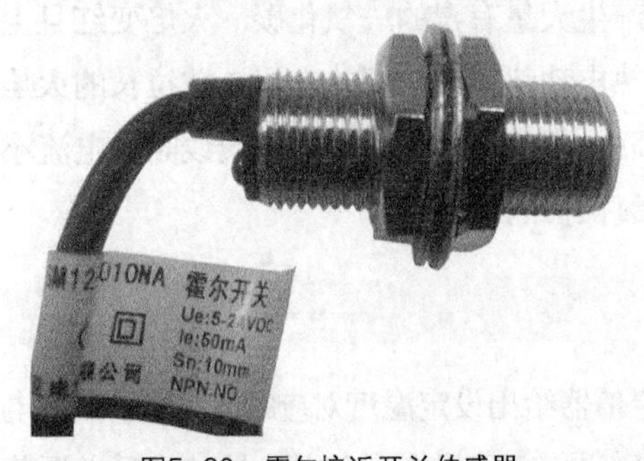

图5-30 霍尔接近开关传感器

使用霍尔开关检测磁场（磁钢产生）的方法极为简单，将霍尔开关做各种规格的探头，放在被测磁场中，因霍尔器件只对垂直于霍尔片的表面的磁感应强度敏感，因而必须令磁力线和器件表面垂直，通电后即可由输出电压得到被测磁场的磁感应强度。若不垂直，则应求出其垂直分量来计算被测磁场的磁感应强度值。而且，因霍尔元件的尺寸极小，可以进行多点检测，由计算机进行数据处理，可以得到场的分布状态，并可对狭缝，小孔中的磁场进行检测用磁场作为被传感物体的运动和位置信息载体时，一般采用永久磁钢来产生工作磁场。例如，用一个 5mm×4mm×2.5mm 的钕铁硼Ⅱ号磁钢，就可在它的磁极表面上得到约 2 300 高斯的磁感应强度。在空气间隙中，磁感应强度会随感应距离增加而迅速下降。为保证霍尔器件，尤其是霍尔开关器件的可靠工作，在应用中要考虑有效工作间隙的长度。在计算总有效工作间隙时，应从霍尔开关表面算起。

霍尔开关电路的输出级一般是一个集电极开路的 NPN 晶体管，其使用规则和任何一种相似的 NPN 开关管相同。输出管截止时，输漏电流很小，一般只有几 nA，可以忽略，输出电压和其电源电压相近，但电源电压最高不得超过输出管的击穿电压（即规定的极限电压 28V）。输出管导通时，它的输出端和线路的公共端短路。因此，必须外接一个电阻器（即负载电阻器）来限制流过管子的电流，使它不超过最大允许值（一般为100mA），以免损坏输出管。输出电流较大时，管子的饱和压降也会随之增大，使用者应当特别注意，仅这个电压和要控制的电路的截止电压（或逻辑“零”）是兼容的。霍尔开关的内部工作原理图，如图5-31所示。

霍尔开关的开关作用能力是非常迅速的，典型的上升时间和下降时间在500ns范围内，优于任何机械开关。

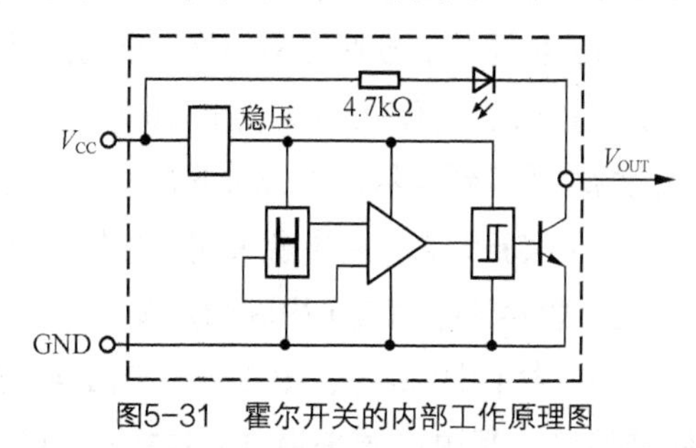

图5-31 霍尔开关的内部工作原理图

霍尔开关的输入端是以磁感应强度 B 来表征的，当 B 值达到一定的程度（如 B_1）时，霍尔开关内部的触发器翻转，霍尔开关的输出电平状态也随之翻转。输出端一般采用晶体管输出，和接近开关类似，有NPN、PNP、常开型、常闭型、锁存型（双极性）、双信号输出之分。

霍尔开关具有无触电、低功耗、长使用寿命、响应频率高等特点，所采用的霍尔芯片含整个温度范围内的热平衡集成电路,负的温度补偿特性，能与低成本磁钢负温度系数为最佳匹配，内部采用环氧树脂封灌成一体化，所以能在各类恶劣环境下可靠的工作。霍尔开关可应用于接近开关，压力开关，里程表等，作为一种新型的电器配件。

2．术语解释

（1）磁感应强度：霍尔开关在工作时，它所要求磁钢具有的磁场强度的大小。一般磁感应强度值 B 为0.02～0.05T。

（2）响应频率：按规定的1s的时间间隔内，允许霍尔开关动作循环的次数。

（3）输出状态：分常开、常闭、锁存。例如，当无检测物体时，常开型的霍尔开关所接通的负载，由于霍尔开关内部的输出晶体管的截止而不工作，当检测到物体时，晶体管导通，负载得电工作。

（4）输出形式：分NPN、PNP、常开型、常闭型多功能等几种常用的形式输出。

（5）动作距离：动作距离是指检测体按一定方式移动时，从基准位置（霍尔开关的感应表面）到开关动作时测得的基准位置到检测面的空间距离。额定动作距离指霍尔开关动作距离的标称值。

（6）回差距离：动作距离与复位距离之间的绝对值。

5.3.3 实训内容及步骤

1．硬件设备的实训内容和步骤

（1）按照图2-39、图2-40、图2-44的标示，将霍尔接近开关传感器的电源线和信号线连接好，其中电源采用DC12V（注意：红色接正，黑色接地，不要接反），传感器的信号输出（蓝色插座）接到信号处理单元的“霍尔接近开关”左端（注意：红色接正，黑色接地，不要接反）。

（2）将图2-39、图2-40上的+5V、GND电源连接起来，然后打开电源及仪表挂箱电源，电源指示灯亮。

（3）将传感器的输出信号连接到直流电压表上（此时直流电压表选择 20V 挡），观察此时的直流电压表上的电压显示，然后将带磁钢的检测物块放置到霍尔接近开关传感器的下方，观察此时直流电压表上的电压变化情况。

（4）将经过信号处理单元处理过的信号（信号处理单元的“霍尔接近开关”右端）连接到直流电压表上（此时直流电压表选择 20V 挡），观察此时的直流电压表上的电压显示，然后将带磁钢的检测物块放置到霍尔传感器的下方，观察此时直流电压表上的电压变化情况。

（5）实验结束，将电源关闭后将导线整理好，放回原处。

2．软件设备的实训内容和步骤

（1）按照图 2-39、图 2-40、图 2-44 所示的标示，将霍尔接近开关传感器的电源线和信号线连接好，其中电源采用 DC12V（注意：红色接正，黑色接地，不要接反），传感器的信号输出（蓝色插座）接到信号处理单元的“霍尔接近开关”左端（注意：红色接正，黑色接地，不要接反）。

（2）将信号处理单元的“霍尔接近开关”右端连接到数据采集卡挂箱上的“数字量输入端 DI1”（注意：红色导线接 DI1，黑色导线接 DGND）。同时将“数字量输出端 D01”连接到信号处理单元的“电磁阀 4 驱动”左端，再将右端的输出连接到图 2-44 接线板上的“电磁阀 4”，其中电源 DC24V 接入图 2-44 接线板上的“直流减速电机”。再用 USB 数据线将电脑与采集卡挂箱上的数据采集卡相连接。

（3）启动空气压缩机，在气罐内建立一定的压力。使用气源前，打开气泵的放气阀，使压缩空气进入三联件，然后调节减压阀，将系统压力设定为 0.1～0.3MPa。

（4）将图 2-39、图 2-40 上的+5V、GND 电源连接起来，然后打开电源及仪表挂箱电源，电源指示灯亮。再打开电脑上的测试软件，按照接线方式选择霍尔接近开关传感器上对应的通道，并让软件运行，则带磁性检测物料经过霍尔接近开关传感器时软件上就会显示对应的数量，同时气缸会自动弹出并将检测物料推入物料槽中。

（5）实验结束，关闭电脑及电源开关再将导线整理好，放回原处。

（6）实训报告：简述霍尔接近开关传感器的工作原理及应用范围。

（7）实训注意事项如下。

① 直流型霍尔开关产品，所使用的电压为 DC3-28V，其典型的应用范围一般采用 DC5-24V，过高的电压会引起内部霍尔元器件稳升而变的不稳定，而过低的电压容易让外界的温度变化影响磁场强度特性，从而引起电路误动作，其输出电流能力最大值为 50mA。

② 当使用霍尔开关驱动感性负载时，请在负载两端并入续流二极管，否则会因感性负载长期动作时的瞬态高压脉冲影响霍尔开关的使用寿命。

③ 采用不同的磁性磁铁，检测距离有所不同，建议采用磁铁直径和产品检测直径相等。

④ 传感器均为 SMD 工艺生产制造，并经严格的测试合格后才出厂，在一般情况下使用均不会出现损坏。为了保证意外性发生，请用户在接通电源前检查接线是否正确，额定电压是否为额定值。

1．单项选择题

（1）属于四端元件的是（　　）。

A. 应变片　B. 压电晶片　C. 霍尔元件　D. 热敏电阻

（2）公式 $E_H=K_HIB\cos\theta$ 中的角 θ 是指（　　）。

A. 磁力线与霍尔薄片平面之间的夹角

B. 磁力线与霍尔元件内部电流方向的夹角

C. 磁力线与霍尔薄片的垂线之间的夹角

（3）磁场垂直于霍尔薄片，磁感应强度为 B，但磁场方向与图 5-1 相反（=180 度）时，霍尔电动势（　　），因此霍尔元件可用于测量交变磁场。

A. 绝对值相同，符号相反　B. 绝对值相同，符号相同

C. 绝对值相反，符号相同　D. 绝对值相反，符号相反

（4）霍尔元件采用恒流源激励是为了（　　）。

A. 提高灵敏度　B. 克服温漂　C. 减小不等位电动势

（5）OC 门的基极输入为低电平、其集电极不接上拉电阻时，集电极的输出为（　　）。

A. 高电平　B. 低电平　C. 高阻态　D. 热敏电阻

（6）（　）的数值越大，热电偶的输出热电势就越大。

A. 热端直径　B. 热端和冷端的温度

C. 热端和冷端的温差　D. 热电极的电导率

（7）镍铬—镍硅热电偶的分度号为（　　），铂铑$_{13}$—铂热电偶的分度号是（　　），铂铑$_{30}$—铂铑$_6$热电偶的分度号是（　　）。

A. R　B. B　C. S　D. K　E. E

（8）在热电偶测温回路中经常使用补偿导线的最主要的目的是（　　）。

A. 补偿热电偶冷端热电势的损失　B. 起热端温度补偿作用

C. 将热电偶冷端延长到远离高温区的地方　D. 提高灵敏度

2．填空题

图 5-32 是霍尔电流传感器的示意图，请分析并填空。

（1）夹持在铁心中的导线电流越大，根据右手定律，产生的磁感应强度 B 就越________，霍尔元件产生的霍尔电动势也就越________，因此该霍尔电流传感器的输出电压与被测导线的电流成________比。

（2）由于被测导线与铁心，铁心与霍尔元件之间是绝缘的，所以霍尔式电流传感器不但能传输电流信号，而且还能起到________作用，使后续电路不受强电的影响，如麻电、击穿和烧毁等。

（3）由于霍尔元件能响应静态磁场，所以它与交流电流互感器相比，最大的不同是能________。

（4）观察被测导线是（怎样）放入铁心中间的，如图 5-32（a）所示。

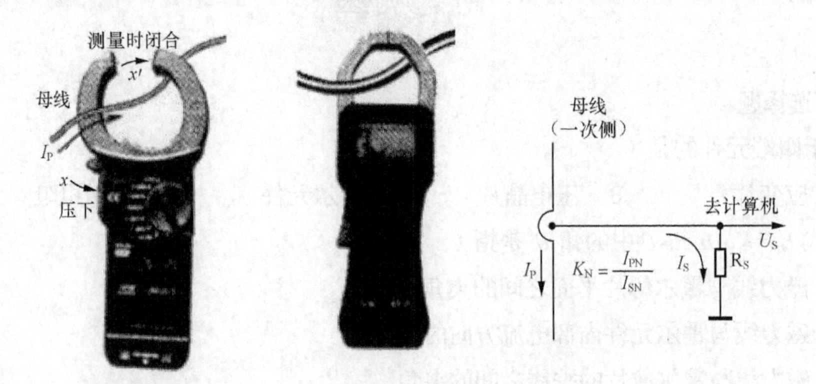

（a）霍尔交直流钳形电流表　（b）霍尔电流谐波分析表　（c）霍尔电流传感器的输出电流 / 电压转换电路

图5-32　霍尔电流传感器及外部接线

3．简答题

热电偶的基本定律有哪些？其含义是什么？各定律的意义何在？

4．应用题

（1）在图 5-33 中，计算机测得霍尔传感器输出电压的频率为 110Hz，求齿轮的转速 n（r/min）；该转速表能够判断齿轮的正反转吗？为什么？

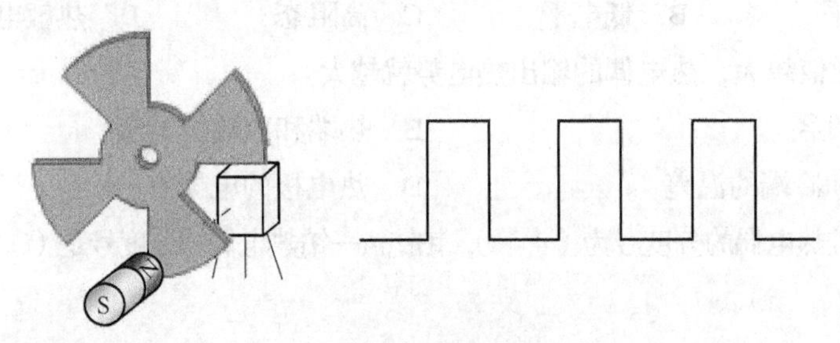

图5-33　霍尔转速表

（2）设某型号霍尔电流传感器的额定电流比 $K_N=I_{1N}/I_{2N}$=500/0.3，N_1=1，求：

① 一次额定电流值 I_{1N} 为多少安？

② 一次电流为额定电流值 I_{1N} 时，二次电流 I_{2N} 为多少毫安？

③ 测得二次电流 I_2=50mA 时，被测电流 I_1 为多少安培？

（3）请设计一种霍尔式液位控制器，要求：

① 当液位高于某一设定值时，水泵停止运转。

② 储液罐是密闭的，只允许在储液罐的玻璃连通器外壁和管腔内确定磁路和安装霍尔元件。

③ 画出磁路和霍尔元件及水泵的设置图；画出控制电路原理框图；简要说明该检测、控制系统的工作过程。

（4）用镍铬—镍硅（K）热电偶测温度，已知冷端温度 T_0 为 40℃，用高精度毫伏表测得这时的热电势为 29.186mV，求被测点温度。

（5）用两只 K 型热电偶测量两点温差，如图 5-34 所示。已知 T_1=980℃，T_2=510℃，T_0=20℃，试求 T_1、T_2 两点的温差。

（6）如图 5-35 所示测温回路，热电偶的分度号为 K，仪表的示值应为多少摄氏度？

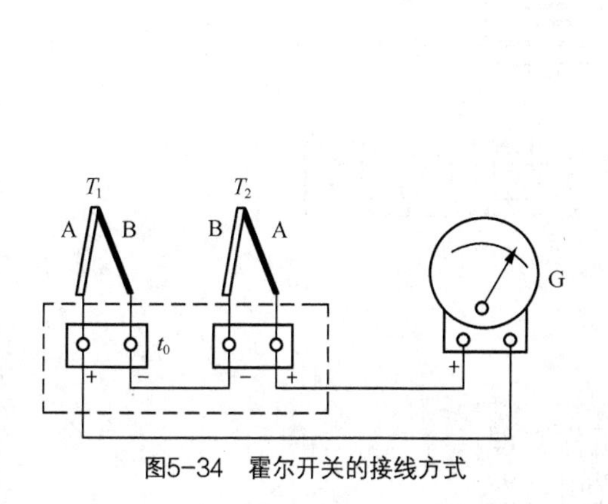

图5-34 霍尔开关的接线方式

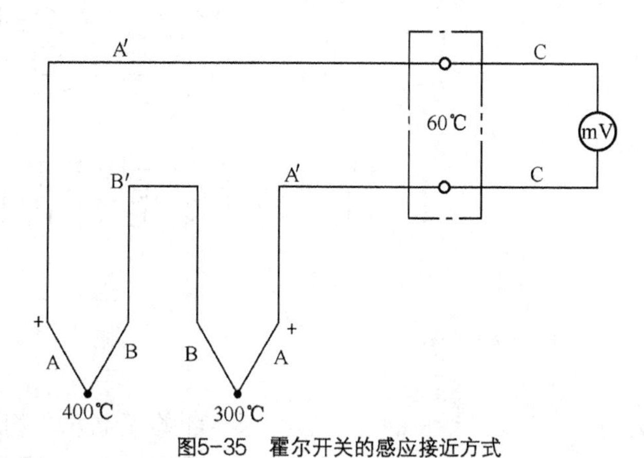

图5-35 霍尔开关的感应接近方式

（7）已知铂铑$_{30}$—铂热电偶的 E（1 084.5℃，0℃）=13.937mV，铂铑$_6$—铂热电偶的 E（1 084.5℃，0℃）=8.354mV，求铂铑$_{30}$—铂铑$_6$热电偶在同样温度条件下的热电动势。

第6章

光电传感器典型应用

【学习目标】

- 理解光电元件的工作原理。
- 熟悉光电元件的光电特性。
- 了解光电元件的典型应用。

6.1 光敏电阻的应用

手动开关使灯泡寿命短，频繁地手动开关会使开关的损坏率增高，而且夜间长时间的使用会浪费电量。为了实现节电，在白天或光线较亮时，楼道、厕所、洗涮间、走廊等公共场合的节电开关，呈关闭状态，灯不亮；夜间或光线较暗时，节电开关呈预备工作状态，当有人经过该开关附近时，脚步声、说话声、掌声等都能打开节电开关。延时一段时间后开关自动关闭，下一次有触发时再次打开开关。这些节约功能是如何实现的呢?

小知识

两千多年前，人类已了解到光的直线传播特性，但对光的本质并不了解。1860 年，英国物理学家麦克斯韦建立了电磁场理论，认识到光是一种电磁波。光的波动学说很好地说明了光的反射、折射、干涉、衍射、偏振等现象，但是仍然不能解释物质对光的吸收、散射和光电子发射等现象。

1900 年，德国物理学家普朗克提出了量子学说，认为任何物质发射或吸收的能量是一个最小能量单位（称为量子）的整数倍。1905 年，德国物理学家爱因斯坦用光量子学说解释了光电发射效应，并因此而获得 1921 年诺贝尔物理学奖。

6.1.1 光电效应

用光照射某一物体，可以看作物体受到一连串光子的轰击，组成这物体的材料吸收光子能量而发生相应电效应的物理现象称为光电效应。对不同频率的光，其光子能量是不相同的，频率越高，光子能量越大。

1．外光电效应

在光线的作用下，物体内的电子逸出物体表面向外发射的现象称为外光电效应。向外发射的电子称为光电子。基于外光电效应的光电器件有光电管和光电倍增管等。

2．内光电效应

在光线作用下，物体的导电性能发生变化或产生光生电动势的效应称为内光电效应。内光电效应可以分为以下两大类。

（1）光电导效应。在光线的作用下，由于半导体材料吸收了入射光子能量，当光子能量大于或等于半导体的材料的禁带宽度时，就会激发出电子一对空穴对，使载流子浓度增加，半导体的导电能力增强，阻值减低，这种现象称为光电导效应。光敏电阻就是基于这种效应的光电器件。

（2）光生伏特效应。在光线的作用下能够使物体产生一定方向的电动势的现象称为光生伏特效应。基于这种效应的光电器件有光电池。

此外，光敏二极管、光敏晶体管也是基于内光电效应。

6.1.2　光敏电阻的结构及工作原理

用于制造光敏电阻的材料主要是金属的硫化物、硒化物和碲化物等半导体。通常采用涂敷、喷涂、烧结等方法在绝缘衬底上制作很薄的光敏电阻体及梳状电极，然后接出引线，封装在具有透明镜的密封壳体内，以免受潮影响其灵敏度。光敏电阻的结构如图 6-1 所示，在黑暗的环境里，它的电阻值很高。当受到光照时，只要光子能量大于半导体材料的禁带宽度，则价带中的电子吸收一个光子能量后就可跃迁到导带，并在价带中产生一个带正电荷的空穴，这种由光照产生的电子—空穴对增加了半导体材料中载流子的数目，使其电阻率变小，从而造成光敏电阻值下降。光照越强，阻值越低。入射光消失后，由光子激发产生的电子—空穴对将逐渐复合，光敏电阻的阻值也就逐渐恢复原值。

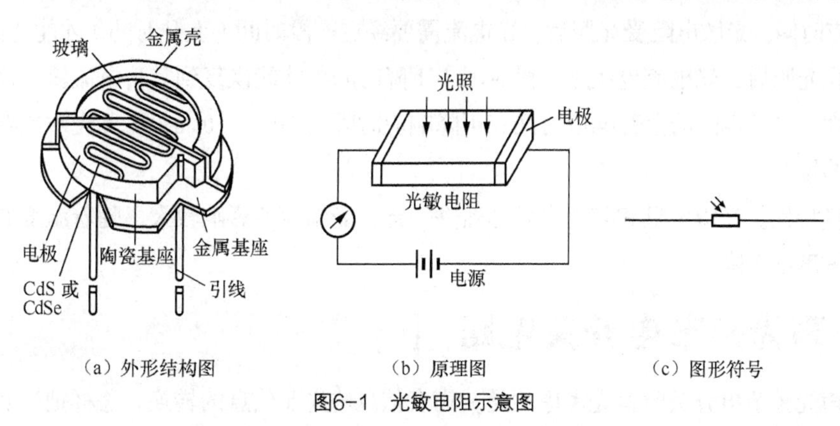

（a）外形结构图　（b）原理图　（c）图形符号

图6-1　光敏电阻示意图

在光敏电阻两端的金属电极之间加上电压，其中便有电流通过。光敏电阻受到适当波长的光线照射时，光敏电阻的阻值变小，电流就会随光强的增加而变大。根据电流表测出的电流变化值，便可得知照射光线的强弱，从而实现光电转换。光敏电阻没有极性，纯粹是一个电阻元件，使用时既可加直流电压，也可以加交流电压。

6.1.3 光敏电阻的特性和参数

（1）暗电阻。置于室温、全暗条件下测得的稳定电阻值称为暗电阻，通常大于 1MΩ。光敏电阻受温度影响甚大，温度上升，暗电阻减小，暗电流增大，灵敏度下降，这是光敏电阻的一大缺点。

（2）亮电阻。光敏电阻置于室温和一定光照条件下测得的稳定电阻值称为亮电阻。这时在给定工作电压下测得的电流称为亮电流。

（3）光电特性。在光敏电阻两级电压固定不变时，光照度与电阻值及电流间的关系称为光电特性。某型号的光敏电阻的光电特性如图 6-2 所示。从图中可以看出，当光照大于 100lx 时，它的光电特性非线性就十分严重了。而 150lx 是教育部门要求所有学校课堂桌面所必须达到的标准照度。由于光敏电阻光电特性为非线性，所以不能用于光的精密测量，只能用于定性判断有无光照，或光照度是否大于某一设定值。又由于光敏电阻的光电特性接近于人眼，所以也可以用于照相机测光元件。

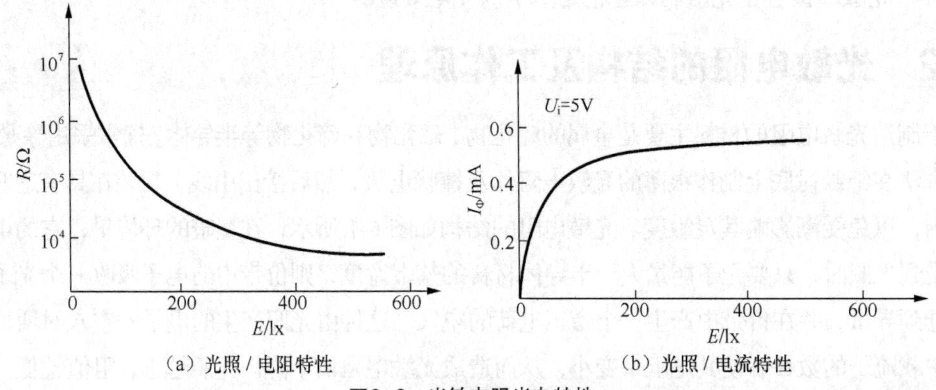

（a）光照 / 电阻特性　　（b）光照 / 电流特性

图6-2　光敏电阻光电特性

（4）响应时间。光敏电阻受光照后，光电流需要经过一段时间（上升时间）才能达到其稳定值。同样，在停止光照后，光电流也经过一段时间（下降时间）才能恢复到其暗电流值，这就是光敏电阻的延时特性。光敏电阻的上升响应时间和下降响应时间为 10^{-3}～10^{-2}s，可见光敏电阻不能用在要求快速响应的场合。

（5）温度特性。光敏电阻和其他半导体器件一样，受温度的影响较大，随着温度的升高，它的暗电阻与灵敏度都下降。

6.1.4 声光控节电开关电路

在设计声光控节电开关时首先考虑的是，声音信息与光照信息的转换，怎样把这两个信号转换成电信号，驱动电路工作。

声源产生的声音信号，经声电转换器后转换成微弱的电信号，该信号经放大后经处理转换成控制信号，该信号经延时处理电路达到设计要求的时间与设计要求的功能，经执行机构直接控制负载动作，用简单的电路和器件实现声光控节电功能。

白天当光线照射到光敏电阻上时，其通过感应使电路封锁声音通道，使声音脉冲不能通过，则灯泡不受声音控制，即声控传感器暂时失去作用，灯泡不亮。夜间或光线较暗时，光敏电阻因无光照呈低阻，经感应使声音通道开通，当有人走动或有人谈话时，通过声控传感器的感应，使得灯泡自动点亮，经过内部设定的时间后，灯泡自动熄灭。

从功能和设计目的来看，该装置应由整流、稳压、音频放大、光敏电路、可控硅开关等组成。能够通过调节电阻和电容的大小来改变灯亮的时间长短，如果时间过长就应该减小电阻或电容的值，反之则增大。其组成如图 6-3 所示。

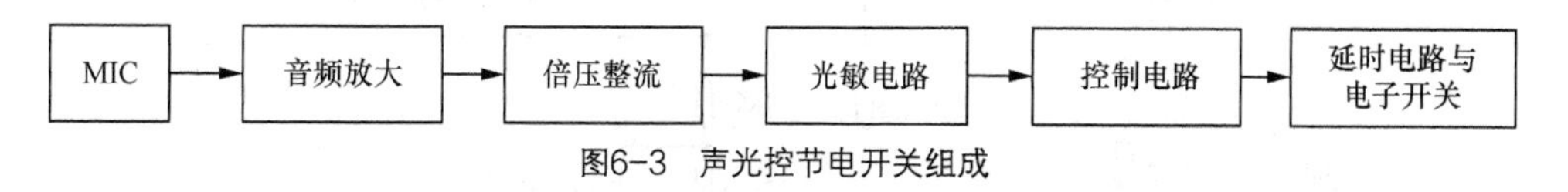

图6-3 声光控节电开关组成

电路设计如图 6-4 所示，白天，由于光敏电阻 RG 受到光的照射，阻值变小，使得由 VT_4 和 VT_5 组成的复合三极管的发射结反偏置，故 VT_5 的集电极呈低电位，单向晶闸管 VS 截止，黑天时，光敏电阻 RG 的阻值变大，复合三极管 VT_4 和 VT_5 的发射结正偏置，若有声响时，利用压电效应使陶瓷片 BC 将声波转变为电信号，经三极管 VT_1～VT_3 3 级高增益放大后，由耦合电容 C_4 将充足的电荷通过 VT_5 的集电极与发射极之间的低阻而迅速地放掉，则 VT_6 的集电极电位升高，单相晶闸管 VS 受控而导通，照明灯 H 点亮。当声音消失后，由于 VT_5 的基极失去信号电压，则 VT_5 将由饱和变为放大状态，故直流电源电压通过延时电路中的电阻 R_{11} 对电容 C_5 进行充电，VT_5 的集电极由低电位逐渐升高，当达到≥0.7V 时，VT_6 又由截止转变饱和，VT_6 的集电极输出低电位，使 VS 即刻关断，照明灯 H 熄灭。

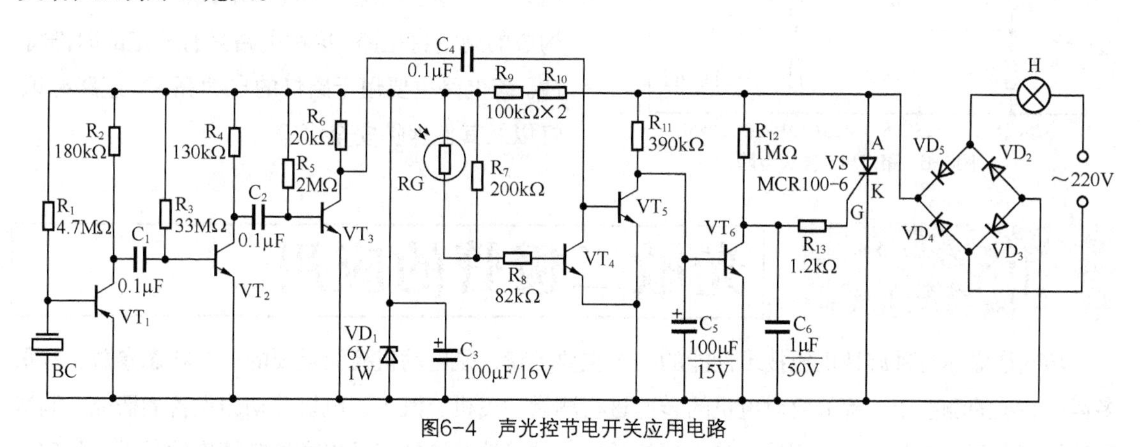

图6-4 声光控节电开关应用电路

6.1.5 火焰探测报警器电路

如图 6-5 所示，是采用以硫化铅光敏电阻为探测元件的火焰探测器电路。硫化铅光敏电阻的暗电阻为 1MΩ，亮电阻为 0.2MΩ（在光强度 0.01W/m^2 下测试），峰值响应波长为 2.2μm，硫化铅光敏电阻两端处于 VT_1 组成的恒压偏置电路，其偏置电压约为 6V，电流约为 6μA。VT_1 集电极电阻两端并联 68μF 的电容，可以抑制 100Hz 以上的高频，使其成为只有几十赫兹的窄宽带放大器。VT_2、

VT_3 构成二级负反馈互补放大器，火焰的闪动信号经二级放大后送给中心控制站进行报警处理。采用恒压偏置电路是为了在更换光敏电阻或长时间使用后，器件阻值的变化不至于影响输出信号的幅度，保证火焰报警器长期稳定的工作。

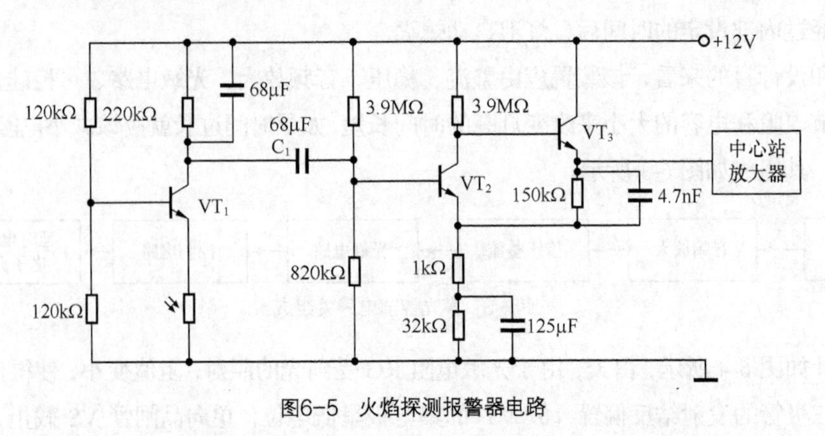

图6-5　火焰探测报警器电路

6.1.6 路灯自动亮灭电路

图 6-6 所示是路灯自动亮灭电路，当光线变暗时，CdS 的阻值增大，A 点电位下降，VT_1 截止，VT_2 导通，则 VT_3 和 VT_4 也导通，灯亮。这种电路用于连续检测室外的亮度，而外部照度变化非常缓慢。因此，输入也非常缓慢，则在一定范围内开关工作不稳定，为此，增设由 VT_1 和 VT_2 构成的施密特电路，这种电路具有一定的时滞特性。该电路主要用于路灯的自动亮灭、道路标识灯以及其他保护安全灯等。

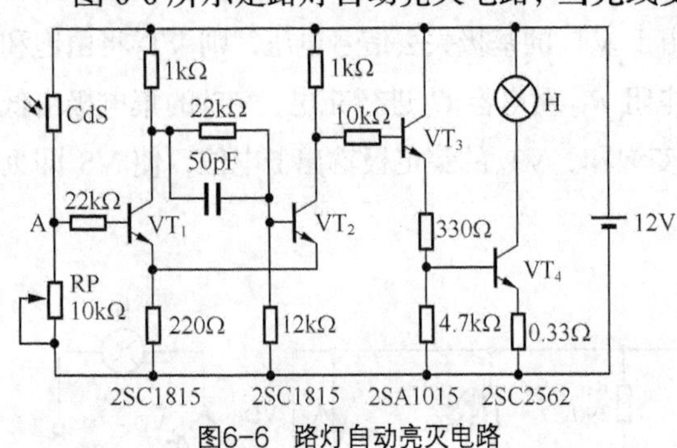

图6-6　路灯自动亮灭电路

6.2 光敏二极管的应用

转速是描述各种旋转机械技术性能的一个重要参量，是电动机极为重要的一个状态参数，在很多运动系统的测控中，都需要对电机的转速进行测量，飞机、汽车、电机等动力设备的研究、制造和使用等方面，都与转速的测量有着密切的关系。精确地检测转速是提高控制精度的关键。如何能准确、快速而又方便地测量电机转速呢？

转速是指每分钟内旋转物体转动的圈数，它的单位是 r/min。光电式转速表属于反射式光电传感器，它可以在距被测物数十毫米外非接触地测量其转速，动态特性较好，可以用于高转速的测量而又不干扰被测物的转动。

6.2.1 光敏二极管的结构及工作原理

光敏二极管结构与一般二极管不同之处在于：将光敏二极管的 PN 结设置在透明管壳顶部的正下方，可以直接受到光的照射，图 6-7（a）所示是其结构示意图，它在电路中处于反向偏置状态，如图 6-7（b）所示。

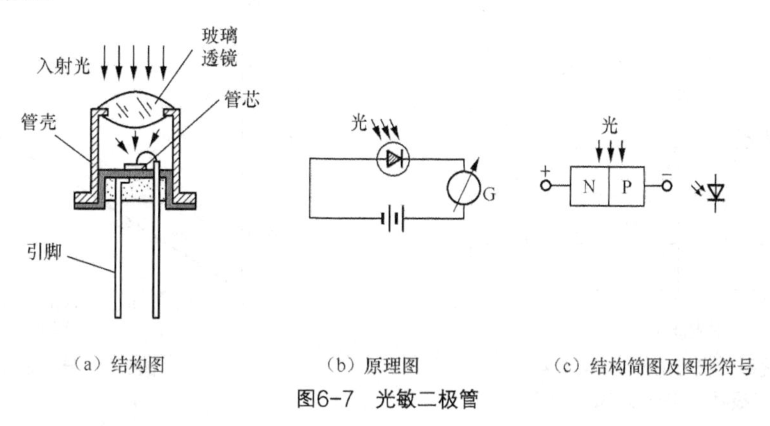

（a）结构图　（b）原理图　（c）结构简图及图形符号

图6-7 光敏二极管

我们知道，PN 结加反向电压时，反向电流的大小取决于 P 区和 N 区中少数载流子的浓度，在没有光照时，由于二极管反向偏置，所以反向电流很小，这时的电流称为暗电流，相当于普通二极管的反向饱和漏电流。当光照射在二极管的 PN 结（又称耗尽层）上时，在 PN 结附近产生的电子—空穴对数量也随之增加，光电流也相应增大，光电流与照度成正比，光敏二极管就把光信号转换成了电信号。

目前还研制出几种新型的光敏二极管，它们都具有优异的特性。

（1）PIN 光敏二极管。它是在 P 区和 N 区之间插入一层电阻率很大的 I 层，从而减小了 PN 结的电容，提高了工作频率。PIN 光敏二极管的工作电压（反向偏置电压）高达 100V 左右，光电转换效率较高，所以其灵敏度比普通的光敏二极管高得多，响应频率可达数 10MHz，可用作光盘的读出光敏元件，特殊结构的 PIN 二极管还可用于测量紫外线或 γ 射线以及短距离光纤通信。

（2）APD 光敏二极管（雪崩光敏二极管）。它是一种具有内部倍增放大作用的光敏二极管。它的工作电压高达上百伏，它的工作原理有点类似于雪崩型稳压二极管。

当有一个外部光子射入到其 PN 结上时，将产生一个电子—空穴对。由于 PN 结上施加了很高的反向偏压，PN 结中的电场强度可达 104V/mm 左右，因此将光子所产生的光电子加速到具有很高的动能，撞击其他原子，产生新的电子—空穴对，如此多次碰撞，以致最终造成载流子按几何级数剧增的“雪崩”效应，形成对原始光电流的放大作用，增益可达几千倍，而雪崩产生和恢复所需的时间小于 1ns，所以 APD 光敏二极管的工作频率可达几千兆赫，非常适用于微光信号检测以及长距离光纤通信等，可以取代光电倍增管。

6.2.2 光敏二极管的特性和参数

1. 光谱特性

不同材料的光敏二极管对不同波长的入射光，其相对灵敏度是不同的，即使是同一材料（如硅光敏二极管）只要控制其 PN 结的制造工艺，也能得到不同的光谱特性。例如，硅光敏元件的峰值为 0.8μm 左右，锗光敏二极管的峰值波长为 1.3μm 左右，其光谱特性如图 6-8 所示。

2．光电特性

图 6-9 所示是某种型号光敏二极管的光电特性，从图上可看出，光电流与光照度成线形关系。

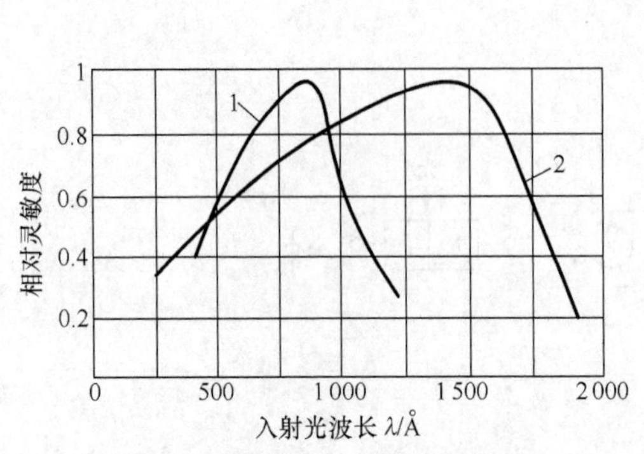

图6-8 光敏二极管的光谱特性曲线

1—硅光敏二极管 2—锗光敏二极管

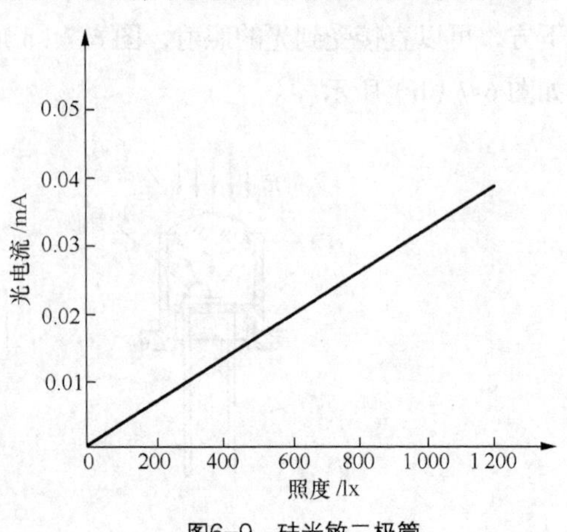

图6-9 硅光敏二极管

从光敏二极管的光电特性看，当光照度为 100lx 时，估算一下，I_Φ为多少？

3．温度特性

温度变化对光敏二极管的亮电流影响不大，但对暗电流的影响却十分显著，在高照度下，由于亮电流比暗电流大得多，温度影响较小，在微光测量中因为亮电流较小，暗电流随温度的变化明显影响输出信号，在这种情况下，硅管的暗电流比锗管小几个数量级，所以在微光测量中最好选用硅管。

4．频率特性

光敏二极管受光照射时，当光脉冲的重复频率提高时，由于光敏二极管的 PN 结电容需要一定的充放电时间，所以它的输出电流的变化无法立即跟上光脉冲的变化，输出波形产生失真。如图 6-10 所示为光敏二极管的光脉冲响应。工业级硅光敏二极管的响应时间为 10^{-5}～10^{-7} s，当光敏二极管的输出电流或电压脉冲幅度减小到低频时的 0.707 倍时，该光脉冲的调制频率就是光敏二极管的最高工作频率 f_H，又称截止频率。

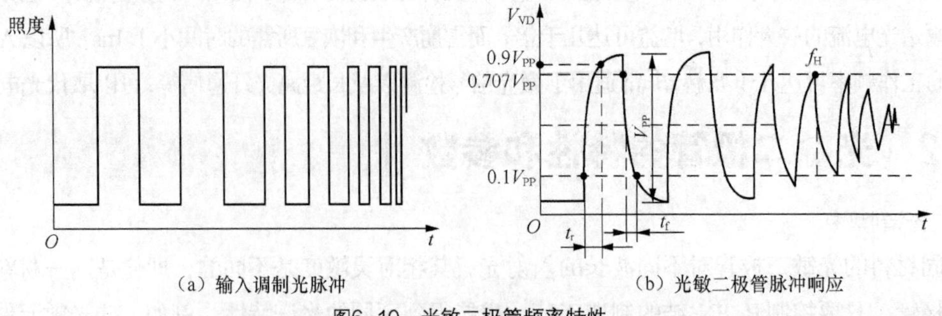

（a）输入调制光脉冲 （b）光敏二极管脉冲响应

图6-10 光敏二极管频率特性

6.2.3　光电式转速表

转速是指每分钟内旋转物体转动的圈数，它的单位是 r/min。机械式转速表和接触式电子转速表会影响被测物的旋转速度，已不能满足自动化的要求。光电式转速表属于反射式光电传感器，它可以在距离被测物数 10mm 外非接触地测量其转速。由于光电器件的动态特性较好，所以可以用于高转速的测量而又不干扰被测物的转动，应用工作原理如图 6-11 所示。

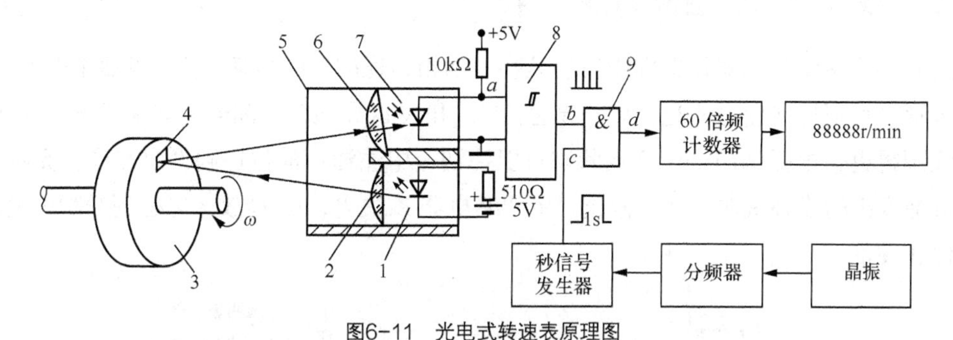

图6-11　光电式转速表原理图

1—光源（LED）；2、6—聚焦透镜；3—被测旋转物；4—反光纸；5—遮光罩；
7—光敏二极管；8—放大、整形电路；9—与门

红色 LED 发出的光线经透镜 2 汇聚成平行光束，照射到旋转物 3 上，光线经事先粘贴在旋转物体上的反光纸 4 反射回来，经透镜 5 聚焦后落在光敏二极管 6 上。旋转物体每转一圈，光敏二极管就产生一个脉冲信号，经放大整形电路得到 TTL 电平的脉冲信号，该信号在与门中和“秒信号”相与，所以与门在 1s 的时间间隔内输出的脉冲数就反映了旋转物体的每秒转数，再经数据运算电路处理后，由数码显示器显示出每分钟的转数即转速 n。

6.2.4　光控继电器电路

首先我们利用光敏二极管电路把光信号转换为 TTL 电平如图 6-12 所示。

然后用此 TTL 电平信号驱动继电器工作如图 6-13 所示。

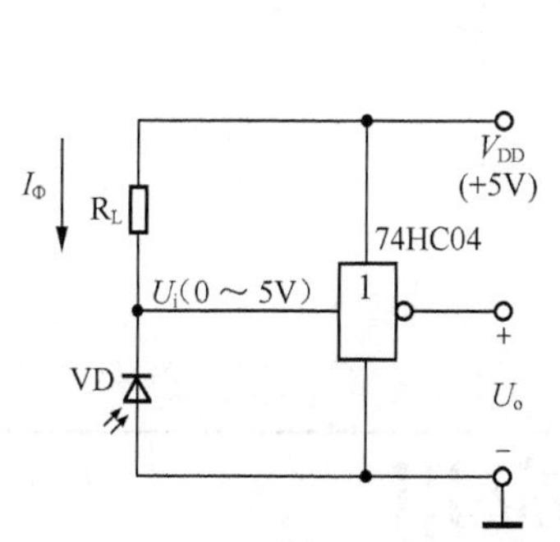

图6-12　光敏二极管的开关型应用电路

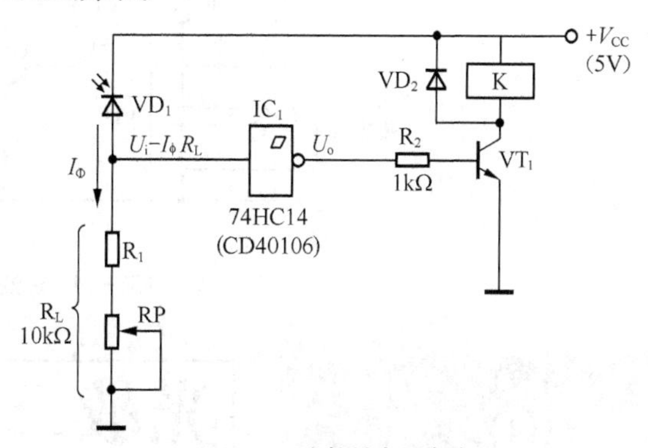

图6-13　光控继电器电路

当无光照时，VD_1 截止，I_ϕ为零，U_i 为零，所以 U_O 为高电平，VT_1 导通，继电器处于吸合状态。当有光照时，VD_1 导通，I_ϕ不为零，而且随光照增加而增加，U_i 变大，当光照足够大，U_i 达到

施密特反相器的翻转电压，U_o跳变为低电平，K 释放。

若希望在光照度很小的情况下 K 动作，因为光电流与光照成正比，光电流变小，R_L只有变大才能使 U_i变大，满足施密特反相器翻转电压，所以 RP 往下调。

图中的 R_2起限流作用，V_1起功率放大作用，VD_2起续流作用，保护 V_1在 K 突然失电时不致被继电器的反向感应电动势所击穿。

6.2.5 注油液位控制装置

如图 6-14 所示，传感器用紧固螺钉安装在与油箱连通的透明玻璃管上，当油箱中液位较低，光敏二极管接收到灯泡发出的光，VD_1导通，VT_1和 VT_2导通，中间继电器 K 得电，K_1吸合，电磁阀线圈得电，电磁阀门处于开启状态可以往油箱中注油；油位达到设定高度，光敏二极管接收到灯泡发出的光强减弱，VD_1截止，中间继电器 K 失电，K_1释放，电磁阀线圈失电，阀门关闭，停止注油。

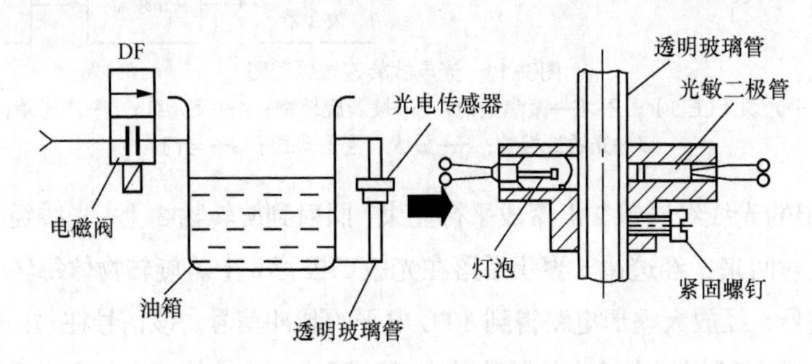

（a）传感器安装位置示意图及管光电传感器结构图

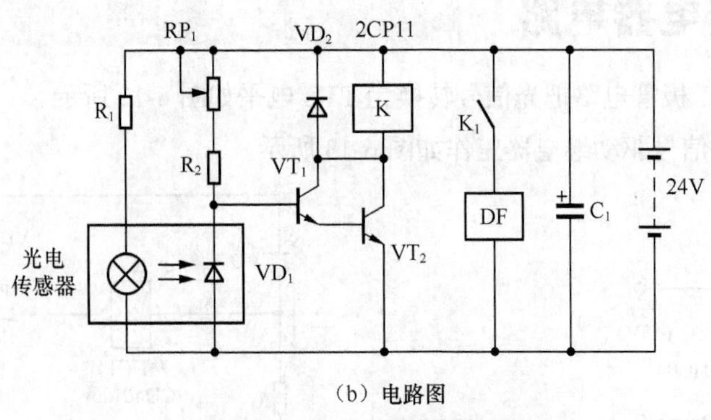

（b）电路图

图6-14 注油液位控制系统

6.3 光敏三极管的应用

自动化生产线当物料到来时传送带或机械手开始工作，把物料运送到下个工位，下个工位检测到工件到达即可对工件进行搬运、加工或计数。物料的到来与计数检测是整个生产线自动工作的关键。怎样实现这样的自动检测？

6.3.1 光敏三极管的结构及工作原理

光敏三极管有两个 PN 结。与普通三极管相似，也有电流增益。如图 6-15 所示为 NPN 型光敏三极管的结构。多数光敏三极管的基极没有引出线，只有正负（c、e）两个引脚，所以其外型与光敏二极管相似，从外观上很难区别。

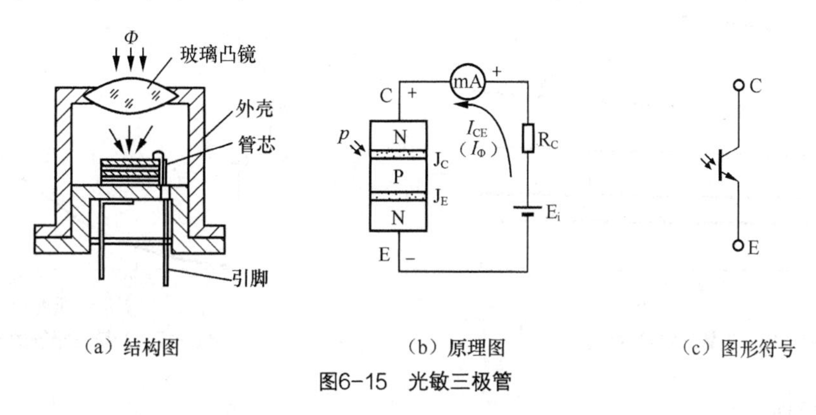

图6-15　光敏三极管

当电路按图 6-15（b）所示的电压极性连接时，集电结反偏，发射结正偏。无光照时，仅有很小的穿透电流流过，当光线通过透明窗口照射集电结时，和光敏二极管的情况相似，将使流过集电结的反向电流增大，这就造成基区中正电荷的空穴的积累，发射区中的多数载流子（电子）将大量注入基区。由于基区很薄，只有一小部分从发射区注入的电子与基区的空穴复合；而大部分电子将穿过基区流向与电源正极相接的集电极，形成集电极电流，与普通三极管的电流放大作用相似，集电极电流 I_C 是原始光电流的 β 倍，因此光敏三极管比二极管的灵敏度高许多倍。

6.3.2 光敏三极管的特性和参数

1．光谱特性

光谱特性在上一任务中已经介绍，光敏三极管的光谱特性与光敏二极管相似。这里不再说明。

2．伏安特性

光敏三极管的伏安特性是指光敏三极管在给定的光照度下光敏三极管上电压与光电流的关系，光敏三极管在不同基极电流下的伏安特性与一般三极管在不同基极电流下的输出特性相似。如图 6-16 所示，在这里改变光照相当于改变一般三极管的基极电流，从而得到这样的曲线。

3．光电特性

光电特性是指外加偏置电压一定时，光敏晶体管的输出电流和光照度的关系（见图 6-17）。光敏三极管的光电特性没有光敏二极管的线性好，在照度小时，光电流随照度增加较小，并且在光照足够大时，输出电流有饱和现象。这是由于光敏三极管的电流放大倍数在小电流和大电流时都下降的缘故。

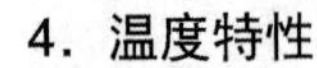

4．温度特性

与光敏二极管的温度特性相似，但在微光测量中，光敏三极管的温漂比光敏二极管大许多，虽然光敏三极管的灵敏度高，但在高准确度测量中却必须选用硅光敏二极管。

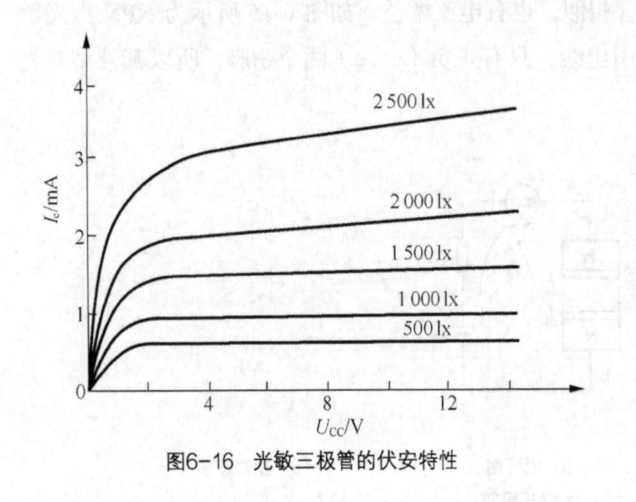

图6-16 光敏三极管的伏安特性

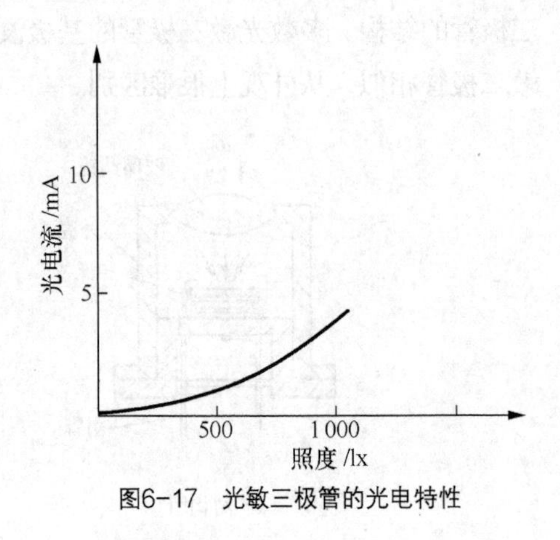

图6-17 光敏三极管的光电特性

5．频率特性

与光敏二极管的频率特性相似，但一般来说，光敏三极管的频率响应比光敏二极管差得多，锗光敏三极管的频响比硅管小一个数量级。

6.3.3 光敏三极管的常用电路

光敏三极管在电路中必须遵守集电结反偏，发射结正偏的原则，这与普通三极管工作在放大区时条件时一样的。图 6-18 所示为常用的光敏三极管电路。

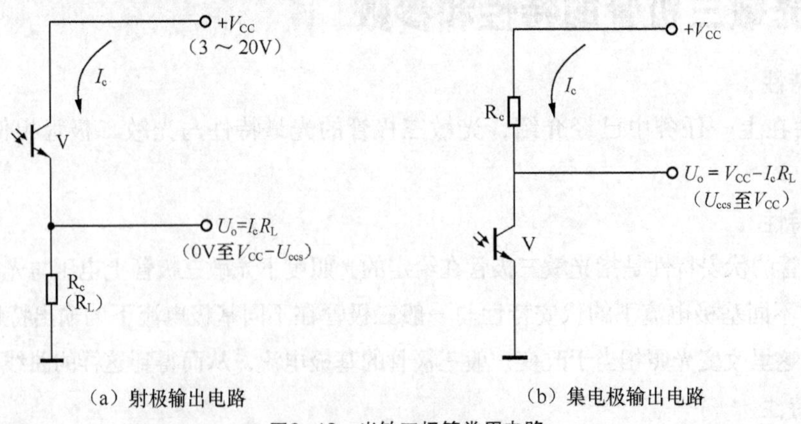

图6-18 光敏三极管常用电路

1．光敏三极管射极输出电路

如图 6-18（a）所示无光照时，光敏三极管截止，I_c为零，U_0为零（低电平）；有强光照时，光敏三极管饱和导通，U_0为高电平。

2．光敏三极管集电极输出电路

如图 6-18（b）所示，无光照时，光敏三极管截止，I_c为零，U_0为 VCC（高电平）；有强光照时，光敏三极管饱和导通，U_0为低电平。

3．光控继电器电路

如图 6-19 所示为光控继电器电路图，无光照时，V1 截止，I_φ=0，V_2也截止，继电器 KA 处于释放状态；有强光照时，V_1产生较大的光电流 I_ϕ，I_ϕ一部分流过下偏流电阻 R_{b2}（其稳定工作点作用），另一部分流经 R_{b1}及 V_2的发射结。当I_b>I_{bs}时，V_2也饱和，产生较大的集电极饱和电流，继电器得电并吸合。

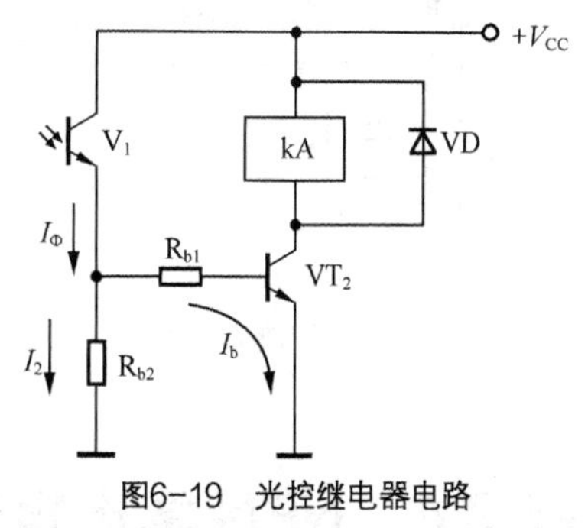

图6-19　光控继电器电路

如果将 V_1 与 R_{b2} 的位置上下对调，结果会怎样？

4．光电开关

光电开关是一种利用感光元件对变化的入射光加以接收，并进行光电转换，同时加以某种形式的放大和控制，从而获得最终的控制输出“开”“关”信号的器件。

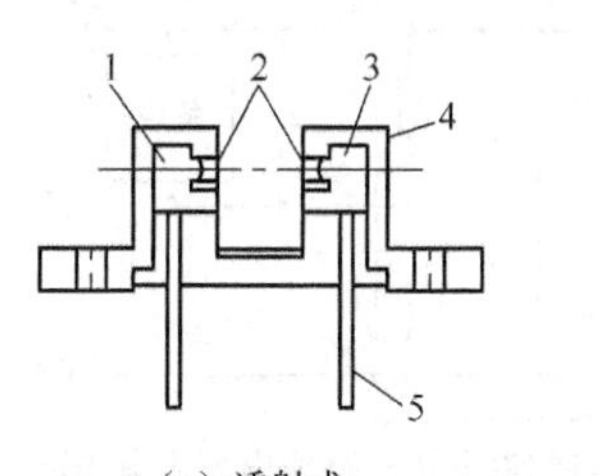

（a）透射式　（b）反射式

图6-20　光电开关的结构

1—发光元件；2、6—窗；3—接收元件；4—壳体；5—导线

如图 6-20 所示为典型的光电开关结构图。图 6-20（a）是一种透射式的光电开关，它的发光元件和接收元件的光轴是重合的。当不透明的物体位于或经过它们之间时会阻断光路，使接收元件接收不到来自发光元件的光，这样就起了检测的作用。也可以把发光元件与接收元件分开，做在两个壳体，相对安装。图 6-20（b）是一种反射式的光电开关，它的发光元件和接收元件的光轴在同一平面且以某一角度相交，交点一般即为待测物所在处。当有物体经过时，接收元件将收到从物体表面反射的光，没有物体时则接收不到。光电开关的特点是小型、高速、非接触，而且用于 TTL、MOS 等容易使用电路的场合。

用光电开关检测物体时，大部分要求其输出信号有高—低（1—0）之分即可。如图 6-21 所示是光电开关的基本电路实例。图 6-21（a）、（b）表示负载为 CMOS 比较器等高输入阻抗电路时的情况，图 6-21（c）表示用晶体管放大光电流的情况。

反射式光电开关有反射镜反射式与被测物漫反射式（简称散射式），反射镜反射式光电开关单侧安装，需要调整反射镜的角度以取得最佳的反射效果，它的检测距离一般可达几米。散射式安装较为方便，只要不是全黑的物体均能产生漫反射。散射式光电开关的检测距离与被测物黑度有关，一般小于几百毫米。

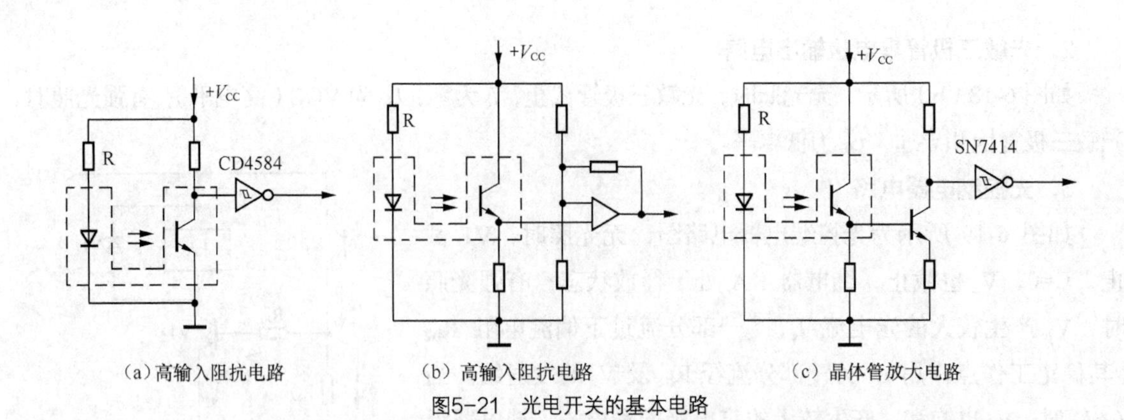

图5-21 光电开关的基本电路

6.3.4 NPN 集电极开路输出型光电接近开关

如图 6-22 所示为漫反射光电开关原理图，图 6-23 为 NPN 集电极开路输出型光电接近开关电路图。光电开关工作时，光发射器始终发射检测光，若接近开关前方一定距离内没有物体，则光电传感器处于常态而不动作，光电开关输出低电平；若前方一定距离内出现物体，只要反射回来的光足够强，则接收器接收到足够的漫反射光就会使接近开关动作改变输出状态，光电开关输出高电平。

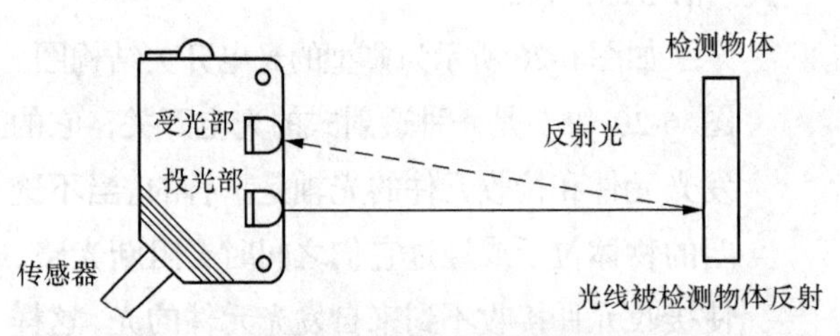

图6-22 漫反射光电开关原理图

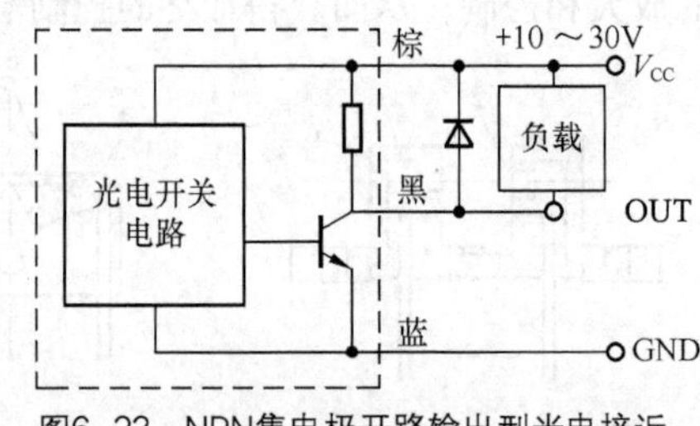

图6-23 NPN集电极开路输出型光电接近开关电路图

6.3.5 光电开关在自动化生产线的应用

图 6-24 所示为自动生产线传感器位置示意图。

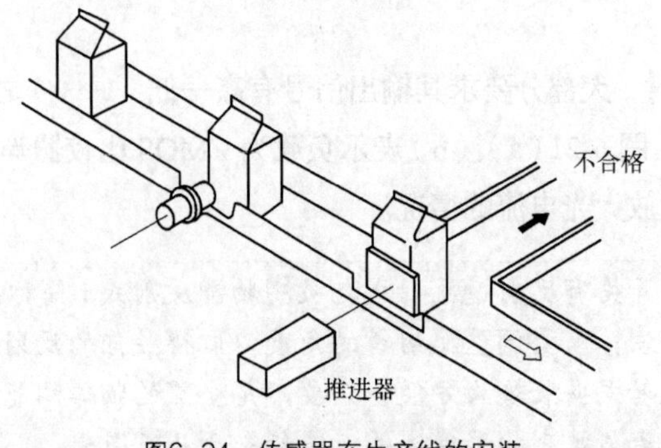

图6-24 传感器在生产线的安装

光电传感器与控制器接线如图 6-25 所示，对 NPN 输出型的光电传感器，棕色接线端子接电源（可以接在 PLC 提供的直流 24+端子上，黑色接线端子接 PLC 输入端，蓝色接接 PLC 的“COM”上。接线正确，编写控制程序可实现自动检测物料与产品计数功能。

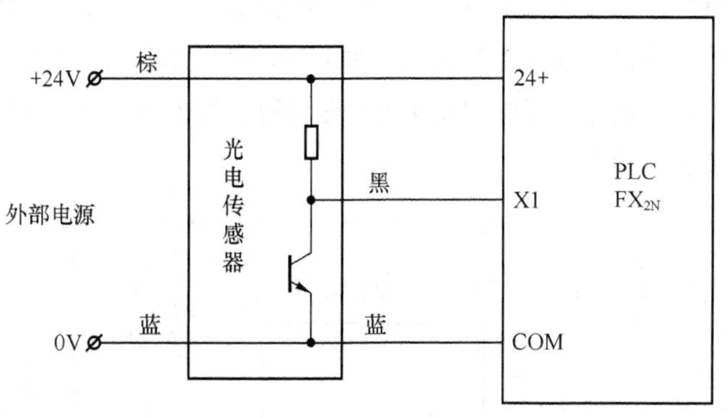

图6-25　光电开关与PLC接线图

6.3.6　光控闪光标志灯电路

如图 6-26 所示，光控闪光标志灯电路主要由 M5332L 通过集成电路 IC、光敏三极管 VT_1 及外围电路元件等组成。白天光敏三极管 VT_1 受到光照，其内阻很小，使 IC 的输入电压高于基准电压，于是 IC 的 6 脚输出为高电平，标志灯 H 不亮。夜晚无光照射时，光敏三极管 VT_1 内阻增大，使 IC 的输入电压低于基准电压，于是 IC 内部振荡器开始振荡，其频率为 1.8Hz，与此同时，IC 内部的驱动器也开始工作，使 IC 的 6 脚输出低电平，在振荡器的控制下，标志灯 H 以 1.8Hz 频率闪烁，以警示有路障存在。

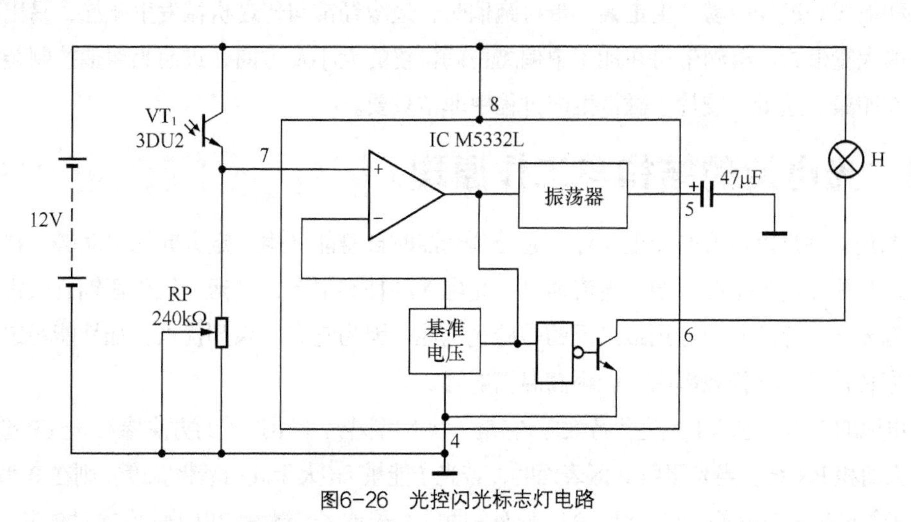

图6-26　光控闪光标志灯电路

6.3.7　光控语音报警电路

如图 6-27 所示，光控语音报警电路由光控三极管和语音集成电路两个部分组成。

图中光敏三极管 VT_1 和晶体三极管 VT_2，电阻 R_1、R_2、R_3 和电容 C_1、C_2 等构成光开关电路。语音集成电路 IC 及三极管 VT_3、电阻 R_4、R_5 等构成语音放大电路。平常在光源照射下，VT_1 呈低阻状态，VT_2 饱和导通，IC 触发端 3 脚得不到正触发脉冲而不工作，扬声器无声。当 VT_1 被物体遮挡时，便产生一负脉冲电压，并通过 C_1 耦合到 VT_2 的基极，导致 VT_2 进入截止状态，IC 获得一正触发脉冲而工作，输出音频信号通过 VT_3 放大，推动扬声器发出声响。声响内容可根据不同场合选择不同的语音电路来产生，例如高压电网或配电房等场所，可选用"高压重地，禁止入内""有电危险，请勿靠近"等语音集成电路。

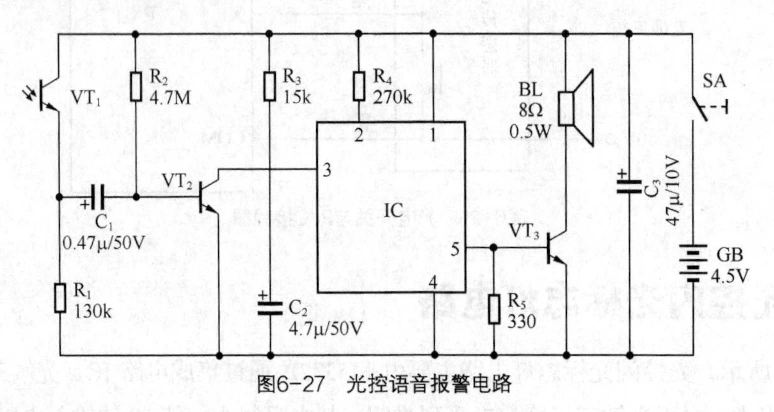

图6-27 光控语音报警电路

6.4 光电池的应用

带材跑偏在工业制造中是经常出现的问题，例如，在冷轧带钢厂中，带钢在某些工艺如连续酸洗、退火和镀锡等过程中易产生走偏，带材跑偏时，边缘经常与传送机械发生碰撞，易出现卷边，造成材料的大量浪费。检测带材在加工中偏离正确位置的大小及方向，进而为纠偏控制装置提供纠偏信号，在印染、送纸、胶片、磁带生产过程中非常重要。

6.4.1 光电池的结构与工作原理

光电池是一种自发电式的光电元件，它受到光照时自身能产生一定方向的电动势，在不加电源的情况下，只要接通外电路，便有电流通过。光电池的种类很多，有硒、氧化亚铜、硫化镉、锗、硅、砷化镓光电池等。其中应用最广泛的是硅光电池，因为它有一系列优点，如性能稳定、光谱范围宽、频率特性好、转换效率高，能耐高温辐射等。

硅光电池的工作原理基于光生伏特效应，它是一块 N 型硅片上用扩散的方法掺入一些 P 型杂质而形成的一个大面积 PN 结。当光照射 P 区表面时，若光子能量 $h\nu$ 大于硅的禁带宽度，则在 P 型区内每吸收一个光子便产生一个电子—空穴对。P 区表面吸收的光子越多，激发的电子—空穴对越多，越向内部越少。这种浓度差便形成从表面向体内扩散的自然趋势。由于 PN 结内电场的方向是由 N 区指向 P 区的，它使扩散到 PN 结附近的电子—空穴对分离，光生电子被推向 N 区，光生空穴被留在 P 区，从而使 N 区带负电，P 区带正电，形成光生电动势。若用导线连接 P 区和 N 区，电路中就有光电流流过。

6.4.2 光电池的特性

1．光谱特性

光电池对不同波长的光，灵敏度是不同的。硅光电池和硒光电池的光谱特性曲线如图 6-28 所示，从图中可知，不同材料的光电池适用的入射光波长范围也不相同。硅光电池的使用范围宽，对应的入射光波长可在 0.4～1.2μm，而硒光电池只能在 0.38～~0.75μm 的波长范围内，它适用于可见光检测。

在实际使用中应根据光源的性质来选择光电池，当然也可根据现有的光电池来选择光源，但是要注意光电池的光谱峰值位置不仅和制造光电池的材料有关，同时，也和制造工艺有关，而且会随着使用温度的不同会有所移动。

2．光电特性

光电池在不同的光照度下，光生电动势和光电流是不相同的。硅光电池的光电特性如图 6-29 所示。其中一条曲线是负载电阻无穷大时的开路电压特性曲线，另一条曲线是负载电阻相对于光电池内阻很小时的短路电流特性曲线。开路电压与光照度的关系是非线性的，而且在光照变为 2000lx 时就趋于饱和，而短路电流在很大范围内与光照度呈线性关系，负载电阻越小，这种线性关系越好。因此，检测连续变化的光照度时，应当尽量减小负载电阻，使光电池在接近短路的状态下工作，也就是把光电池作为电流源来使用。在光信号断续变化的场合，也可以把光电池作为电压源使用。

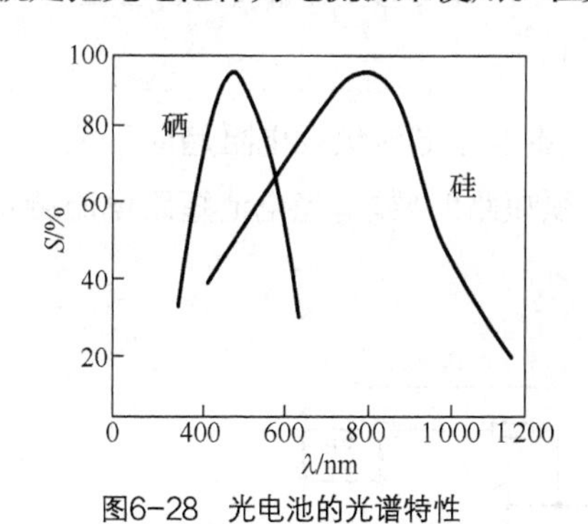

图6-28 光电池的光谱特性

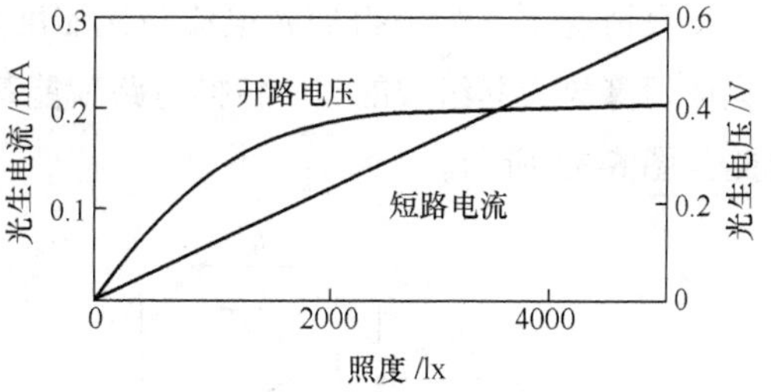

图6-29 硅光电池的光照特性

3．温度特性

光电池的温度特性是指开路电压和短路电流随温度变化的情况。由于它关系到应用光电池的仪器设备的温度漂移，影响测量精度或控制精度等重要指标，因此温度特性是光电池的重要特性之一。从图 6-30 可以看出硅光电池开路电压随温度上升而明显下降，温度上升 1℃，开路电压约降低 3mV。短路电流却随温度上升而缓慢增加。因此，光电池作为检测元件时，应考虑温度漂移的影响，并采用相应的措施进行补偿。

4．频率特性

光电池的频率特性是指输出电流与入射光调制频率的关系，如图 6-31 所示。

当入射光照度变化时，由于光生电子—空穴对的产生和复合都需要一定时间，因此入射光调制频率太高时，光电池输出电流的变化幅度将下降。从图中可以看出硅光电池的频率特性较好，工作频率的上限约为数万赫兹，而硅光电池的频率特性较差。在调制频率较高的场合，应采用硅光电池，并选择面积较小的硅光电池和较小的负载电阻，以进一步减少响应时间，改善频率特性。

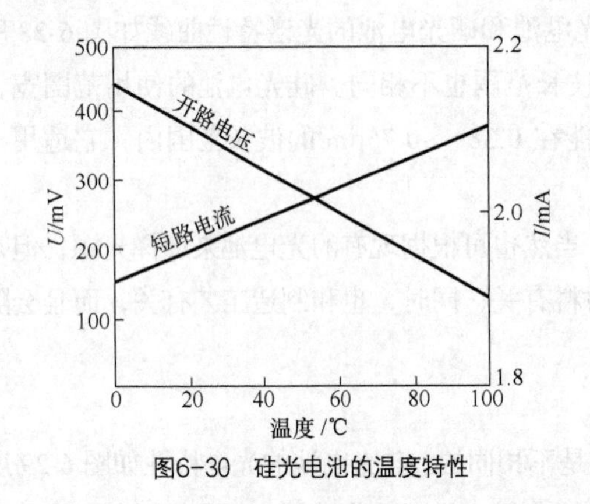

图6-30 硅光电池的温度特性

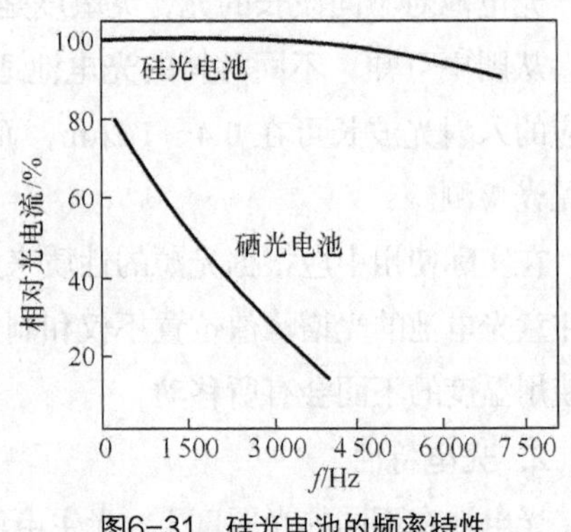

图6-31 硅光电池的频率特性

6.4.3 光电式边缘位置纠偏装置

在居室窗口，阴天的光照度约为100lx，每片光电池的开路输出电压为0.3～0.4V。当希望光电池的输出与光照度成正比时，应把光电池作为电流源来使用；当被测非电量是开关量时，可以把光电池作为电压源来使用。

多数情况下，为了得到光电流与光照度呈线性的特性，要求光电池负载电阻趋向于零。采用集成运算放大器组成的 I/U 转换电路就能基本满足负载必须短路的要求。光电池短路电流测量电路如图 6-32 所示。

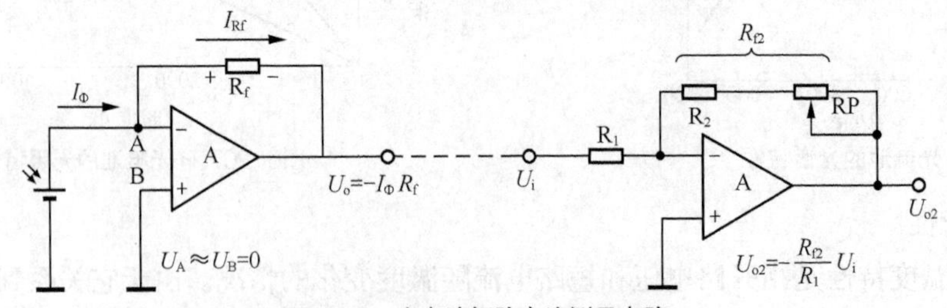

图6-32 光电池短路电流测量电路

光电池“短路电流测量电路”的输出电压 $U_o=-U_{Rf}=-I_\Phi R_f$。

从上式可知，该电路的输出电压 U_o 与光电流 I_Φ 成正比，从而达到电流/电压转换的目的。

若希望 U_o 为正值，可将光电池极性调换。

若希望用于微光测量时，I_Φ 可能较小，则可增加一级放大电路，并使用放大器微调总的放大倍数，如图 6-32 中右边的反相比例放大器电路所示。

得到足够大的电压信号后，即可进行带材跑偏方向及大小检测并为纠偏控制电路提供纠偏信号。图 6-33 是光电式边缘纠偏装置原理图。

如图 6-33（b）所示，光源 8 发出的光线经扩束透镜 9 和汇聚透镜 10，变为平行光束，投向透镜 11，汇聚后落到光电池 E1 上。在平行光束到达透镜 11 的途中，有部分光线受到被测带材 1 的遮挡，从而使到达光电池 12 的光通量Φ减小（E1、E2 是相同型号的光电池，E1 作为测量元件装在带材下方，而 E2 用遮光罩罩住，与 A2 共同起温度补偿作用）。当带材未跑偏时，跑偏检测传感器输出的偏差信号为零；当边缘位置检测传感器检测到带材向左偏离中心位置时，偏差信号为正值，控制电液伺服比例调节阀和压力油，使液压缸的活塞向右作横向移动，直到带材的位置偏差消除，光电检测器的输出信号为零。

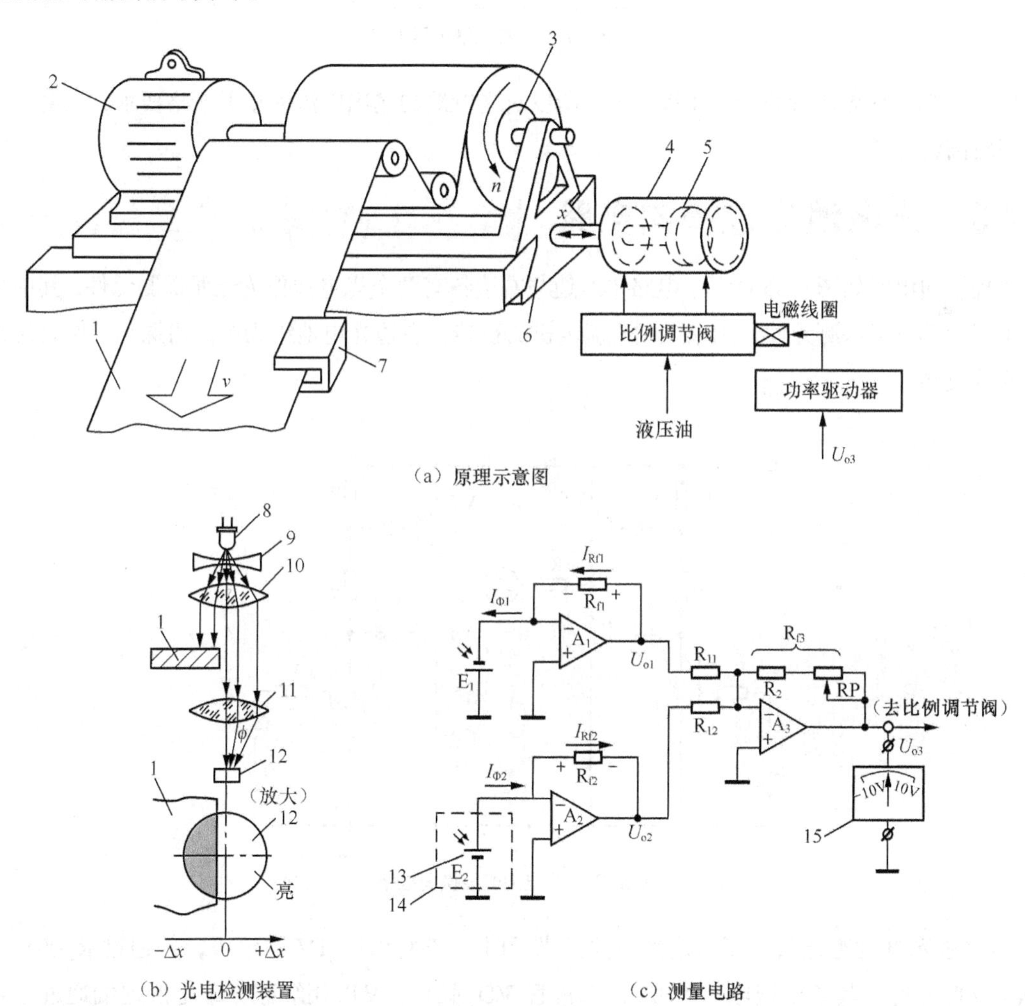

图6-33　光电式边缘位置纠偏装置

1—被测带材；2—卷取电机；3—卷取辊；4—液压缸；5—活塞；6—滑台；7—光电检测装置；8—光源；9—扩束透镜；10—平行光束透镜；11—会聚透镜；12、13—光电池；14—遮光罩；15—跑偏指示

6.4.4 光电池控制继电器电路

电池控制继电器电路如图 6-34 所示，VMOS 功率场效应晶体管和普通场效应晶体管一样，有栅极 G、漏极 D、源极 S。当 G 极电位为零或为负时，D、S 极间没有电流通过，当光线照射到光电池

上时，G 极电位为正，S、D 极间有电流通过，继电器 K 吸合。S 为电源开关。

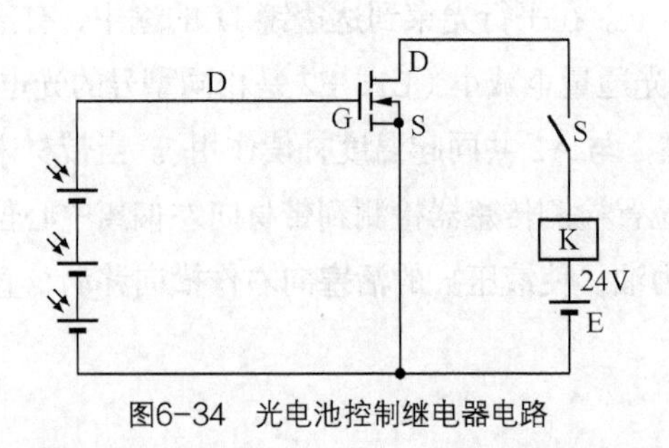

图6-34　光电池控制继电器电路

VMOS 功率场效应管属于电压控制器，所以对光电池的输出电流大小无严格要求，只要求其开路电压较高就行了。

6.4.5　光电池光控换向电路

光控换向电路如图 6-35 所示。电路中左边与右边各有两个光电池作为光照探测元件，其中左边光电池组为第一组探测元件，用来控制直流电机的正转，右边光电池组为第二组探测元件，用来控制电机的反转。

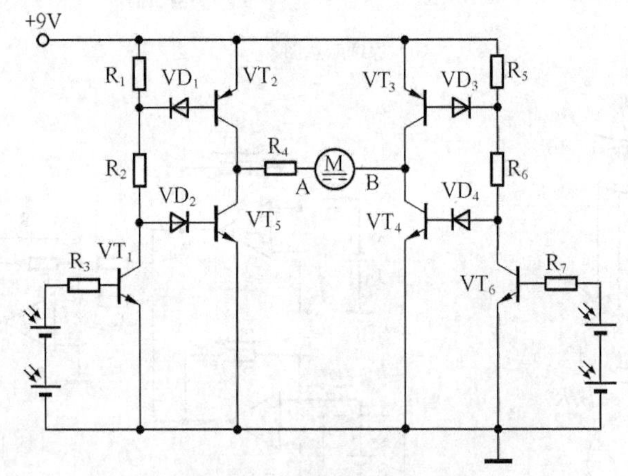

图6-35　光电池光控换向电路

当左边光电池遇光照，而右边光电池无光照时，产生 0.5～1V 的电压，并通过 R_3 加到 VT_1 基极，VT_1 导通，其集电极电位为 0V，二极管 VD_2 截止，VT_5 相继截止，电源地端通过已导通的 VT_1、R_1、R_2 接到电源的正极，R_1、R_2 分压所产生的电位较低，VD_1 导通，VT_2 相继导通，与此同时，由于右边无光照不产生电压，VT_6 截止，+9V 电源通过 R_5 加至 VD_3 负极上，VD_3 因反向偏置而截止，VT_4 亦截止。+9V 电源通过 R_5、R_6、VD_4 加至 NPN 型 VT_4 基极上，VT_4 导通。这样一来，由于 VT_2、VT_4 导通，使流经电动机 M 的电流是从电源的正极出发，经 VT_2、R_4、M 的 A 端流向 B 端，再经 VT_4 流回电源的负极，电动机 M 正向旋转。调整 R_4 的阻值大小，即可调整 M 的转速高低。

相反，若是有光照射到右边光电池组，而左边光电池组无光照时，电动机M电流会自动换向，电动机反转，电路原理与上述类似。

6.5 实训项目六　对射式光电开关传感器

6.5.1　实训目的与设备

1. 目的

学习和掌握对射式光电开关传感器的工作原理和使用方法。

2. 实训设备

物料分拣模型（见图3-41）、信号处理及接口挂箱（见图2-40）、电源及仪表挂箱（见图2-39）。

6.5.2　实训原理

1. 工作原理

红外线光电开关所发射的红外线属于一种电磁射线，其特性等同于无线电或X射线。人眼可见的光波是380～780nm，发射波长为780nm～1mm的长射线称为红外线，红外线光电开关优先使用的是接近可见光波长的近红外线。

光电开关工作时，由内部振荡回路产生的调制脉冲经反射电路后，由发射管辐射出光脉冲。当被测物体进入受光器作用范围时，被反射回来的光脉冲进入光敏二极管。并在接收电路中将光脉冲解调为电脉冲信号，再经放大器放大和同步选通整形，然后用数字积分或RC积分方式排除干扰，最后经延时（或不延时）触发驱动器输出光电开关控制信号。

对射式光电开关传感器包含在结构上相互分离且光轴相对放置的发射器和接收器，如图6-36所示，发射器发出的光线直接进入接收器。当被检测物体经过发射器和接收器之间且阻断光线时，光电开关就产生了开关信号。当检测物体是不透明时，对射式光电开关是最可靠的检测模式，如图6-37所示。

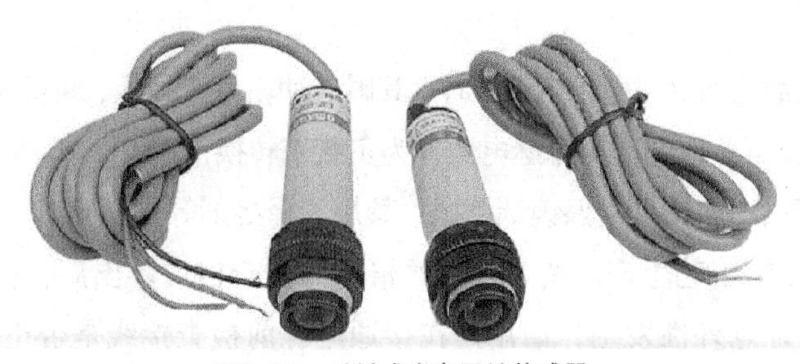

图6-36　对射式光电开关传感器

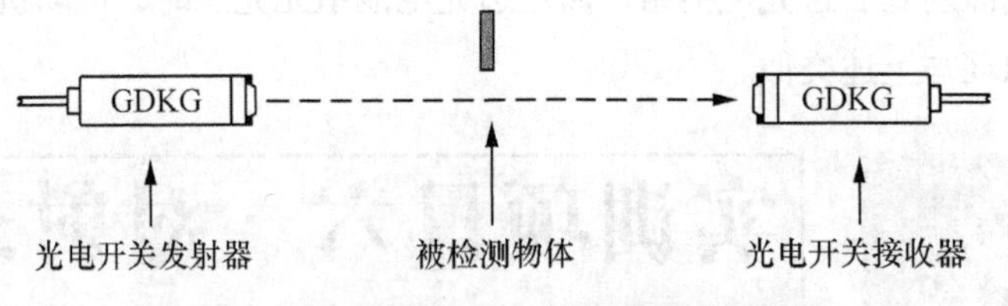

图6-37 对射式光电开关传感器原理示意图

2. 光电开关的优点

（1）具有检测距离精密调节功能，顺时针调节灵敏度增强，逆时针则相反；

（2）具有静态和动作双指示功能，可及时告知工作状态；

（3）响应速度快，能检出高速移动的微小物体；

（4）采用集成电路和先进的 SMT 表面安装工艺，具有很高的可靠性；

（5）体积小，独特造型，重量轻，安装调试简单，并具有短路保护功能。

6.5.3 实训内容及步骤

（1）按照图2-39、图2-40、图2-44所示的标示，将对射式光电传感器的电源线和信号线连接好，其中电源采用DC12V（注意：红色接正，黑色接地，不要接反），传感器的信号输出（蓝色插座）接到信号处理单元的“对射式光电开关”左端（注意：红色接正，黑色接地，不要接反）。

（2）将信号处理单元的“对射式光电开关”右端连接到数据采集卡挂箱上的“数字量输入端DI0”（注意：红色导线接DI0，黑色导线接DGND），其中电源DC24V接入图2-44接线板上的“直流减速电机”。再用USB数据线将电脑与采集卡挂箱上的数据采集卡相连接。

（3）将图2-39、图2-40上的+5V、GND电源连接起来，然后打开电源及仪表挂箱电源，电源指示灯亮。再打开电脑上的测试软件，按照接线方式选择对射式光电开关传感器上对应的通道，并让软件运行，则检测物料经过对射式光电开关传感器时就会计数。

（4）实验结束，关闭电脑及电源开关再将导线整理好，放回原处。

（5）实训报告：简述对射式光电开关传感器的工作原理及应用范围。

（6）实训注意事项如下。

① 红外线光电开关在环境照度高的情况下都能稳定工作，但原则上应回避将传感器光轴正对太阳光等强光源。

② 当使用感性负载（如灯、电动机等）时，其瞬态冲击电流较大，可能劣化或损坏交流二线的光电开关，在这种情况下，请经过交流继电器作为负载来转换使用。

③ 红外线光电开关的透镜可用擦镜纸擦拭，禁用稀释溶剂等化学品，以免永久损坏塑料镜。

④ 传感器均为SMD工艺生产制造，并经严格的测试合格后才出厂，在一般情况下使用均不会出现损坏。为了保证意外性发生，请用户在接通电源前检查接线是否正确，额定电压是否为额定值。

6.6 实训项目七　色标传感器

6.6.1 实训目的与设备

1．目的

学习和掌握色标传感器的工作原理和使用方法。

2．实训设备

物料分拣模型（见图 3-41）、信号处理及接口挂箱（见图 2-40）、电源及仪表挂箱（见图 2-39）。

6.6.2 实训原理

色标传感器常用于检测特定色标或物体上的斑点，它是通过与非色标区相比较来实现色标检测，而不是直接测量色标，如图 6-38 所示。

色标传感器实际是一种反向装置。光源垂直于目标物体安装，而接收器与物体成锐角方向安装，让它只检测来自目标物体的散射光，从而避免传感器直接接收反射光，并且可使光束聚焦很窄。调节传感器灵敏度能改变检测出的色标范围，灵敏度较低时，能检测出白色物体，实验原理框图如图 6-39 所示。

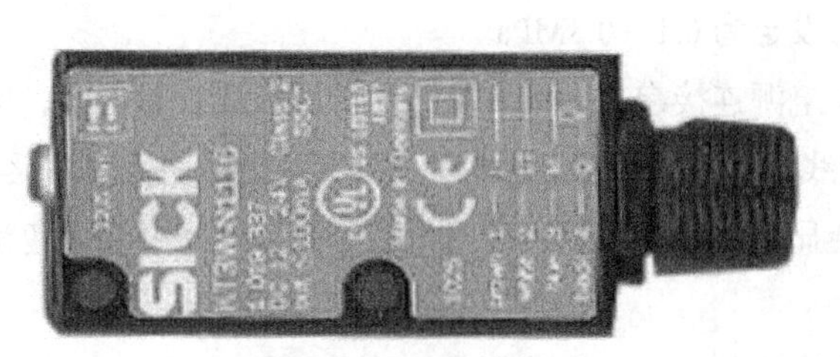

图6-38　色标传感器

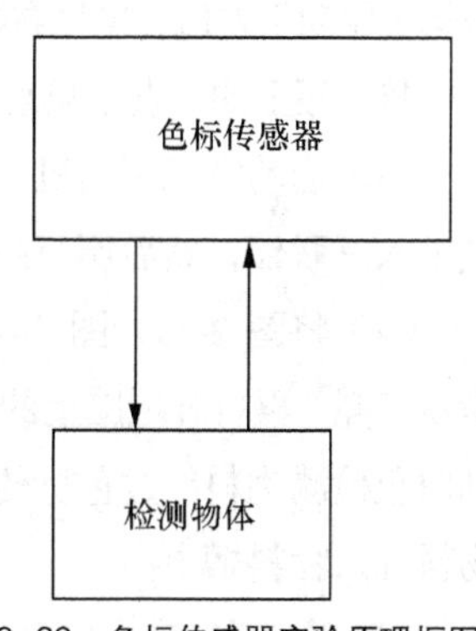

图6-39　色标传感器实验原理框图

6.6.3 实训内容及步骤

1．硬件设备的实训内容和步骤

（1）按照图 2-39、图 2-40、图 2-44 所示的标示，将色标传感器的电源线和信号线连接好，其中电源采用 DC12V（注意：红色接正，黑色接地，不要接反），传感器的信号输出（蓝色插座）接到信号处理单元的“色标传感器”左端（注意：红色接正，黑色接地，不要接反）。

（2）将图 2-39、图 2-40 上的+5V、GND 电源连接起来，然后打开电源及仪表挂箱电源，电源指示灯亮。

（3）按照以下步骤对色标传感器进行设置：拿白色检测物体放在发射光面正下方，检测距离在12.5mm以内。此时按下颜色传感器上黄色调节按钮2～3s，松开手后会发现黄色指示灯一闪一闪，需检测物体已经被确定。再拿黑色检测物体放在发光面正前方，按下颜色传感器上黄色调节按钮2～3秒，松开手后黄色指示灯不再闪动。此时黑色检测物体已被排除。

（4）将传感器的输出信号连接到直流电压表上（此时直流电压表选择20V挡），观察此时的直流电压表上的电压显示，然后将白色检测物块放置到色标传感器的下方，观察此时直流电压表上的电压变化情况。

（5）将经过信号处理单元处理过的信号（信号处理单元的“色标传感器”右端）连接到直流电压表上（此时直流电压表选择20V挡），观察此时的直流电压表上的电压显示，然后将白色检测物块放置到色标传感器的下方，观察此时直流电压表上的电压变化情况。

（6）实验结束，将电源关闭后将导线整理好，放回原处。

2．软件设备的实训内容和步骤

（1）按照图2-39、图2-40、图2-44的标示，将色标传感器的电源线和信号线连接好，其中电源采用DC12V（注意：红色接正，黑色接地，不要接反），传感器的信号输出（蓝色插座）接到信号处理单元的“色标传感器”左端（注意：红色接正，黑色接地，不要接反）。

（2）将信号处理单元的“色标传感器”右端连接到数据采集卡挂箱上的“数字量输入端DI4”（注意：红色导线接DI4，黑色导线接DGND）。同时将“数字量输出端D03”连接到信号处理单元的“电磁阀1驱动”左端，再将右端的输出连接到图2-44接线板上的“电磁阀1”，其中电源DC24V接入图2-44接线板上的“直流减速电机”。再用USB数据线将电脑与采集卡挂箱上的数据采集卡相连接。

（3）启动空气压缩机，在气罐内建立一定的压力。使用气源前，打开气泵的放气阀，使压缩空气进入三联件，然后调节减压阀，将系统压力设定为0.1～0.3MPa。

（4）将图2-39、图2-40上的+5V、GND电源连接起来，然后打开电源及仪表挂箱电源，电源指示灯亮。再打开电脑上的测试软件，按照接线方式选择色标传感器上对应的通道，并让软件运行，则白色检测物料经过色标传感器时软件上就会显示对应的数量，同时气缸会自动弹出并将白色检测物料推入物料槽中。

（5）实验结束，关闭电脑及电源开关再将导线整理好，放回原处。

（6）实训报告：简述色标传感器的工作原理及应用范围。

1．单项选择题

（1）光敏电阻的特性是（　　）

A．有光照时亮电阻很大　　B．无光照时暗电阻很小

C．无光照时暗电流很大　　D．受一定波长的光照射时亮电流很大

（2）光敏二极管属于（　　），光电池属于（　　）。

A. 外光电效应　　B. 内光电效应　　C. 光生伏特效应

（3）光敏二极管在测光电路中应处于（　　）偏置状态，而光电池通常处于（　　）偏置状态。

A. 正向　　B. 反向　　C. 零

（4）欲利用光电池为手机充电，需将数片光电池（　　）起来，以提高输出电压，再将几组光电池（　　）起来，以提高输出电流。

A. 并联　　B. 串联　　C. 短路

（5）下列关于光敏二极管和光敏三极管的对比不正确的是（　　）

A. 光敏二极管的光电流很小，光敏三极管的光电流则很大

B. 光敏二极管与光敏三极管的暗电流相差不大

C. 工作频率较高时，应选用光敏二极管；工作频率较低时，应选用光敏三极管

D. 光敏二极管的线性特性较差，而光敏三极管有很好的线性特性

2. 简答题

（1）试述光敏电阻、光敏二极管、光敏三极管和光电池的工作原理。

（2）简述什么是光电导效应？光生伏特效应？外光电效应？这些光电效应的典型光电器件各有哪些？

（3）光电池作为测量元件使用时，应当把它当作电流源还是电压源？

3. 应用题

（1）在一片0.5mm厚的不锈钢圆片边缘，用线切割机加工出等间隔的透光缝，缝的总数Z=60，如图6-40所示。将该薄圆片置于光电断续器的槽内，并随旋转物转动。用计数器对光电断续器的输出脉冲进行计数，在10s内测得计数脉冲数N如图6-40所示（计数时间从清零后开始计算，10s后自动停止）。问：

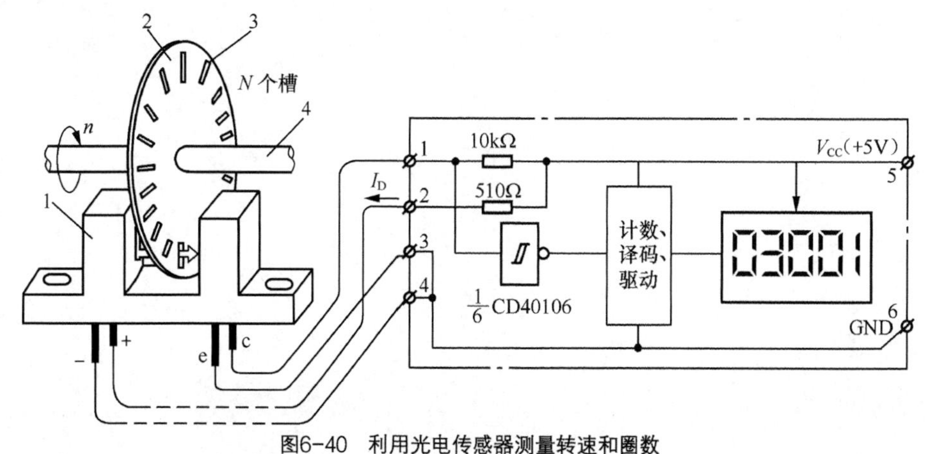

图6-40　利用光电传感器测量转速和圈数

1—光电断续器；2—不锈钢薄圆片；3—透光缝；4—旋转物转轴

① 流过光电断续器左侧的发光二极管电流I_{V1}为多少毫安？（注：红外发光二极管的正向压降U_{V1}=1.2V）

② 光电断续器的输出脉冲频率 f 约为多少赫兹？

③ 旋转物平均每秒约转多少圈？平均每分钟约转多少圈？

④ 数码显示器的示值与转速 n 之间是什么关系？如果为加工方便，将不锈钢圆片缝的总数减少，使 $Z=6$，则转速与数码显示器的示值之间是几倍的关系？

（2）用光电开关设计一个系统，统计教室的人数，假设教室只有一个门，且每次只能通过一人。

第7章 数字式传感器典型应用

【学习目标】

- 了解编码器位置测量和转速测量的原理和方法。
- 了解莫尔条纹、光栅传感器直接测量位移的方法和原理。
- 掌握编码器在交流伺服电机中的安装和应用。
- 掌握光栅传感器在数控机床的典型应用和安装。

7.1 编码器的应用

交流伺服电机是数控机床和其他自动控制系统常用的的执行电机，可使速度控制、位置控制精度非常准确。它将电压信号转化为转矩和转速以驱动控制对象。转子转速受输入信号控制，并能快速反应，如图 7-1 所示。其中用来测量电机速度和位置的装置安装在电机的尾部，叫作角编码器。

图7-1 交流伺服电机（编码器在电机的尾端）

角编码器又称码盘，是一种旋转式位置传感器，它的转轴通常与被测轴连接，随被测轴一起转动，它能将被测轴的角位移转换成二进制编码或脉冲，同时可以测量转速。常见的角编码器有两种，即绝对式编码器和增量式编码器。绝对式编码器常见的有接触式的和光电式的，但增量式的编码器一般都是光电式的。

7.1.1 绝对式接触编码器

如图 7-2 所示的为一个 4 位二进制接触式码盘，它在一个不导电基体上做成很多有规律的导电金属区，其中阴影部分为导电区，用“1”表示，其他部分为绝缘区，用“0”表示。码盘分成 4 个码道，在每个码道上都有一个电刷，电刷经取样电阻接地，信号从电阻上取出，这样，无论码盘处在哪个角度上，该角度均有 4 个码道上的“1”和“0”组成 4 位二进制编码与之对应。码盘最里面一圈轨道是公用的，它和各码道所有导电部分连在一起，经限流电阻接激励电源 E 的正极。

由于码盘是与被测轴连在一起的，而电刷位置是固定的，当码盘随被测轴一起转动时，电刷和码盘的位置就会发生相对变化。若电刷接触到的是导电区域，则该回路中的取样电阻上有电流流过，产生压降，输出为“1”；相反，若电刷接触的是绝缘区域，则不能形成回路，取样电阻上无电流流过，输出为“0”，由此可根据电刷的位置得到由“1”和“0”组成的 4 位二进制编码，例如，在图 7-2（b）中可以看到，此时的输出为 0101。

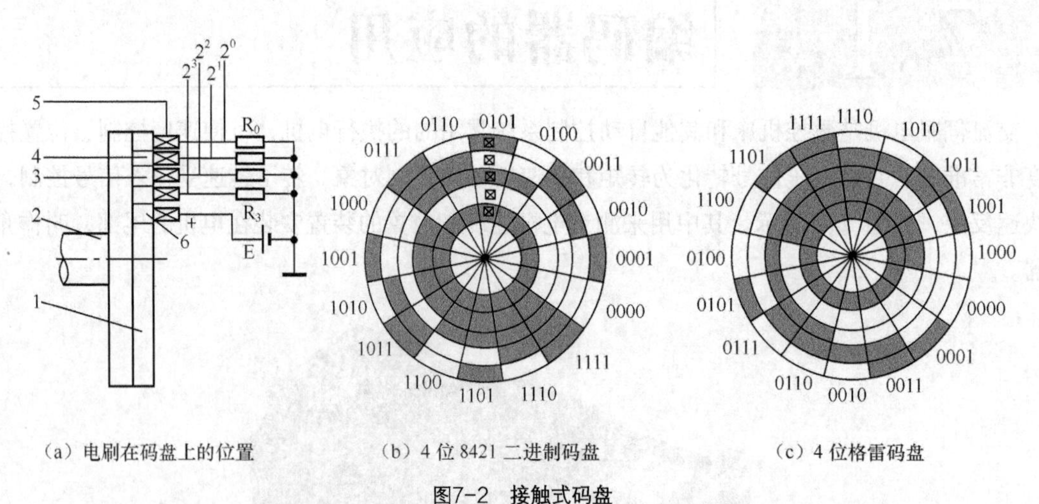

（a）电刷在码盘上的位置　（b）4 位 8421 二进制码盘　（c）4 位格雷码盘

图7-2 接触式码盘

1—码盘；2—转轴；3—导电体；4—绝缘体；5—电刷；6—激励公用轨道（接电源正极）

从以上分析可以看出，码道的圈数（不包括最里面的公用码道）就是二进制的位数，且高位在内，低位在外，由此可以推断出，若是二进制码盘，就有 n 圈码道，且圆周均分 2^n 个数据来分别表示其不同位置，所能分辨的角度 α（即分辨力）为

$$\alpha = 360°/2^n$$

$$分辨率 = 1/2^n$$

显然，位数 n 越大，所能分辨的角度α的角度就越小，测量精度就越高。所以，若要提高分辨力，就必须增加码道数，即二进制位数。例如，某 12 码道的绝对式角编码器，其每圈的位置数为 $2^{12}=4\ 096$，能分辨的角度为$\alpha=360°/2^{12}=5.27'$；若为 13 码道，则能分辨的角度为$\alpha=360°/2^{13}=2.64'$。

另外，在实际应用中，对码盘制作和电刷安装要求十分严格，否则就会产生误差。例如，当电刷位置由 0111 向位置 1000 过渡时，如果电刷安装位置不准或者接触不良，可能会出现 8～15 之间的任意十进制式数。为了消除误差，通常采用二进制循环码盘（又称格雷码盘）。图 7-2（c）所示就是一个 4 位格雷码盘，与图 7-2（b）所示的 BCD 码盘相比，不同之处在于，码盘旋转时，任何两个相邻数码间只有一位是变化的，所以每次只会切换一位数，可以把误差控制在最小单位内。

7.1.2 绝对式光电编码器

绝对式光电编码器与接触式编码器结构相似，只是其中的黑白区域不表示导电区和绝缘区，而是表示透光或者不透光区。其中黑的区域为不透光区，用“0”表示；白的区域为透光区，用“1”表示。这样，在任意角度都有对应的二进制编码。与接触式编码器不同的是，不必在最里面一圈设置公用码道，同时取代电刷的，是在每一个码道上都有一组光电元件，如图 7-3 所示。

由于径向各码道的透光和不透光，使得各光敏元件中，受光的输出“1”电平，不受光的输出“0”电平，由此而组成 n 位二进制编码。光电码盘的特点是没有接触磨损，码盘寿命长，允许转速高，精度也较高。就码盘材料而言，不锈钢薄板所制成的光电码盘要比玻璃码盘抗振性好、耐不洁环境。当由于槽数受限，精度一般比不上接触式码盘。

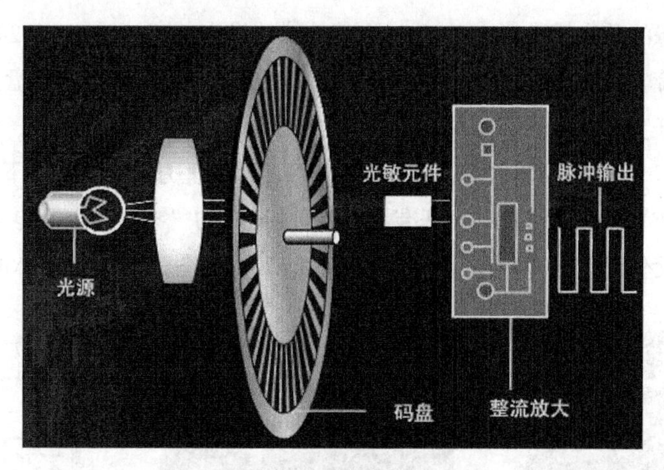

图7-3　光电式码盘

7.1.3 增量式光电编码器

增量式光电码盘结构示意图如图 7-4 所示。光电码盘与转轴连在一起。码盘可用玻璃材料制成，表面镀上一层不透光的金属铬，然后在边缘制成向心的透光狭缝。透光狭缝在码盘圆周上等分，数量从几百条到几千条不等。这样，整个码盘圆周上就被等分成 n 个透光的槽。增量式光电码盘也可用不锈钢薄板制成，然后在圆周边缘切割出均匀分布的透光槽。

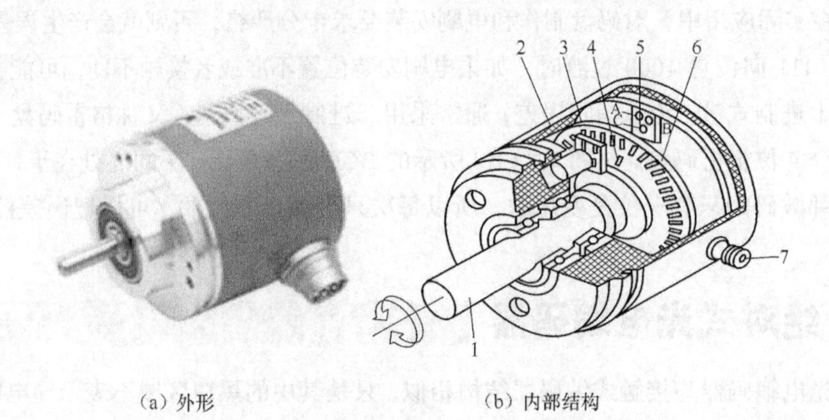

（a）外形　　（b）内部结构

图7-4　增量式光电码盘结构示意图

1—转轴；2—发光二极管；3—光栏板；4—零位标志槽；5—光敏元件；6—码盘；7—电源及信号线连接座

光电码盘的光源最常用的是自身有聚光效果的发光二极管。当光电码盘随工作轴一起转动时，光线透过光电码盘和光栏板狭缝，形成忽明忽暗的光信号。光敏元件把此光信号转换成电脉冲信号，通过信号处理电路后，向数控系统输出脉冲信号，也可由数码管直接显示位移量。

光电编码器的测量准确度与码盘圆周上的狭缝条纹数 n 有关，能分辨的角度 α 为

$$\alpha = 360°/n$$

$$分辨率 = 1/n$$

例如，码盘边缘的透光槽数为 1024 个，则能分辨的最小角度 $\alpha = 360°/1024 = 0.352°$。

为了判断码盘旋转的方向，必须在光栏板上设置两个狭缝，其距离是码盘上的两个狭缝距离的（m+1/4）倍，m 为正整数，并设置了两组对应的光敏元件，如图 7-5 中的 A、B 光敏元件，有时也称为 cos 、sin 元件。光电编码器的输出波形如图 7-5 所示，上方波形为 A，下方波形为 B。为了得到码盘转动的绝对位置，还须设置一个基准点，如图 7-4 中的“零位标志槽”。码盘每转一圈，零位标志槽对应的光敏元件产生一个脉冲，称为“一转脉冲”，如图 7-5 中的 C_0 脉冲。

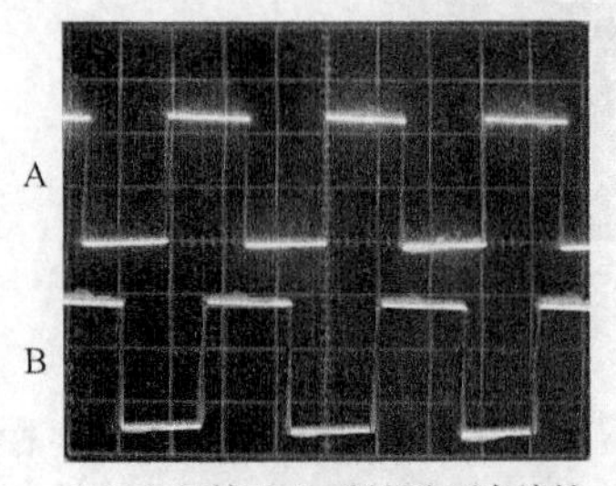

（a）A 超前于 B，判断为正向旋转

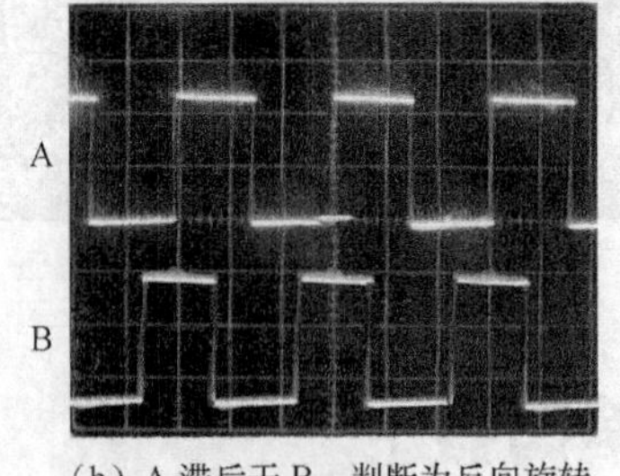

（b）A 滞后于 B，判断为反向旋转

$\frac{T}{4}$ A … B 0° … T C_0 $\frac{T}{4}$

（c）零位脉冲

图7-5　光电编码器的输出波形

若条件允许，可以将一只角编器拆开，观察内部的光栅和 sin、cos 读数头。上电后，观察正转和反转时，数码管读数的增加和减少以及读数的正负值。

7.1.4　增量式编码器测速

由于增量式角编码器的输出信号是脉冲形式，因此，可以通过测量脉冲频率（M 法测速）或周期（T 法测速）的方法来测量转速。如图 7-6 所示为其测速原理，编码器可代替测速发电机的模拟测速，而成为数字测速装置。

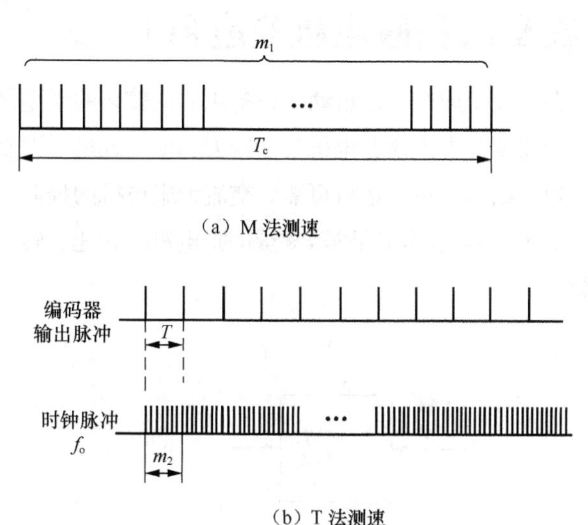

图7-6　M法和T法测速原理

在一定的时间间隔 t_s 内（又称闸门时间，如 10s、1s、0.1s 等），用角编码器所产生的脉冲数来确定速度的方法称为 M 法测速。如图 7-6（a）所示，若角编码器每转产生 N 个脉冲，在闸门时间间隔 t_s 内得到 m_1 个脉冲，则角编码器所产生的脉冲频率 f 为

$$f=\frac{m_1}{t_s}$$

则转速 n（单位为 r/min）为

$$n=60\frac{f}{N}=60\frac{m_1}{t_sN}$$

【例 7-1】　某角编码器的指标为 2 048 个脉冲/r（即 $N=2\,048$P/r），在 0.2s 时间内测得 8K 脉冲（1K = 1 024），即 $t_s=0.2$s，$m_1=8\text{K}=8\,192$ 个脉冲，$f=4\,096/0.2\text{s}=20\,480$Hz，求转速 n。

解： 角编码器轴的转速为

$$n=60\frac{m_1}{t_sN}=60\frac{8\,192}{2\,048\times0.2}\text{r/min}=1\,200\,\text{r/min}$$

当转速较低时，通常采用 T 法测速。如图 7-6（b）所示，假设编码器每转产生 N 个脉冲，用已知频率 f_c 作为时钟，填充到角编码器输出的两个相邻脉冲之间的脉冲数为 m_2 个，则转速（r/min）为 $n = 60f_c/(Nm_2)$。

【例 7-2】 有一增量式光电编码器，其参数为 1024p/r，插入时钟频率 f_c 为 1MHz。测得输出两个相邻脉冲之间的脉冲数为 3 000，求转速 n（r/min）

解： $n = 60f_c/(Nm_2)$

$= 60×106÷(1\ 024×3\ 000)$

$= 19.53$（r/min）

7.1.5 编码器在交流伺服电机的应用

交流伺服电机是目前在数控机床及其他自动化设备用的比较多的新型伺服系统，它克服了直流伺服系统中电机电刷和换向器要经常维修、电机尺寸较大和使用环境受限制等缺点，它能在较宽的调速范围内产生理想的转矩，结构简单，运行可靠。交流伺服电机的控制方法是闭环控制，比较复杂。简单地说，如图 7-7 所示，就是利用编码器测量伺服电机的转速、转角，并通过交流伺服控制系统控制其各种运行参数。

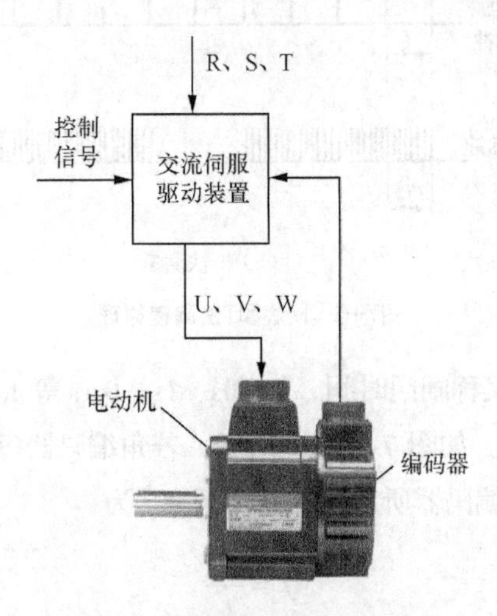

图 7-7 交流伺服电机的控制方式

7.1.6 转盘工位编码

由于绝对式编码器每一转角位置均有一个固定的编码输出，若编码器与转盘同轴相连，则转盘上每一工位安装的被加工工件均可以有一个编码相对应，转盘工位编码如图 7-8 所示。当转盘上某一工位转到加工点时，该工位对应的编码由编码器输出给控制系统。

要使处于工位 4 上的工件转到加工点等待钻孔加工，计算机就控制电动机通过带轮带动转盘逆时针旋转。与此同时，绝对式编码器（假设为 4 码道）输出的编码不断变化。设工位 1 的绝对二进制码为 0000，当输出从工位 3 的 0100，变为 0110 时，表示转盘已将工位 4 转到加工点，电动机停转。

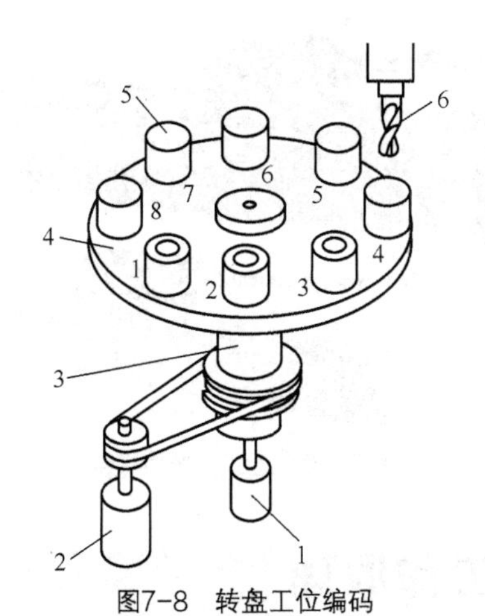

图7-8　转盘工位编码
1—绝对式角编码器；2—电动机；3—转轴；4—转盘；5—工件；6—刀具

7.2 直线光栅传感器的应用

直线光栅传感器（简称光栅尺），是利用光栅的光学原理工作的测量反馈装置。光栅尺位移传感器经常应用于数控机床的闭环伺服系统中，可用作直线位移或者角位移的检测。其测量输出的信号为数字脉冲，具有检测范围大、检测精度高、响应速度快的特点。例如，在数控机床中常用于对刀具和工件的坐标进行检测，来观察和跟踪走刀误差，以起到一个补偿刀具的运动误差的作用。直线光栅传感器在数控车床的安装位置如图 7-9 所示。直线光栅传感器的实物外观如图 7-10 所示。

莫尔条纹是 18 世纪法国研究人员莫尔首先发现的一种光学现象，简单地讲，莫尔条纹是两条线或两个物体之间以恒定的角度和频率发生干涉的视觉结果，当人眼无法分辨这两条线或两个物体时，只能看到干涉的花纹，这种光学现象就是莫尔条纹。

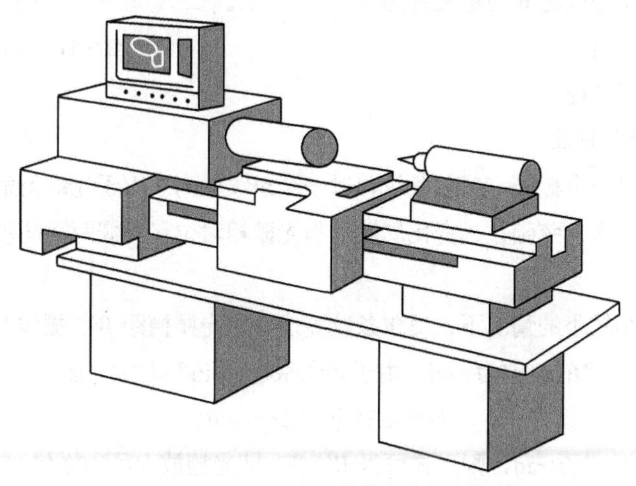

图7-9　直线光栅传感器在数控车床上的安装位置

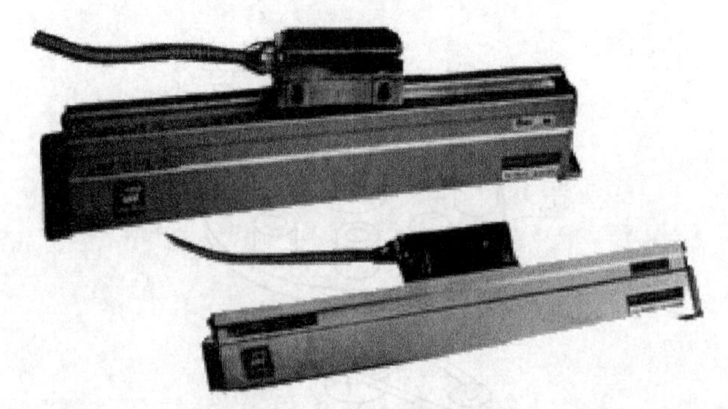

图7-10 直线光栅传感器

7.2.1 光栅传感器工作原理

常见光栅的工作原理都是根据物理上莫尔条纹的形成原理进行工作的。当使指示光栅上的线纹与标尺光栅上的线纹成一角度来放置两光栅尺时，必然会造成两光栅尺上的线纹互相交叉。在光源的照射下，交叉点近旁的小区域内由于黑色线纹重叠，因而遮光面积最小，挡光效应最弱，光的累积作用使得这个区域出现亮带。相反，距交叉点较远的区域，因两光栅尺不透明的黑色线纹的重叠部分变得越来越少，不透明区域面积逐渐变大，即遮光面积逐渐变大，使得挡光效应变强，只有较少的光线能通过这个区域透过光栅，使这个区域出现暗带。

以透射光栅为例，当指示光栅上的线纹和标尺光栅上的线纹之间形成一个小角度 θ，并且两个光栅尺刻面相对平行放置时，在光源的照射下，位于几乎垂直的栅纹上，形成明暗相间的条纹。这种条纹称为“莫尔条纹”，如图 7-11 所示。严格地说，莫尔条纹排列的方向是与两片光栅线纹夹角的平分线相垂直。莫尔条纹中两条亮纹或两条暗纹之间的距离称为莫尔条纹的宽度，以 W 表示。

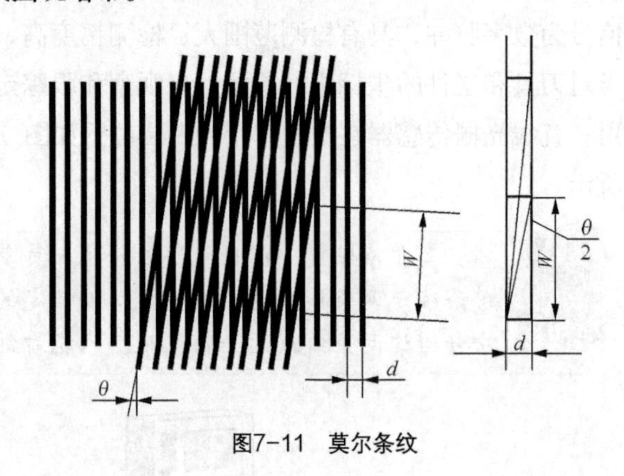

图7-11 莫尔条纹

莫尔条纹具有以下特征。

1．莫尔条纹的变化规律

两片光栅相对移过一个栅距，莫尔条纹移过一个条纹距离。由于光的衍射与干涉作用，莫尔条纹的变化规律近似正（余）弦函数，变化周期数与光栅相对位移的栅距数同步。

2．放大作用

在两光栅栅线夹角较小的情况下，莫尔条纹宽度 d 和光栅栅距 W、栅线角 θ 之间有下列关系。式中，θ 的单位为 rad，W 的单位为 mm。由于倾角很小，$\sin\theta$ 很小，则

$$W = d/2*\sin(\theta/2) = \omega/\theta。$$

若 $\omega = 0.01\text{mm}$，$\theta = 0.01\text{rad}$，则上式可得 $W = 1$，即光栅放大了 100 倍。

3．均化误差作用

莫尔条纹是由若干光栅条纹共用形成，例如，每毫米 100 线的光栅，10mm 宽度的莫尔条纹就有 1000 条线纹，这样栅距之间的相邻误差就被平均化了，消除了由于栅距不均匀、断裂等造成的误差。

7.2.2 光栅传感器测量原理

光栅测量位移的实质是以光栅栅距为一把标准尺子对位称量进行测量。高分辨率的光栅尺一般造价较贵，且制造困难。为了提高系统分辨率，需要对莫尔条纹进行细分，目前光栅尺位移传感器系统多采用电子细分方法。当两块光栅以微小倾角重叠时，在与光栅刻线大致垂直的方向上就会产生莫尔条纹，随着光栅的移动，莫尔条纹也随之上下移动。这样就把对光栅栅距的测量转换为对莫尔条纹个数的测量。

在一个莫尔条纹宽度内，按照一定间隔放置 4 个光电器件就能实现电子细分与辨向功能。例如，栅线为每毫米 50 线的光栅尺，其光栅栅距为 0.02mm，若采用四细分后便可得到分辨率为 5μm 的计数脉冲，这在工业普通测控中已达到了很高精度。由于位移是一个矢量，即要检测其大小，又要检测其方向，因此至少需要两路相位不同的光电信号。为了消除共模干扰、直流分量和偶次谐波，通常采用由低漂移运放构成的差分放大器。如图 7-12 所示，为得到辩向和计数脉冲，由 4 个光敏器件获得的 4 路光电信号分别送到 2 只差分放大器输入端，从差分放大器输出的两路 sin、cos 信号，其相位差为 π/2，对这两路信号进行整形，如图 7-13 所示，首先把它们整形为占空比为 1：1 的方波。然后，通过对方波的相位进行判别比较，就可以得到光栅尺的移动方向。通过对方波脉冲进行计数，可以得到光栅尺的位移和速度。

一般将主尺安装在机床的工作台（滑板）上，随机床走刀而动，读数头固定在床身上，尽可能使读数头安装在主尺的下方。其安装方式的选择必须注意切屑、切削液及油液的溅落方向。如果由于安装位置限制必须采用读数头朝上的方式安装时，则必须增加辅助密封装置。另外，一般情况下，读数头应尽量安装在相对机床静止的部件上，此时输出导线不移动易固定，而尺身则应安装在相对机床运动的部件上（如滑板）。

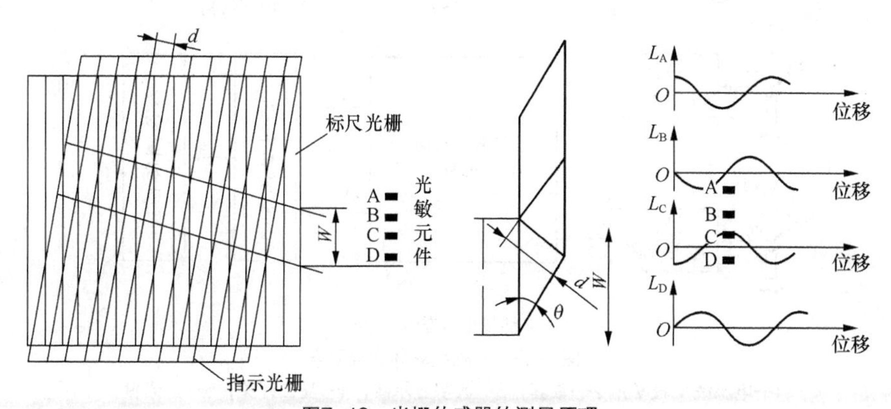

图7-12 光栅传感器的测量原理

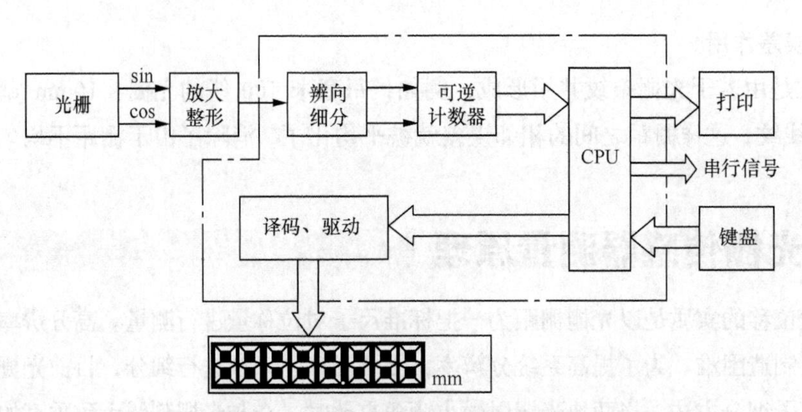

图7-13 光栅传感器数显信号流程框图

光栅尺位移传感器主要用在数控机床上，其安装比较灵活，可根据需要安装在机床的不同部位。

7.2.3 ZBS型轴环式光栅数显表

图 7-14 是 ZBS 型轴环式光栅数显表示意图。它的主光栅用不锈钢圆薄片制成，可用于角位移的测量。

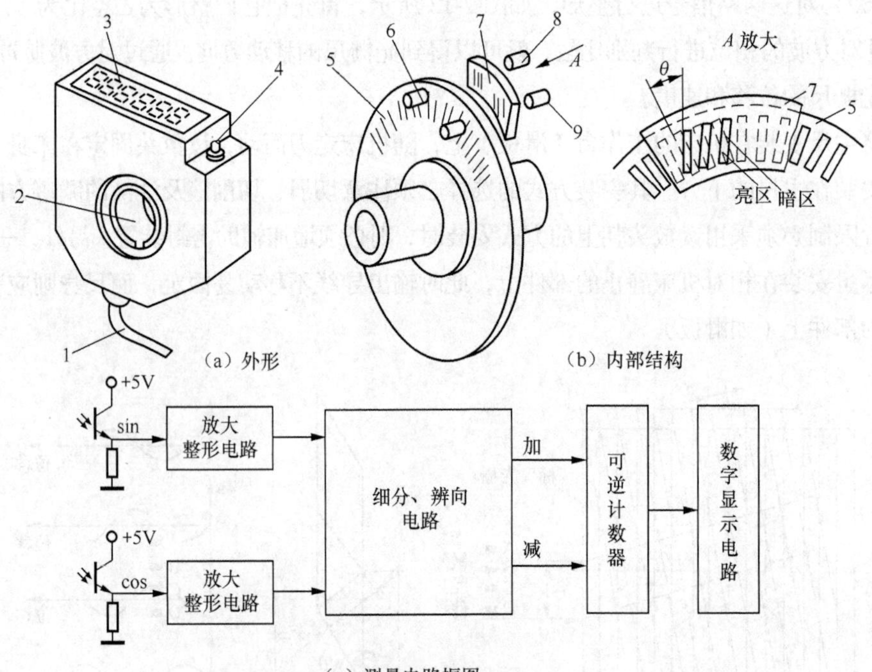

图7-14 ZBS型轴环式数显表

1—电源线（+5V）；2—轴套；3—数字显示器；4—复位开关；5—主光栅；
6—红外发光二极管；7—指示光栅；8—sin光敏三极管；9—cos光敏三极管

在轴环式数显表中，定片（指示光栅）固定，动片（主光栅）可与外接旋转轴相连并转动。动片边沿被均匀地镂空出500条透光条纹，如图7-14（b）的*A*放大图。定片为圆弧形薄片，在其表面刻有两组与动片相同间隔的透光条纹（每组3条），定片上的条纹与动片上的条纹成一角度θ。两组条纹分别与两组红外发光二极管和光敏三极管相对应。当动片旋转时，产生的莫尔条纹亮暗信号由光敏三极管接收，相位正好相差$\pi/2$，即第一个光敏三极管接收到正弦信号，第二个光敏三极管接收到余弦信号。经整形电路处理后，两者仍保持相差1/4周期的相位关系。再经过细分及辨向电路，根据运动的方向来控制可逆计数器做加法或减法计数，测量电路框图如图7-14（c）所示。测量显示的零点由外部复位开关完成。

光栅型轴环式数显表可以安装在中小型机床的进给手轮（刻度轮）的位置，可以直接读出进给尺寸，减少停机测量的次数，从而提高工作效率和加工精度。

7.2.4 位移传感器在数控机床的安装

以BG1/KG1型系列光栅线位移传感器为例，其在数控机床的安装过程如下。

1. 安装基面

安装光栅尺位移传感器时，不能直接将传感器安装在粗糙不平的机床身上，更不能安装在打底涂漆的机床身上。光栅主尺及读数头分别安装在机床相对运动的两个部件上。用千分表检查机床工作台的主尺安装面与导轨运动的方向平行度。千分表固定在床身上，移动工作台，要求达到平行度在0.1mm/1 000mm以内。如果不能达到这个要求，则需设计加工一件光栅尺基座。

基座要求做到以下几点。

① 应加一根与光栅尺尺身长度相等的基座（最好基座长出光栅尺50mm左右）。

② 该基座通过铣、磨工序加工，保证其平面平行度在0.1mm/1 000mm以内。另外，还需加工一件与尺身基座等高的读数头基座。读数头的基座与尺身的基座总共误差不得大于±0.2mm。安装时，调整读数头位置，达到读数头与光栅尺尺身的平行度为0.1mm左右，读数头与光栅尺尺身之间的间距为1～1.5mm。

2. 主尺安装

将光栅主尺用M4螺钉装在机床安装的工作台安装面上，但不要上紧，把千分表固定在床身上，移动工作台（主尺与工作台同时移动）。用千分表测量主尺平面与机床导轨运动方向的平行度，调整主尺M4螺钉位置，使主尺平行度满足0.1mm/1 000mm以内时，把M2螺钉彻底上紧。

在安装光栅主尺时，应注意如下3点。

① 在装主尺时，如安装超过1.5m以上的光栅时，不能像桥梁式只安装两端头，尚需在整个主尺尺身中有支撑。

② 在有基座情况下安装好后，最好用一个卡子卡住尺身中点（或几点）。

③ 不能安装卡子时，最好用玻璃胶粘住光栅尺身，使基尺与主尺固定好。

3. 读数头安装

在安装读数头时，首先应保证读数头的基面达到安装要求，然后再安装读数头，其安装方法与主尺相似。最后调整读数头，使读数头与光栅主尺平行度保证在 0.1mm 之内，其读数头与主尺的间隙控制在 1～1.5mm。

4．限位安装

光栅线位移传感器全部安装完以后，一定要在机床导轨上安装限位装置，以免机床加工产品移动时读数头冲撞到主尺两端，从而损坏光栅尺。另外，用户在选购光栅线位移传感器时，应尽量选用超出机床加工尺寸 100mm 左右的光栅尺，以留有余量。

5．传感器检查

光栅尺位移传感器安装完毕后，可接通数显表，移动工作台，观察数显表计数是否正常。在机床上选取一个参考位置，来回移动工作点至该选取的位置。数显表读数应相同（或回零）。另外也可使用千分表（或百分表），使千分表与数显表同时调至零（或记忆起始数据），往返多次后回到初始位置，观察数显表与千分表的数据是否一致。通过以上工作，光栅尺位移传感器的安装就完成了。但对于一般的机床加工环境来讲，铁屑、切削液及油污较多。因此，传感器应附带加装护罩，护罩的设计是按照传感器的外形截面放大留一定的空间尺寸确定，护罩通常采用橡皮密封，使其具备一定的防水防油能力。

1．单项选择题

（1）不能进行直线位移测量的传感器是（　　）

A．长光栅　　B．长磁栅　　C．角编码器　　D．长容栅

（2）绝对式角编码器位置传感器输出的信号是（　　），增量式位置传感器输出的信号是（　　）。

A．电流信号　　B．电压信号　　C．脉冲信号　　D．二进制格雷码

（3）有一只十码道绝对式角编码器，其分辨率为（　　）。

A．1/10　　B．$1/2^{10}$　　C．$1/10^2$　　D．$1/10^3$

（4）某直线光栅每毫米刻度为 50 线，采用四细分技术，则该光栅的分辨率为（　　）μm。

A．5　　B．50　　C．4　　D．20

（5）光栅中采用 sin 和 cos 两套光电元件是为了（　　）。

A．提高信号幅度　　B．辨向　　C．抗干扰　　D．作为三角函数运算

（6）光栅传感器利用莫尔条纹来达到（　　）

A．提高光栅的分辨率　　B．辨向的目的

C．使光敏元件能分辨主光栅移动时引起的光强变化　　D．细分的目的

（7）当主光栅与指示光栅的夹角为 θ（rad）、主光栅与指示光栅相对移动一个栅距 W 时，莫尔条纹移动（　　）。

A. 一个莫尔条纹间距 L　　B. θ 个 L

C. 一个 W 的间距　　D. $1/\theta$ 个 L

2. 应用题

有一直线光栅，每毫米刻线数为 100 线，主光栅与指示光栅的夹角 θ 为 1.8°，采用四线分技术，请计算：

（1）栅距 W；

（2）分辨率 Δ；

（3）莫尔条纹的宽度 L。

第8章

新型传感器典型应用

【学习目标】

- 了解集成温度传感器的基本特性。
- 了解集成温度传感器在超温报警器中的应用。
- 了解磁性传感器的基本特性。
- 了解磁性传感器在气缸活塞位置检测中的应用。
- 了解光纤传感器的基本特性。
- 了解光纤传感器的典型应用。

8.1 集成温度传感器的应用

目前PC的整机功率已达上百瓦，为了确保微机系统中的CPU能稳定工作，必须将机内产生的热量及时散发掉。为此，可采用集成温度传感器来检测CPU的温度，从而控制散热风扇的转速。贴片式集成温度传感器用于CPU温度的检测，如图8-1所示。当CPU温度超出设计上限75℃时，可迅速关断CPU电源，对芯片起到保护作用。

图8-1 集成温度传感器用于CPU温度的检测（贴片式集成温度传感器）

PC 内部装有多台散热用的无刷直流风扇，可利用多只集成温度传感器来检测 PC 中的 CPU、液晶板及锂电池的温度。根据温度的高低，通过风扇控制芯片来调整散热风扇的转速。

小知识 集成温度传感器（温度 IC）将温度敏感元件和放大、运算和补偿等电路采用微电子技术和集成工艺集成在一片芯片上，从而构成集测量、放大、电源供电回路于一体的高新能的测温传感器，它与传统的热电阻、热电偶相比，具有线性好、灵敏度高、体积小、稳定性好、输出信号好、互换性好、无需冷端补偿、不需要进行非线性校准、外围电路简单等优点，是其他温度传感器所无法比拟的，是温度传感器的发展方向。

8.1.1 模拟型集成温度传感器

电流输出型温度传感器能产生一个与绝对温度成正比的电流作为输出，AD590 是电流输出型温度传感器的典型产品，图 8-2 所示为 AD590 封装示意图。其温度系数是 1μA/K，在 25℃时的额定输出电流为 298μA，它的测温范围为−55～+150℃，在整个测温范围内的误差小于 0.5℃，它是一种高输出电阻的电流源两端器件，特别适合远距离测量。

图8-2 AD590封装

8.1.2 电压输出型集成温度传感器

LM35/45 是电压输出型温度传感器，其输出电压与摄氏温度成正比，无需外部校正，测温范围为−55～+155℃，精度可以达到 0.5℃。LM35 有金属封装和塑料封装两种，LM45 是贴片式封装。图 8-3 所示为 LM35 的塑封外形及电路符号。

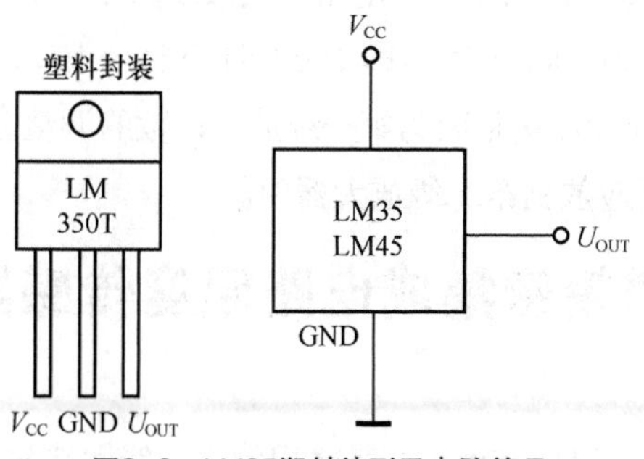

图8-3 LM35塑封外形及电路符号

8.1.3 AD590 基本转换电路

AD590 是两线制器件，流过 AD590 的电流与热力学温度成正比。0℃时 AD590 的输出电流为 273μA，该电流由图 8-4（a）中的负载电阻 R_L 转换成电压。当电阻 R_L 为 1kΩ时，输出电压 U_0 随温度的变化为 1mV/K。由于输出为电流信号，所以其输出线长度可以达到 200m。

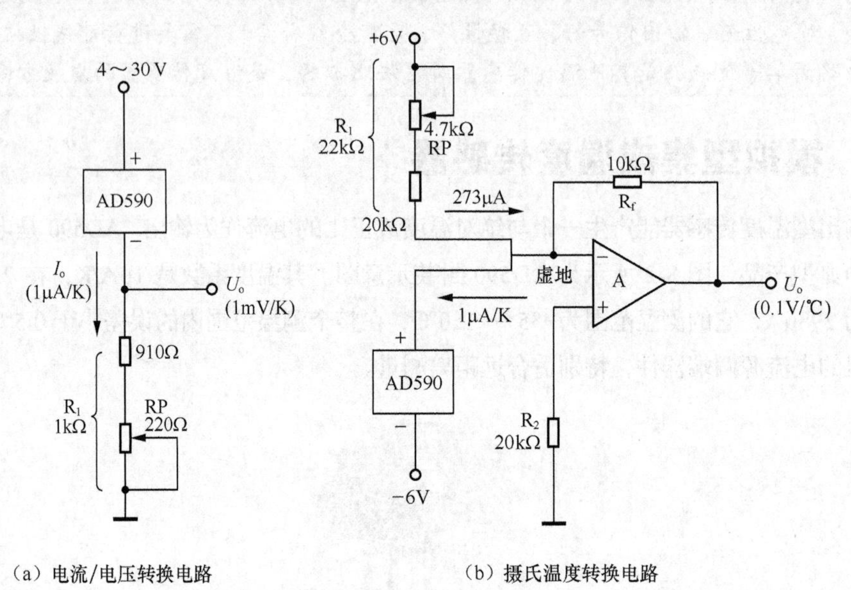

（a）电流/电压转换电路　　（b）摄氏温度转换电路

图8-4　AD590基本应用电路

AD590 集成温度传感器输出的电流与热力学温度成正比。那它如何测量摄氏温度呢？

若要达到与摄氏温度成正比的电压输出，可以用运算放大器的反相加法电路来实现电流/电压转换，如图 8-4（b）所示。摄氏温度测量电路的目的是：在 0℃时，电路的输出为零，高于 0℃时，电路的输出电压为正值；在低于 0℃时，电路的输出电流为负值。

测量电路的实现方案；电位器 RP 用于调整零点，R_f 用于调整运放的增益。调整方法如下所示：在 0℃调整 RP，使输出电流 $U_0=0$，然后在 100℃时调整 R_f 使 U_0 等于设计值（例如 1.00V），最后在室温下进行检验，例如，用 37℃的热水来校验其输出电压是否达到预定值。也可以用正常腋下体温来检验。在这个例子中，U_0 应为 0.36V，电路的灵敏度为 10mV/℃。

要使图 8-4（b）中的输出为 100mV/℃，即 100℃时的 $U_0=10$V，应在第一级放大器之后再增加一级放大倍数为 10 的同相放大器。这是因为第一级放大倍数的调整会影响零点的变化，使得电路变化得极不稳定，调满度电位器应放到第二级放大器中。

8.1.4 LM35 系列精密集成电路温度传感器

1．LM35 测温转换电路

LM35 系列是精密集成电路温度传感器，其输出的电压线性地与摄氏温度成正比。因此，LM35

比按绝对温标校准的线性温度传感器优越得多。LM35 系列传感器生产制作时已经过校准，输出电压与摄氏温度一一对应，使用极为方便。灵敏度为 10.0mV/℃，精度在 0.4～0.8℃（−55～+150℃温度范围内），重复性好，低输出阻抗，线性输出和内部精密校准使其与读出或控制电路接口简单和方便，可单电源和正负电源工作。

图 8-5 所示为 LM35 测温转换电路（含频率转换与隔离电路）。其测温范围是+2～+150°C，频率输出为 20～1 500Hz。这种电路可以与单片机接口，较 A/D 变换电路简单。温度传感器的输出电压经 V/F 变换器 LM131 的 7 脚，使温度在+2～+150℃的变化范围内输出相应的频率为 20～1 500Hz，需要在 150℃时调整 5kΩ电位器，使得该温度时输出频率为 1 500Hz。

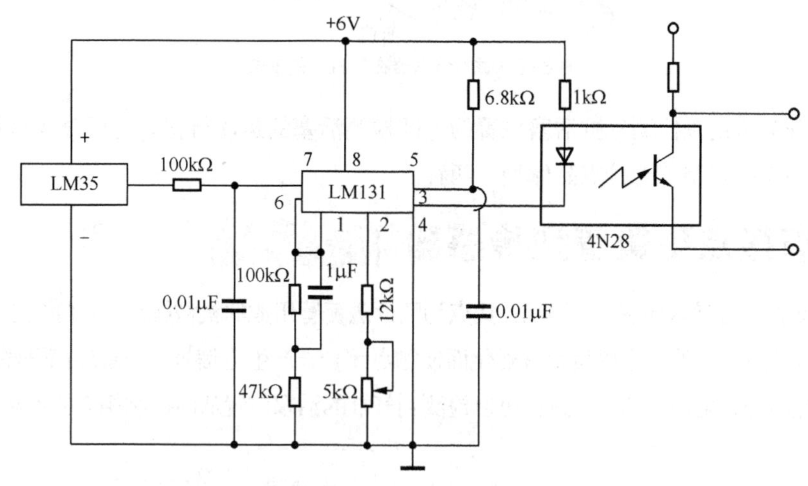

图8-5　LM35测温转换电路

2．LM35 测温传感器的封装

在使用过程中，应确保 LM35 的导线保持与器件外表面同样的温度，最容易的方法是用环氧树脂覆盖这些导线，以确保引线和导线与器件外表面具有相同的温度，使得器件外表面的温度将不受环境温度的影响。

在使用时可以将 LM35 被安装在密闭的金属管中，然后浸入一个槽中或拧入槽的螺纹孔中。和任何集成电路一样，LM35 和其伴随导线及电路必须绝缘和干燥，以防止漏电及腐蚀。如果电路工作在可能发生凝结的低温下，就应该更加注意。经常使用 Humiseal 和环氧树脂等印刷电路涂层和漆，以确保湿气不会腐蚀 LM35 或其连接，如图 8-6 所示。

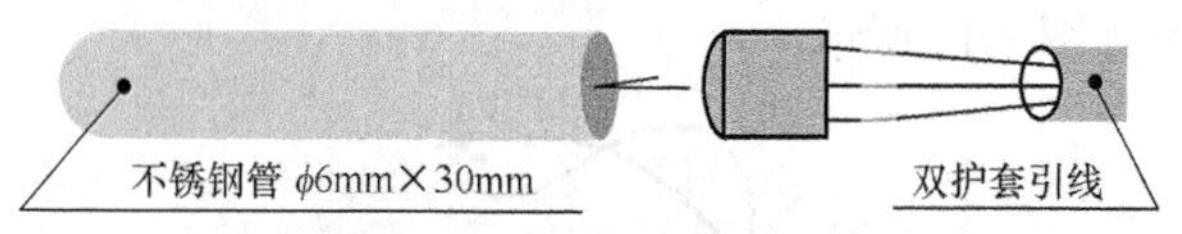

图8-6　LM35测温传感器的封装

8.2 磁性传感器的应用

在自动控制系统中，为了准确完成自动控制任务，必须要准确地检测出气缸的移动过程及位置。

这种检测装置一般就是磁性传感器，又叫磁性接近开关。它安装在气缸表面，用来探测活塞的位置（活塞上安装磁环）。磁性传感器安装方式如图 8-7 所示。

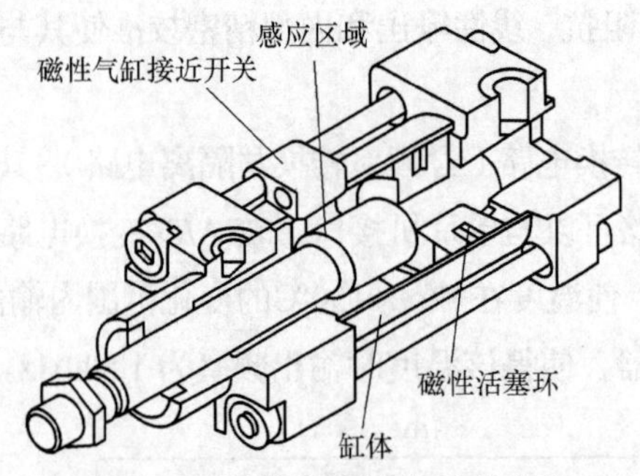

图8-7 磁性传感器在气缸上的安装

磁性气缸开关是用来检测气缸活塞位置的，即检测活塞的运动行程。它可分为有接点型（有接点磁簧管型）和无接点型（无接点晶体型）两种。

8.2.1 有接点磁簧管型传感器

有接点磁簧管型传感器如图 8-8 所示，接点为两片磁簧管组成的机械触点。当随气缸移动的磁环靠近感应开关时，感应开关的两个磁簧片被磁化而使触点闭合，产生电信号；当磁环离开磁性开关后，舌簧片失磁，触点断开，电信号消失。这样可以检测到气缸的活塞位置从而控制相应的电磁阀动作。

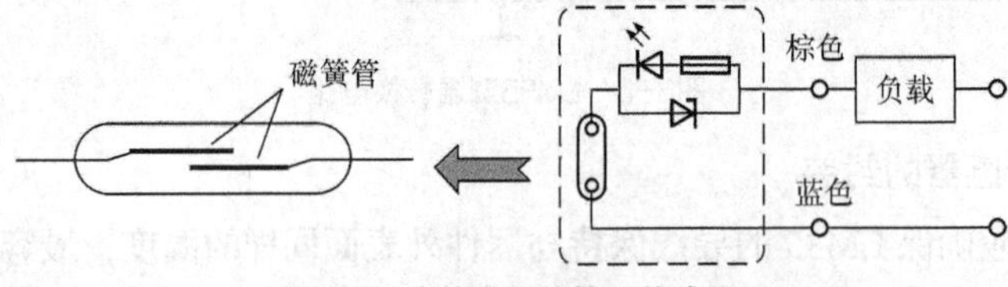

图8-8 有接点磁簧管型传感器

8.2.2 无接点晶体型传感器

无接点式感应开关（无接点晶体型）从结构和原理上与有接点式感应开关都有本质的区别，可分为 NPN、PNP 型。它是通过对内部晶体管的控制，来发出控制信号。当磁环靠近感应开关时，晶体管导通，产生电信号；当磁环离开磁性开关后，晶体管关断，电信号消失，感应点安装位置如图 8-9 所示，传感器接线如图 8-10 所示。

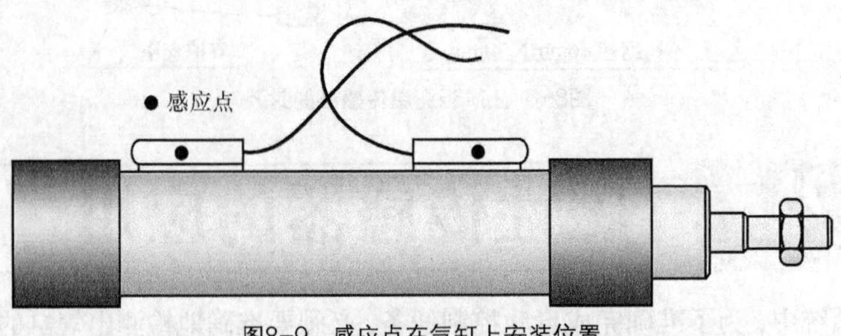

图8-9 感应点在气缸上安装位置

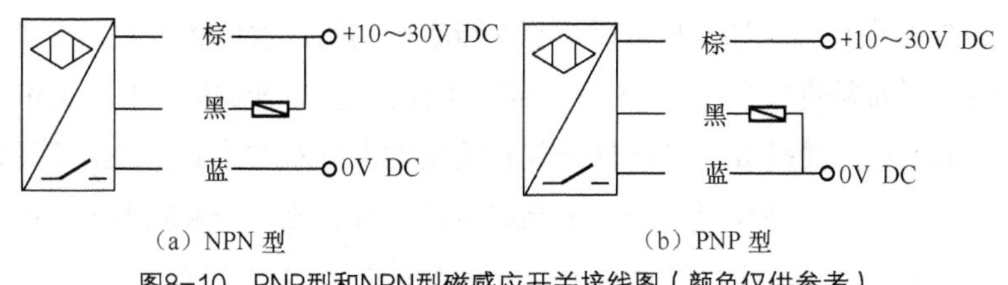

图8-10　PNP型和NPN型磁感应开关接线图（颜色仅供参考）

8.2.3　霍尔磁感应开关

如前面介绍的霍尔开关一样，当磁铁的有效磁极接近并达到动作距离时，霍尔式接近开关动作。霍尔接近开关一般还配一块钕铁硼磁铁，如图 8-11 所示。

图8-11　霍尔磁感应开关

8.2.4　磁性开关在自动化生产线的应用

磁性感应开关一般都是和气缸配合使用，工作电压为 DC6～30V，具体的电压值可向提供产品的商家或厂家咨询。磁性开关的两根引线应根据其颜色来连接，如两根引线的颜色均为同色，说明其内部为干簧继电器形式，接线没有极性要求，一根线接正电源，另一根线则可接至控制系统。如果两根引线的颜色分别为红色和黑色，说明其内部可能为霍尔开关形式，则红线接正电源，而黑色线接至控制系统。一般磁性开关的电容量较小，仅仅为 100mA 左右，故不宜用来直接驱动控制电磁阀，应先由磁性开关控制一只小继电器，再用继电器的触点去驱动控制电磁阀。磁性开关在气缸上的安装位置方式如图 8-12 所示。

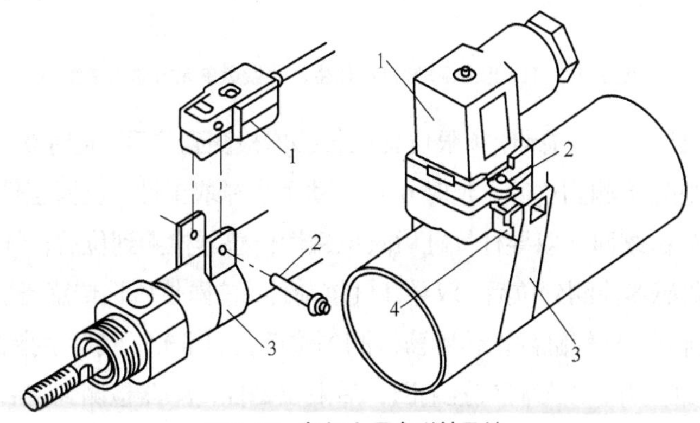

图8-12　气缸上固定磁性开关
1—磁性开关；2—螺钉；3—钢带；4—带沟槽的轭架

磁性开关可以安装在行程末端，也可以安装在行程中间的任意位置上。对于要将磁性开关安装在行程中间的情况（例如要使活塞在行程中途的某一位置停止），开关的安装位置可按照如下方法确定。在活塞应停止位置使活塞固定，让磁性开关在活塞的上方左右移动，找出开关开始吸合时的位置，则左右吸合位置的中间位置便是开关的最高灵敏度位置。磁性开关应固定在这个最高灵敏度位置。当要将开关安装在行程末端时，为保证开关安装在最高灵敏度位置。

图 8-13 所示的是浙江天煌生产的 THMSRX-3 型自动化生产线搬运单元气动回路图。气动控制系统是本工作单元的执行机构。该执行机构的逻辑控制功能是由 PLC 实现的。其中，1B1、1B2 为安装在旋转气缸的两个极限工作位置的磁性传感器。1Y1、1Y2 为控制旋转气缸的电磁阀。2B1、2B2 为安装在双联气缸的两个极限工作位置的磁性传感器。2Y1、2Y2 为控制双联气缸的电磁阀。3B1、为安装在气动机械手的极限工作位置的磁性传感器。3Y1、3Y2 为控制双联气缸的电磁阀。4B1、4B2 为安装在气动机械手的极限工作位置的磁性传感器。4Y1 为控制双联气缸的电磁阀。

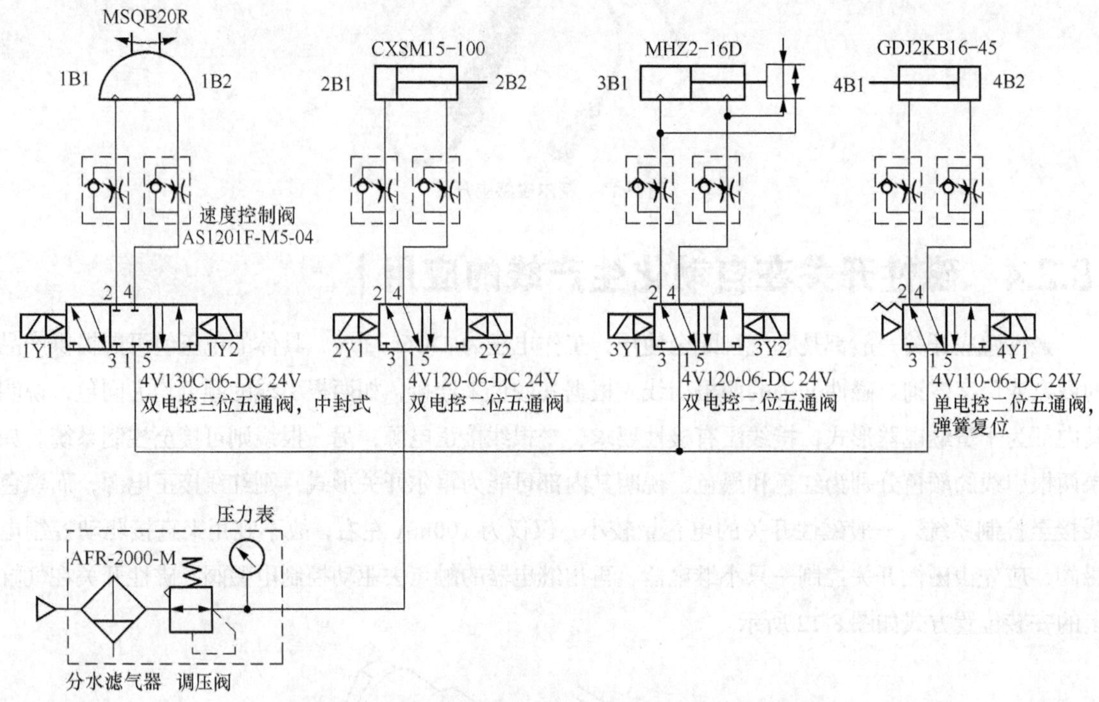

图8-13 THMSRX-3型自动化生产线搬运单元气动回路图

当上料完成后，双导杆气缸前伸，前限位磁性传感器检测到位后，延时 0.5s 前臂单杆气缸下降，前臂单杠气缸磁性传感器检测到位后，延时 0.5s 气动手指抓取工件，夹紧工件后延时 0.5s；前臂单杆气缸上升，双导杆气缸缩回，双导杆气缸后限位磁性传感器检测到位后；气动机械手摆台向右摆动，摆台右限位磁性传感器检测到位后，双导杆气缸前伸，前限位磁性传感器检测到位后，延时 0.5s 前臂单杆气缸下降，前臂单杠气缸磁性传感器检测到位后，延时 0.5s 气动手指将工件放入待料工位，延时 0.5s 前臂单杆气缸上升，双导杆气缸缩回，后限位磁性传感器检测到位后，气动机械手摆台向左摆动，摆台左限位磁性开关到位后，等待下一个工件到位，重复上面的动作。PLC 控制原理请参考相关资料。

8.3 光纤传感器的应用

面对激烈的市场竞争，一个企业的生产效率是其能否生存和发展的决定性因素。要想提高生产效率就必须提高各个环节的效率，产品自动化控制系统是现在工业生产经常使用的控制系统之一。比如工件分拣这个环节，有没有自动分拣系统就成为判断条件之一，也是必须的条件。图8-14所示的小型自动化生产线可以进行物料的自动上料、加工和分拣，该系统能够满足企业进行材料自动分拣的弹性生产线的需求，可以很好地实现小型企业生产线的要求。

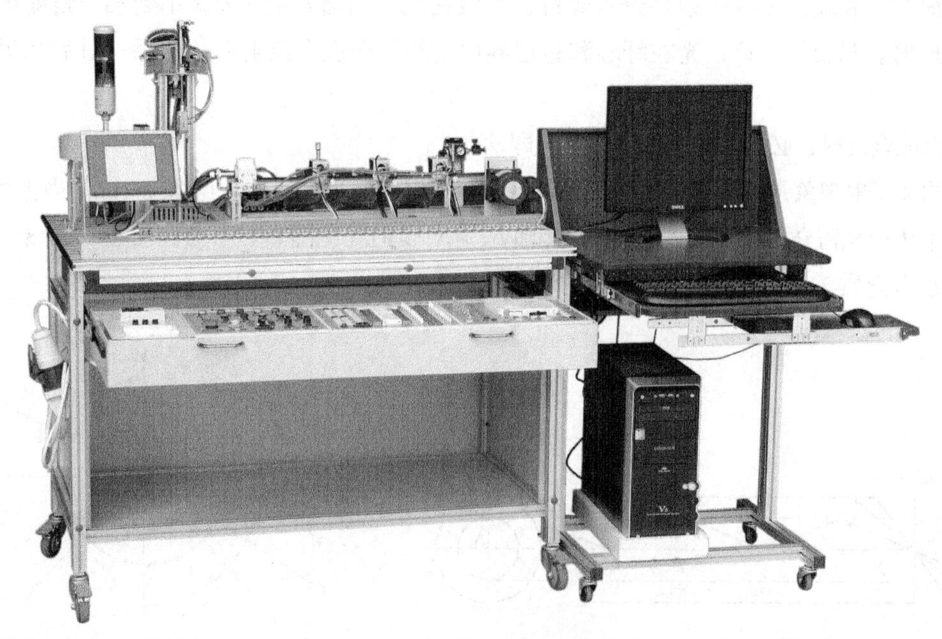

图8-14　自动化生产线装置

该自动化生产线主要有供料单元、加工单元和分拣单元系等组成。在对物料进行分拣时，需要对不同材质的物料进行分类处理，这就需要使用传感器进行物料的检测，以区分不同类型的物料。在分拣单元可以利用光纤传感器，调节其灵敏度，使其对不同材料的灵敏度发生改变，改变接收信号的强弱，以便区分物体的颜色，实现物料的自动分拣。

8.3.1 光纤传感器的工作原理

光纤传感器则是一种把被测量的状态转变为可测的光信号的装置。由光发送器、敏感元件(光纤或非光纤的)、光接收器、信号处理系统以及光纤构成。

由光发送器发出的光经光纤引导至敏感元件。这时，光的某一性质受到被测量的调制，已调光经接收光纤耦合到光接收器，使光信号变为电信号，最后经信号处理得到所期待的被测量。

可见，光纤传感器与以电为基础的传统传感器相比较，在测量原理上有本质的差别。传统传感器是以机—电测量为基础，而光纤传感器则以光学测量为基础。

1．光纤结构

光纤通常采用石英玻璃制成，同时有不同掺杂，主要由纤芯、包层和尼龙护套3个部分组成，如图8-15所示。光导纤维的导光能力取决于纤芯和包层的性质，纤芯折射率 N_1 略大于包层折射率 N_2（$N_1 > N_2$）。

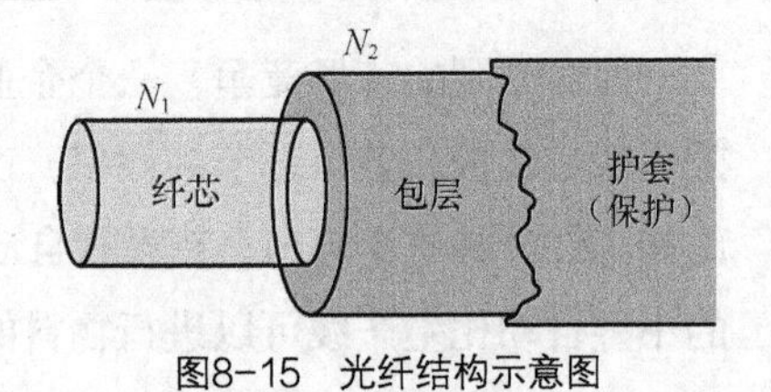

图8-15 光纤结构示意图

2．光纤传光原理

光纤的传播基于光的全反射。当光线以不同角度入射到光纤端面时，在端面发生折射后进入光纤；光线在光纤端面入射角 θ 减小到某一角度 θ_c 时，光线全部反射。只要 $\theta < \theta_c$，光在纤芯和包层界面上经若干次全反射向前传播，最后从另一端面射出。

为保证全反射，必须满足全反射条件，即 $\theta < \theta_c$。

光的全反射现象是研究光纤传光原理的基础。根据几何光学原理（见图8-16）。当光线以较小的入射角 θ_1 由光密介质1射向光疏介质2（即 $N_1 > N_2$）时（见图8-17），则一部分入射光将以折射角 θ_2 折射入介质2，其余部分仍以 θ_1 反射回介质1。

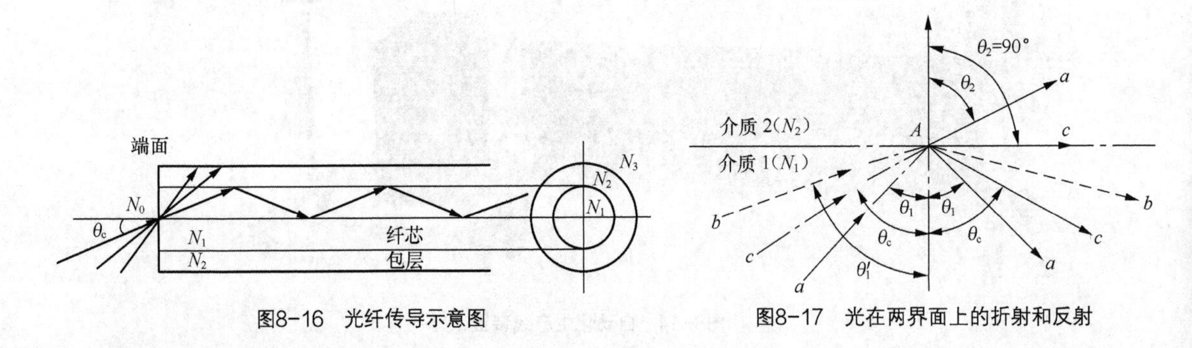

图8-16 光纤传导示意图　　图8-17 光在两界面上的折射和反射

依据光折射和反射的斯涅尔（Snell）定律，有

$$N_1 \sin\theta_1 = N_2 \sin\theta_2 \tag{8-1}$$

当 θ_1 角逐渐增大，直至 $\theta_1 = \theta_c$ 时，透射入介质2的折射光也逐渐折向界面，直至沿界面传播（θ_2=90°）。对应于 θ_2=90°时的入射角 θ_1 称为临界角 θ_c；由式（8-1）则有

$$\sin\theta_c = \frac{N_2}{N_1} \tag{8-2}$$

综合分析可知，当 $\theta_1 > \theta_c$ 时，光线将不再折射入介质2，而在介质（纤芯）内产生连续向前的全反射，直至由终端面射出。

可见，光纤临界入射角的大小是由光纤本身的性质（N_1、N_2）决定的，与光纤的几何尺寸无关。

8.3.2　光纤传感器的分类及主要参数

1．根据光纤在传感器中的作用

光纤传感器分为功能型、非功能型和拾光型 3 大类。

（1）功能型（全光纤型）光纤传感器。如图 8-18 所示，功能型光纤传感器利用对外界信息具有敏感能力和检测能力的光纤（或特殊光纤）作传感元件，是将“传”和“感”合为一体的传感器。光纤不仅起传光作用，而且还利用光纤在外界因素（弯曲、相变）的作用下，其光学特性（光强、相位、偏振态等）的变化来实现“传”和“感”的功能。因此，传感器中光纤是连续的。由于光纤连续，增加其长度，可提高灵敏度。

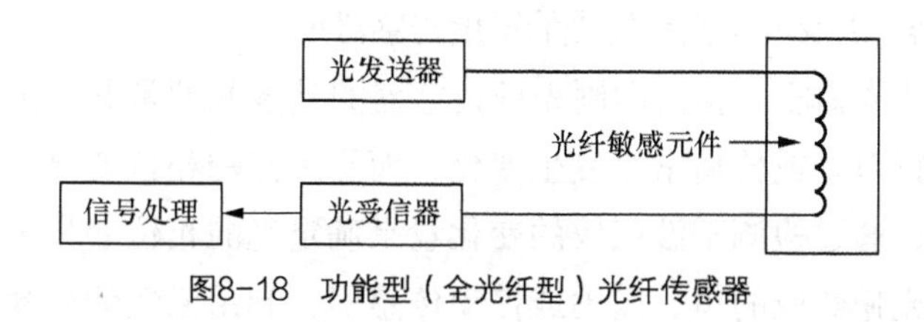

图8-18　功能型（全光纤型）光纤传感器

（2）非功能型（或称传光型）光纤传感器。光纤仅起导光作用，只“传”不“感”，对外界信息的“感觉”功能依靠其他物理性质的功能元件完成。光纤不连续。此类光纤传感器无需特殊光纤及其他特殊技术，比较容易实现，成本低。但灵敏度也较低，用于对灵敏度要求不太高的场合。

（3）拾光型光纤传感器。用光纤作为探头，接收由被测对象辐射的光或被其反射、散射的光。图 8-19 所示为其典型例子，如光纤激光多普勒速度计、辐射式光纤温度传感器等。

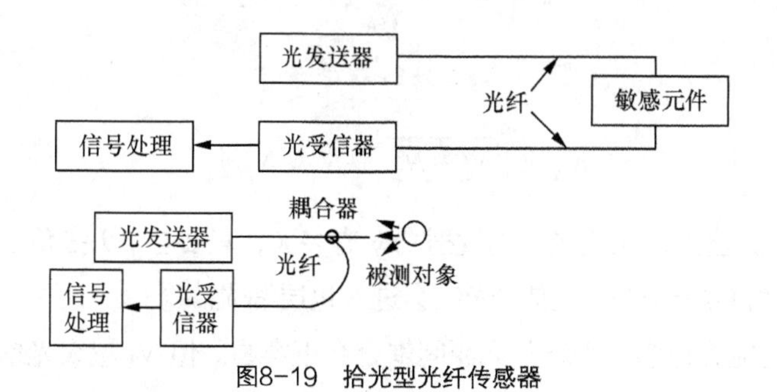

图8-19　拾光型光纤传感器

2．根据光受被测对象的调制形式

光纤传感器分为强度调制、偏振调制、频率调制、相位调制。

（1）强度调制光纤传感器。强度调制光纤传感器是一种利用被测对象的变化引起敏感元件的折射率、吸收或反射等参数的变化，而导致光强度变化来实现敏感测量的传感器。有利用光纤的微弯损耗，各物质的吸收特性，振动膜或液晶的反射光强度的变化，物质因各种粒子射线或化学、机械的激励而发光的现象，以及物质的荧光辐射或光路的遮断等来构成压力、振 动、温度、位移、气体等各种强度调制型光纤传感器。优点是结构简单、容易实现，成本低。缺点是受光源强度波动和连

接器损耗变化等影响较大。

（2）偏振调制光纤传感器。偏振调制光纤传感器是一种利用光偏振态变化来传递被测对象信息的传感器。有利用光在磁场中媒质内传播的法拉第效应做成的电流、磁场传感器，利用光在电场中的压电晶体内传播的泡尔效应做成的电场、电压传感器，利用物质的光弹效应构成的压力、振动或声传感器，以及利用光纤的双折射性构成温度、压力、振动等传感器。这类传感器可以避免光源强度变化的影响，因此灵敏度高。

（3）频率调制光纤传感器。频率调制光纤传感器是一种利用单色光射到被测物体上反射回来的光的频率发生变化来进行监测的传感器。有利用运动物体反射光和散射光的多普勒效应的光纤速度、流速、振动、压力、加速度传感器，利用物质受强光照射时的拉曼散射构成的测量气体浓度或监测大气污染的气体传感器；以及利用光致发光的温度传感器等。

（4）相位调制光纤传感器。相位调制光纤传感器的基本原理是利用被测对象对敏感元件的作用，使敏感元件的折射率或传播常数发生变化，而导致光的相位变化，使两束单色光所产生的干涉条纹发生变化，通过检测干涉条纹的变化量来确定光的相位变化量，从而得到被测对象的信息。通常有利用光弹效应的声、压力或振动传感器，利用磁致伸缩效应的电流、磁场传感器，利用电致伸缩的电场、电压传感器以及利用光纤赛格纳克（Sagnac）效应的旋转角速度传感器（光纤陀螺）等。这类传感器的灵敏度很高。但由于需用特殊光纤及高精度检测系统，因此成本高。

3．光纤传感器的主要参数

（1）数值孔径（N_A）。临界入射角θ_c的正弦函数定义为光纤的数值孔径N_A。

$$N_A = \sin\theta_c = \frac{1}{N_0}\sqrt{N_1^2 - N_2^2} \qquad (8\text{-}3)$$

在空气中：

$$N_A = \sqrt{N_1^2 - N_2^2} \quad (N_1 > N_2) \qquad (8\text{-}4)$$

N_A表示光纤的集光能力，无论光源的发射功率有多大，只要在$2\theta_c$张角之内的入射光才能被光纤接收、传播。若入射角超出这一范围，光线会进入包层漏光。

一般N_A越大集光能力越强，光纤与光源间耦合会更容易。但N_A越大光信号畸变越大，要选择适当。

产品光纤不给出折射率N，只给数值孔径N_A，石英光纤的数值孔径一般为

$$N_A = 0.2 - 0.4$$

（2）光纤模式（V）。光纤模式是指光波沿光纤传播的途径和方式，不同入射角度光线在界面上反射的次数不同。光波之间的干涉产生的强度分布也不同，模式值定义为

$$V = \frac{2\pi\alpha}{\lambda_0} N_A \qquad (8\text{-}5)$$

式中：α——纤芯半径；

λ_0——入射波长。

模式值越大，允许传播的模式值越多。在信息传播中，希望模式数越少越好，若同一光信号采用多种模式会使光信号分不同时间到达多个信号，导致合成信号畸变。

模式值 V 小，就是 α 值小，即纤芯直径小，只能传播一种模式，称单模光纤。单模光纤性能最好，畸变小、容量大、线性好、灵敏度高，但制造、连接困难。

除单模光纤外，还有多模光纤（阶跃多模、梯度多模），单模和多模光纤是当前光纤通信技术最常用的普通光纤，如图 8-20 所示。

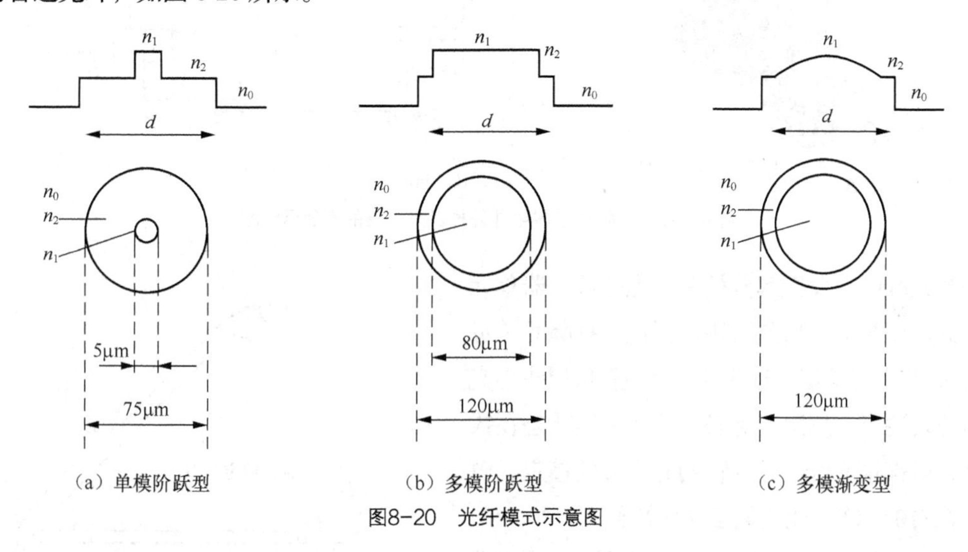

图8-20 光纤模式示意图

（3）传播损耗（A）。光纤在传播时，由于材料的吸收、散射和弯曲处的辐射损耗影响，不可避免地要有损耗，用率减率 A 表示：

$$A = \frac{-10\lg(I_1/I_2)}{l} \ (\text{dB/km}) \tag{8-6}$$

例如：在一根衰减率为 10dB/km 的光纤中，表示当光纤传输 1km 后，光强下降到入射时的 1/10。

8.3.3 光纤传感器在自动化生产线的应用

在图 8-21 所示的自动化生产线系统中，分拣单元主要使用的传感器是光纤传感器。这里的光纤传感器主要是使用的 E3Z-NA11 型光纤传感器。该传感器由光纤检测头、光纤放大器两个部分组成。放大器和光纤检测头是分离的两个部分。光纤检测头的尾端部分分出两条光纤，使用时分别插入放大器的两个光纤孔。图 8-22 所示为放大器的安装示意图。

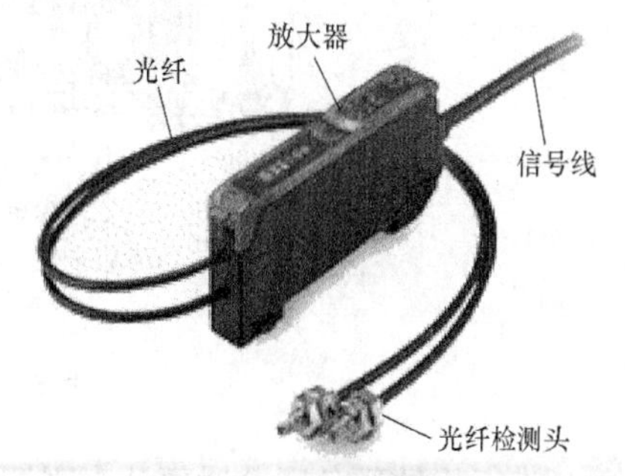

图8-21 光纤传感器组件

该传感器的放大器的灵敏度调节范围较大。当光纤传感器灵敏度调得较小时，反射性较差的黑色物体，光电探测器无法接收到反射信号；而反射性较好的白色物体，光电探测器就可以接收到反射信号。反之，若调高光纤传感器灵敏度，则即使对反射性较差的黑色物体，光电探测器也可以接收到反射信号。从而可以通过调节灵敏度判别黑白两种颜色物体，将两种物料区分开，从而完成自动分拣工序。

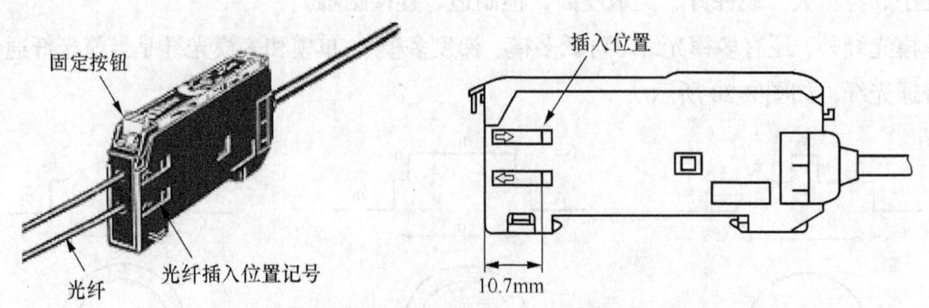

图8-22 光纤传感器组件外形及放大器的安装示意图

安装光纤时，要掀起保护罩把光纤放大器单元侧面的插入记号插入后放下锁定扳钮。拆除时（见图 8-23），装上保护层，打开锁定扳钮就可以拔出光纤。另外要注意，拆除时务必先确认锁定状态在拔出光纤，以保证光纤的特性；同时光纤的锁定、解除需要在−10～40℃的温度范围内实施。

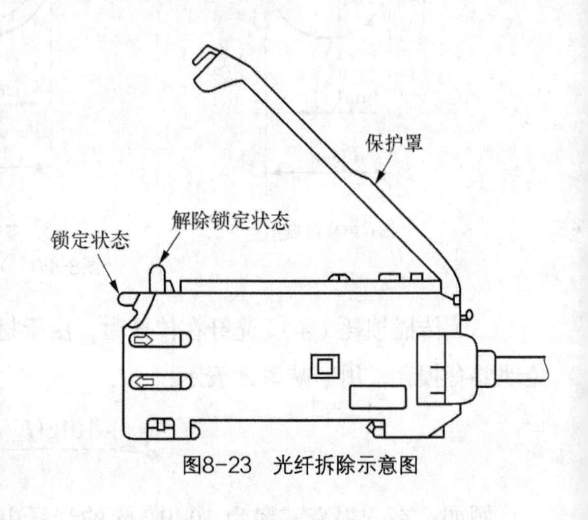

图8-23 光纤拆除示意图

图 8-24 所示给出了放大器单元的俯视图，调节其中部的 8 旋转灵敏度高速旋钮就能进行放大器灵敏度调节（顺时针旋转灵敏度增大）。调节时，会看到"入光量显示灯"发光的变化。当探测器检测到物料时，"动作显示灯"会亮，提示检测到物料。

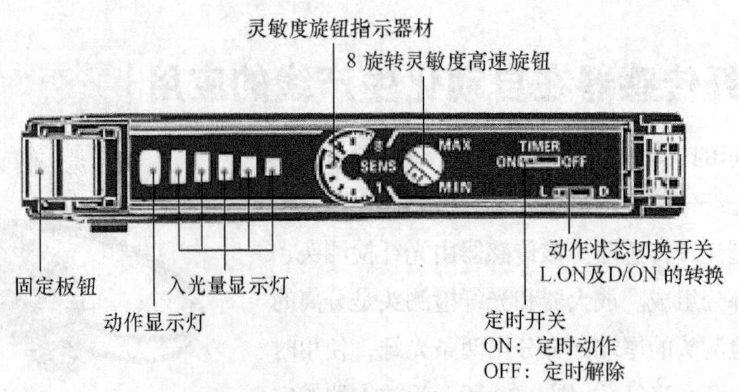

图8-24 光纤传感器放大器单元的俯视图

进行物体颜色区分时要认真观测光量变化的 LED 光量条显示变化。具体动作显示和入光量情况如图 8-25 所示。

显示灯的状态（L/ON 时）	动作显示灯（L/ON 时）	入光量
动作显示灯 入光量显示灯 灯熄 灯亮（注）	灯熄	动作量的 80% 以下
	灯熄	动作量的 80% 以下
	灯熄 或 灯亮	动作量的 90% 以下
	灯亮	动作量的 110% 以下
	灯亮	动作量的 120% 以下

图8-25　光纤传感器的动作显示和入光量

具体调整操作方法如下。

（1）根据需要，调整定时开关（ON：定时动作　OFF：定时解除）和动作状态转换开关（L/ON 及 D/ON 的转换）。

一般调整为：定时解除、L/ON

（2）将已安装好的传感器送上电。上电后若没有检测到工件，指示灯的显示如图 8-26 所示。

图8-26　通电时指示灯状态

指示灯的状态解释如图 8-27 所示。

（3）将被检测的工件送到对应的光纤头前，图 8-28 所示为用专用螺丝刀顺时针旋转，调整灵敏度调整旋钮，可增大传感器的灵敏度，反之则减小。

调整到图 8-29 所示的指示情况即可，此时表示该工件被检测到了。

显示灯的状态（L/ON）时	动作显示灯（L/ON 时）	入光量
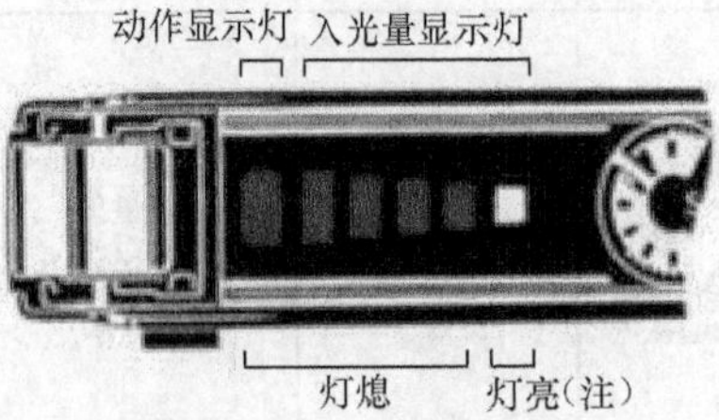 动作显示灯 入光量显示灯 灯熄 灯亮（注）	灯熄	动作量的 80% 以下

图8-27 指示灯的状态解释

图8-28 动作量调整

图8-29 调整好示意图（检测到工件）

再将需要与工件区别的另一工件送到光纤头前，指示灯应如图 8-30 所示，或指示灯不能超过图 8-31 所示。

图8-30 调整好示意图（未检测到工件）

	灯熄 或 灯亮	动作量的 90% 以下

图8-31 动作指示灯情况（未检测到工件）

在调整前要先考虑两工件的反光强度，反光度强的为需要检测的工件，弱的为不需要检测的工件（反光强度：金属工件>白色工件>黑色工件）。

E3Z-NA11 型光纤传感器电路框图如图 8-32 所示，接线时请注意根据导线颜色判断电源极性和信号输出线，切勿把信号输出线直接连接到电源+24V 端。

光纤连接注意事项如下。

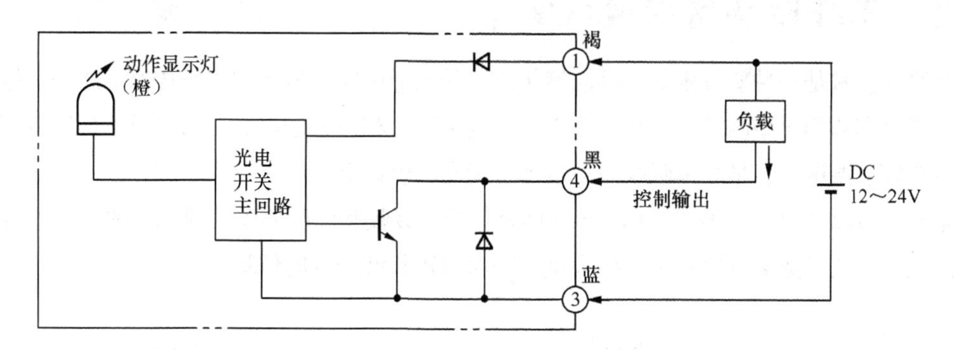

图8-32　E3X-NA11 型光纤传感器电路框图

（1）勿用蛮力进行光纤单元的拉伸和压缩。

（2）把光纤单元的弯曲半径设定在额定性能允许的范围内。

（3）不要在两头进行较大的弯曲。

（4）勿加压、加重。

（5）注意防止光纤探头会因振动而损坏。

8.3.4　光纤传感器液位检测

光纤液位传感器结构特点：光纤测头端有一个圆锥体反射器（见图 8-33），当测头置于空气中没接触液面时，光线在圆锥体内发生全内反射而回到光电二极管；当测头接触液面时，由于液体折射率与空气不同，全内反射被破坏，有部分光线透入液体内，使返回到光电二极管的光强变弱。返回光强是液体折射率的线性函数，返回光强发生突变时，表明测头已接触到液位。

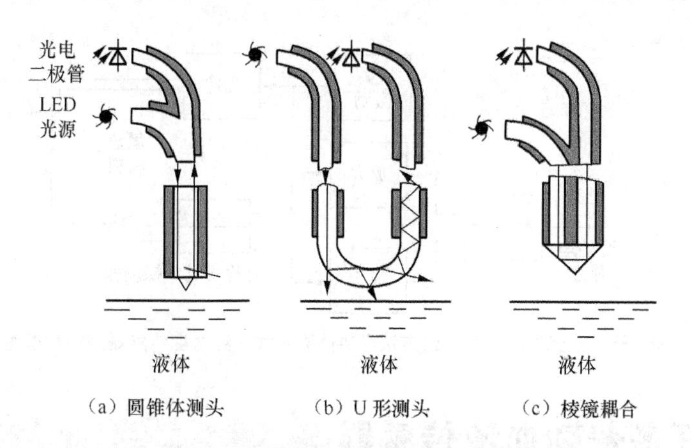

（a）圆锥体测头　（b）U 形测头　（c）棱镜耦合

图8-33　光纤液位传感器工作原理示意图

光纤液位传感器通常对光电接收器的要求不高。由于同种溶液在不同浓度时的折射率不同，经标定，这种液位传感器也可作浓度计。光纤液位计可用于易燃、易爆场合，但不能探测污浊液体及会黏附在测头表面的黏稠物质。

8.3.5 光纤传感器温度检测

光纤测温技术是一种新技术。光纤温度传感器是工业中应用最多的光纤传感器之一。按调制原理分为相干型和非相干型两类。在相干型中有偏振干涉、相位干涉以及分布式温度传感器等；在非相干型中有辐射温度计、半导体吸收式温度计、荧光温度计等。

以半导体吸收式温度传感器为例，半导体材料的光吸收和温度的关系曲线如图 8-34 所示。半导体材料的吸收边波长随温度增加和透射强度增强而向较长波长方向位移。

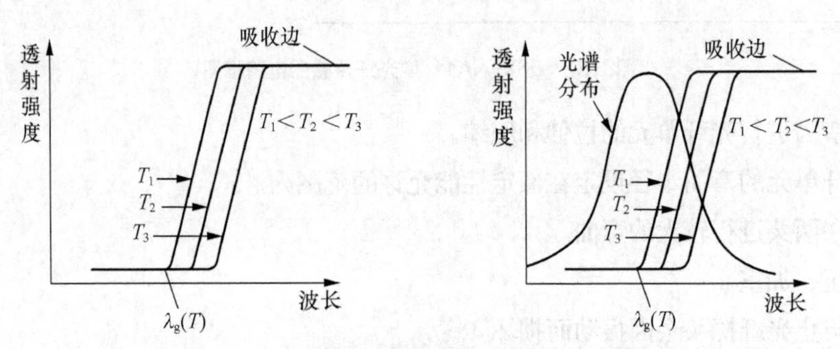

图8-34 光纤温度传感器透射强度与波长关系图

若能适当选择发光二极管，使其光谱范围正好落在吸收边的区域，即可做成透射式光纤温度传感器。透过半导体的光强随温度升高而减少。

图 8-35 中，光源为 GaAlAs（砷化镓铝）发光二极管，测温介质为测量光纤上的半导体材料 CdTe（碲化镉）。参考光纤上面没有敏感材料。采用除法器消除外界干扰，提高测量精度。测温范围在 40～120℃，精度为 ± 1℃。

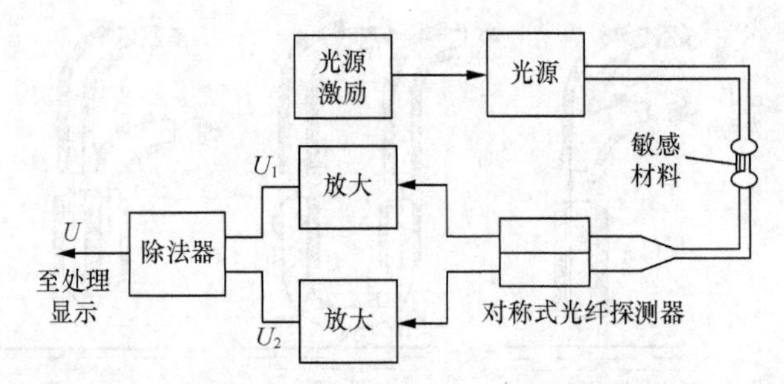

图8-35 双光纤参考基准通道法半导体吸收式光纤温度传感器的结构框图

8.3.6 光纤多普勒血流传感器

利用多普勒效应可构成光纤速度传感器。由于光纤很细（外径约几十毫米），能装在注射器针头内，插入血管中。又由于光纤速度传感器没有触电的危险，所以用于测量心脏内的血流十分安全。

图 8-36 所示为光纤多普勒速度传感器的原理图。测量光束通过光纤探针进到被测血流中，经直径约 7mm 的红血球散射，一部分光按原路返回，得到多普勒频移信号 $f+\Delta f$ ，频移 Δf 为

$$\Delta f = 2nv\cos\theta/\lambda \tag{8-7}$$

式中：v——血流速度；

n——血液的折射率；

θ——光纤轴线与血管轴线的夹角；

λ——激光波长。

另一束进入驱动频率为 $f_1 = 40$MHz 的布喇格盒(频移器)，得到频率为 $f - f_1$ 的参考光信号。

将参考光信号与多普勒频移信号进行混频，就得到了要探测的信号。这种方法称为光学外差法。经光电二极管将混频信号变换成光电流送入频谱分析仪，得出对应于血流速度的多普勒频移谱(速度谱)，如图 8-37 所示。

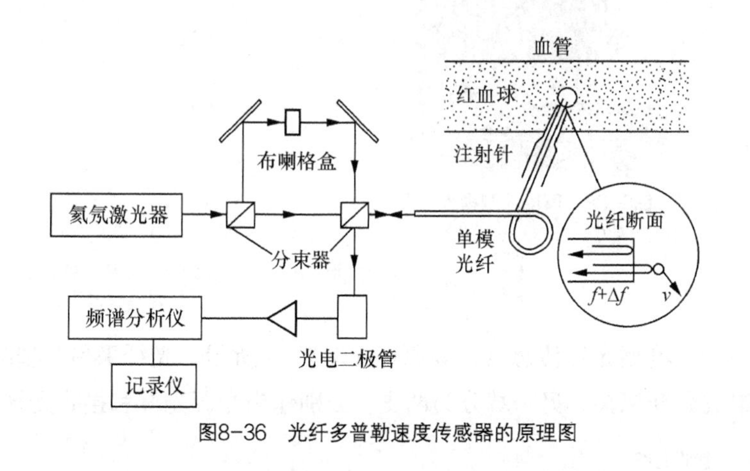

图8-36　光纤多普勒速度传感器的原理图

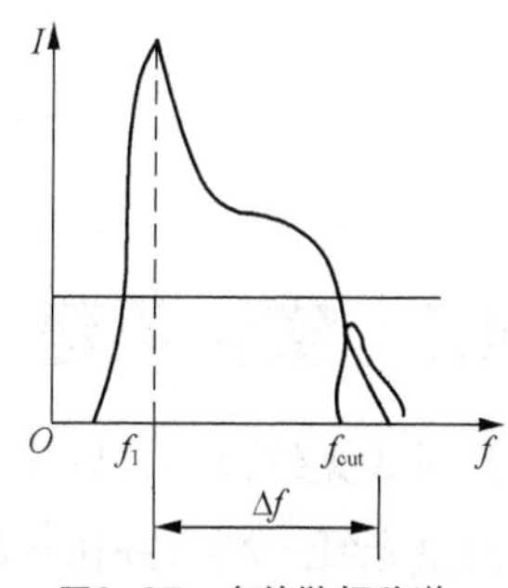

图8-37　多普勒频移谱

典型的光纤血流传感器可在 0～1 000cm/s 速度范围内使用，空间分辨率为 100mm，时间分辨率为 8ms。光纤血流传感器的缺点是光纤插入血管中会干扰血液流动，另外背向散射光非常微弱，在设计信号检测电路时必须考虑。

8.4 实训项目八　厚度测量模型（光纤位移传感器）

8.4.1　实训目的与设备

1．目的

学习和掌握光纤位移传感器的工作原理和使用方法。

2. 实训设备

厚度检测模型（见图 8-38）、变送器挂箱（见图 2-41）、电源及仪表挂箱（见图 2-39）。厚度检测模型简介如下。

光纤位移传感器及放大器：量程 0～10mm，输出 1～5V，放大器增益连续可调。

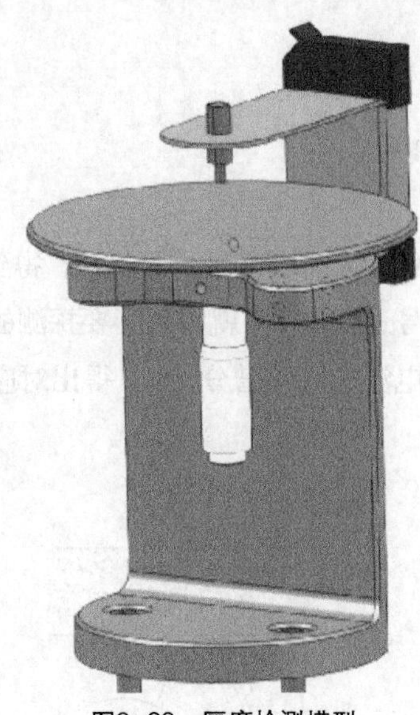

图8-38　厚度检测模型

8.4.2　实训原理

反射式光纤位移传感器是一种传输型光纤传感器，其原理如图 8-39 所示。光纤采用 Y 型结构，两束光纤一端合并在一起组成光纤探头，另一端分为两支，分别作为光源光纤和接收光纤。

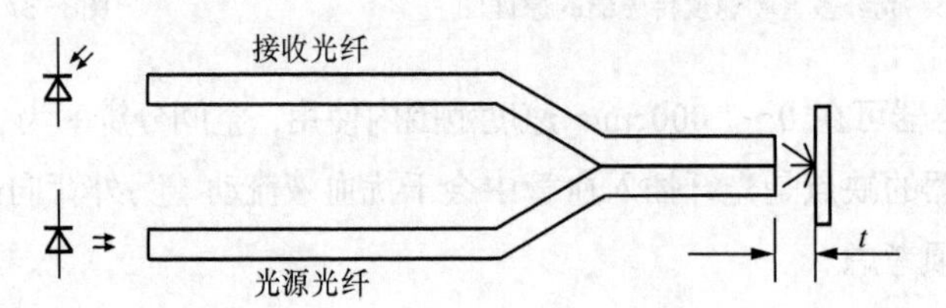

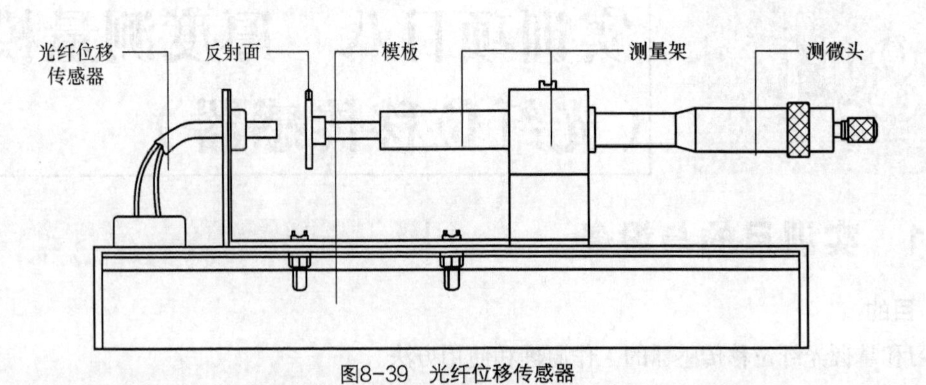

图8-39　光纤位移传感器

光从光源耦合到光源光纤，通过光纤传输，射向反射面，再被反射到接收光纤，最后由光电转换器接收，转换器接收到的光源与反射体表面的性质及反射体到光纤探头距离有关。当反射表面位置确定后，接收到的反射光光强随光纤探头到反射体的距离的变化而变化。显然，当光纤探头紧贴反射面时，接收器接收到的光强为零。随着光纤探头离反射面距离的增加，接收到的光强逐渐增加，到达最大值点后又随两者的距离增加而减小。反射式光纤位移传感器是一种非接触式测量，具有探头小，响应速度快，测量线性化（在小位移范围内）等优点，可在小位移范围内进行高速位移检测。

8.4.3　实训内容及步骤

1．硬件设备的实训内容和步骤

（1）按照图2-39、图2-44所示的标示，将电源及仪表挂箱上的DC12V接到铝面板上“光纤位移传感器”（注意：红色接正，黑色接地，不要接反）。

（2）“光纤位移传感器”的输出连接到“电源及仪表挂箱”上的直流电压表上（注意：红色接正，黑色接地，不要接反），并20V挡。

（3）然后打开电源及仪表挂箱电源，电源指示灯亮。

（4）调节螺旋测微器同时记录对应刻度下直流电压表上的数值。

（5）实验结束，将电源关闭后将导线整理好，放回原处。

（6）实训报告：简述光纤位移传感器的工作原理及应用范围。

2．软件设备的实训内容和步骤

（1）按照图2-39、图2-44的标示，将电源及仪表挂箱上的DC12V接到铝面板上“光纤位移传感器”（注意：红色接正，黑色接地，不要接反）。

（2）将铝面板上“光纤位移传感器”的输出连接到“信号处理及接口挂箱”上的“光纤位移传感器”的左端（注意：红色接正，黑色接地，不要接反）。

（3）将“信号处理及接口挂箱”上的“光纤位移传感器”的右端接到数据采集卡挂箱上的“模拟量输入端AI7”(注意：红色导线接AI7黑色导线接DGND)。

（4）将图2-39、图2-40上的+5V、+12V、GND、−5V、−12V电源连接起来，然后打开电源及仪表挂箱电源，电源指示灯亮。再打开电脑上的测试软件，按照接线方式选择光纤位移传感器上对应的通道AI7，并让软件运行。则光纤位移传感器检测到不同的厚度时软件上就会显示对应的数值变化。

8.5　拓展实训项目　物料分拣系统

8.5.1　实训目的与设备

1．目的

（1）学习和掌握各种气动元件的工作原理和使用方法；

（2）搭建物料分拣系统，实现物料分拣功能。

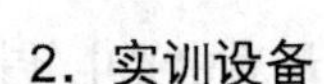

2．实训设备

物料分拣模型（见图 3-41）、信号处理及接口挂箱（见图 2-40）、电源及仪表挂箱（见图 2-39）。

8.5.2 实训原理

1．空气压缩机（见图 8-40）

空气压缩机，简称空压机，是气源装置中的主体，它是将原动机（通常是电动机）的机械能转换成气体压力能的装置，是压缩空气的气压发生装置。空气压缩机的种类很多，按工作原理分为容积型压缩机和速度型压缩机。

图8-40 空气压缩机

2．气缸（见图 8-41）

引导活塞在其中进行直线往复运动的圆筒形金属机件。气缸气压传动中将压缩气体的压力能转换为机械能的气动执行元件。气缸有做往复直线运动的和做往复摆动的两类。

图8-41 气缸

3．气动电磁阀（见图 8-42）

气动电磁阀是用来控制流体的自动化基础元件，属于执行器；气动电磁阀并不限于液压，气动；气动电磁阀用于控制液压流动方向，工厂的机械装置一般都由液压钢或电磁阀来控制。

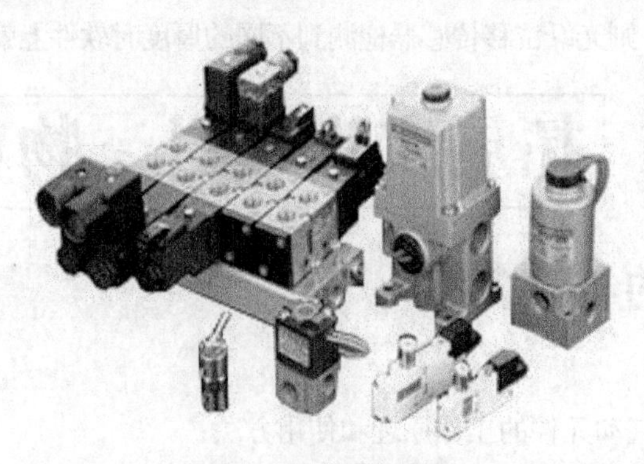

图8-42 气动电磁阀

气动电磁阀里有密闭的腔，在的不同位置开有通孔，气动电磁阀的每个孔都通向不同的油管，腔中间是阀，两面是两块电磁铁，哪面的磁铁线圈通电阀体就会被吸引到哪边。

气动电磁阀通过控制阀体的移动来挡住或漏出不同的排油的孔，而进油孔是常开的，液压油就会进入不同的排油管，然后通过气动电磁阀的油的压力来推动油刚的活塞，这样通过控制气动电磁阀的电磁铁的电流就控制了整个电磁阀的机械运动。

8.5.3 实训内容及步骤

1．白色物料分拣单元的安装、调试与使用

（1）按照图 2-39、图 2-40、图 2-44 所示的标示，将色标传感器的电源线和信号线连接好，其中电源采用 DC12V（注意：红色接正，黑色接地，不要接反）。

（2）传感器的信号输出（蓝色插座）接到信号处理单元的“色标传感器”左端（注意：红色接正，黑色接地，不要接反）。

（3）右端接信号处理挂箱上的“电磁阀 1 驱动”的左端（注意：红色接正，黑色接地，不要接反），“电磁阀 1 驱动”的右端接到“工业传感器接线面板”的“电磁阀 1”上（注意：红色接正，黑色接地，不要接反，详见图 2-44）。

（4）将色标传感器调试成只检测白色物体。

2．磁性物料分拣单元的安装、调试与使用

（1）按照图 2-39、图 2-40、图 2-44 所示的标示，将霍尔接近开关传感器的电源线和信号线连接好，其中电源采用 DC12V（注意：红色接正，黑色接地，不要接反）。

（2）传感器的信号输出（蓝色插座）接到信号处理单元的“霍尔接近开关”左端（注意：红色接正，黑色接地，不要接反）。

（3）右端接信号处理挂箱上的“电磁阀 4 驱动”的左端（注意：红色接正，黑色接地，不要接反），“电磁阀 4 驱动”的右端接到“工业传感器接线面板”的“电磁阀 4”上（注意：红色接正，黑色接地，不要接反，详见图 2-44）。

3．铁质物料分拣单元的安装、调试与使用

（1）按照图 2-39、图 2-40、图 2-44 的标示，将电感接近开关传感器的电源线和信号线连接好，其中电源采用 DC12V（注意：红色接正，黑色接地，不要接反）。

（2）传感器的信号输出（蓝色插座）接到信号处理单元的“电感接近开关”左端（注意：红色接正，黑色接地，不要接反）。

（3）右端接信号处理挂箱上的“电磁阀 3 驱动”的左端（注意：红色接正，黑色接地，不要接反），“电磁阀 3 驱动”的右端接到“工业传感器接线面板”的“电磁阀 3”上（注意：红色接正，黑色接地，不要接反，详见图 2-44）。

4．铝质物料分拣单元的安装、调试与使用

（1）按照图 2-39、图 2-40、图 2-44 的标示，将电容接近开关传感器的电源线和信号线连接好，其中电源采用 DC12V（注意：红色接正，黑色接地，不要接反）。

（2）传感器的信号输出（蓝色插座）接到信号处理单元的“电容接近开关”左端（注意：红色接正，黑色接地，不要接反）。

（3）右端接信号处理单元上“电磁阀 2 驱动”的左端（注意：红色接正，黑色接地，不要接反），“电磁阀 2 驱动”的右端接到“工业传感器接线面板”的“电磁阀 2”上（注意：红色接正，黑色接地，不要接反，详见图 2-44）。

5．物料分拣

（1）实验前，应启动空气压缩机，在气罐内建立一定的压力。使用气源前，应打开气泵的放气阀，使压缩空气进入三联件，然后调节减压阀，将系统压力设定为 0.1 ~ 0.3MPa。

（2）打开气阀，检测各个气动连接处是否存在明显的漏气声，如果漏气用工具进行调试直到没有明显的漏气声。

（3）将图 2-39、图 2-40 上的+5V、+24V、GND 电源连接起来，然后打开电源及仪表挂箱电源，电源指示灯亮。

（4）将各种待分拣的物料顺序的放置到传送带上，观察物料分拣过程。如果气缸的力度较大或较小时，就对应的调小或调大压缩机的出口压力，使气缸动作时刚好能将物料推进料槽中。

（5）实验结束，将电源关闭后将导线整理好，放回原处。

6．实训报告

简述物料分拣系统的工作原理及应用范围。

1．单项选择题

（1）欲测量−20～+80℃的温度，并输出数字信号，应选用（　　）。

A．集成温度传感器　B．热电偶　C．热敏电阻　D．热电阻

（2）欲输出 10mV/℃的信号，应选择下列（　　）传感器。

A．Pt100　B．AD590　C．LM35　D．MAX6675

（3）欲输出 1μA/K 的信号，应选择下列（　　）传感器。

A．Pt100　B．AD590　C．LM35　D．MAX6675

（4）气缸上安装的磁性传感器的主要作用是测量（　　）。

A．活塞速度　B．活塞位置　C．气缸压力　D．气缸温度

（5）下面物品属于光纤传感器的是(　　)。

A．光纤水听器　B．光纤光缆　C．光纤水晶灯　D．激光刀

（6）目前，最常用光纤的纤芯和包层构成的材料主要是(　　)。

A．多成分玻璃　B．半导体材料　C．石英晶体　D．塑料

（7）以下说法是错误的是（　　）。

A. 在可见光范围内，大部分媒质的折射率大于 1

B. 同一媒质对于不同波长的光有着不同的折射率

C. 红光和紫光的频率不同，所以它们在真空中的传播速度也不同

D. 紫光的频率高于红光，所以在水中紫色光的折射率大

2．应用题

（1）希望用温度集成传感器（温控 IC）控制某养鸡场的室内温度，请你做 1 个方案，要求如下：

① 写出你所选用的温控 IC 的型号；

② 画出养鸡场的加热、测温设备布置图。

（2）在工业生产的某些过程中，经常需要检查某些系统内部结构状况，而这些系统由于种种原因不能打开或靠近观察，采用光纤图像传感器可解决这一难题。试分析图 8-43 工业内窥镜工作原理。

（3）图 8-44 为双光纤液位传感器的结构示意图，请分析说明：

① 此传感器属于何种调制型传感器件，并说明它的工作原理；

② 可采用哪些方式进一步提高响应度。

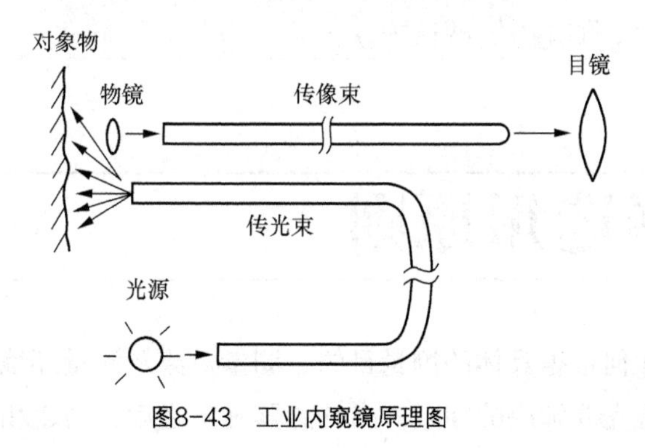

图8-43 工业内窥镜原理图

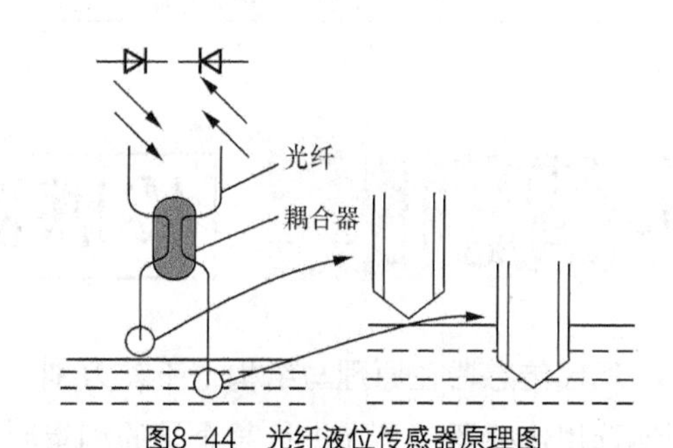

图8-44 光纤液位传感器原理图

Chapter

9

第9章

传感器的综合应用

【学习目标】

- 了解传感器选用原则。
- 掌握传感器的应用技术。
- 了解传感器与检测电路的调试方法。

9.1 传感器选用原则

现代传感器在原理与结构上千差万别，如何根据具体的测量目的、测量对象及测量环境合理地选用传感器，是在进行某个量的测量时首先要解决的问题。当传感器确定之后，与之相配套的测量方法和测量设备也就可以确定了。测量结果的成败，在很大程度上取决于传感器的选用是否合理。

选择传感器所应考虑的项目有很多，但要满足所有项目要求却很难，因此，在选择传感器时，应根据传感器实际使用的目的、指标、环境条件和成本，从不同的侧重点，优先考虑几个重要的条件即可。选择传感器时应主要考虑的因素有传感器的性能、传感器的可用性、能量消耗、成本、环境条件及与购置有关的项目等。

9.1.1 传感器类型的确定

要进行一个具体的测量工作，首先要考虑采用何种原理的传感器，这需要分析多方面的因素之后才能确定。因为即使是测量同一物理量，也有多种原理的传感器可供选用，哪一种原理的传感器更为合适，则需要根据被测量的特点和传感器的使用条件考虑以下具体问题：量程的大小，被测位置对传感器体积的要求，测量方式为接触式还是非接触式，信号的引出方法；传感器的来源，国产还是进口，价格能否承受，还是自行研制。在考虑上述问题之后就能确定选用何种类型的传感器，然后再考虑传感器的具体性能指标。

传感器在实际条件下的工作方式，是选择传感器时应考虑的重要因素。例如，接触与非接触测量、破坏与非破坏性测量、在线与非在线测量等，条件不同，对测量方式的要求亦不同。

在机械系统中，对运动部件的被测参数（如回转轴的误差、振动、扭矩），往往采用非接触测量方式。因为对运动部件采用接触测量时，有许多实际困难，诸如测量头的磨损、接触状态的变动、信号的采集等问题，都不易妥善解决，容易造成测量误差。这种情况下采用电容式、涡流式、光电式等非接触式传感器很方便，若选用电阻应变片，则需配以遥测应变仪。

在某些条件下，可以运用试件进行模拟实验，这时可进行破坏性检验。然而有时无法用试件模拟，因被测对象本身就是产品或构件，这时宜采用非破坏性检验方法。如涡流探伤、超声波探伤检测等。非破坏性检验可以直接获得经济效益，因此，应尽可能选用非破坏性检测方法。

在线测试是与实际情况保持一致的测试方法。特别是对自动化过程的控制与检测系统，往往要求信号真实与可靠，必须在现场条件下才能达到检测要求。实现在线检测是比较困难的，对传感器与测试系统都有一定的特殊要求。例如，在加工过程中，实现表面粗糙度的检测，以往的光切法、干涉法、触针法等都无法运用，取而代之的是激光、光纤或图像检测法。研制在线检测的新型传感器，也是当前测试技术发展的一个方面。

9.1.2 传感器性能指标选择

在考虑上述问题之后就能确定选用何种类型的传感器，然后再考虑传感器的具体性能指标。主要性能指标包括传感器灵敏度、响应特性、线性范围、稳定性和精确度等。

1．灵敏度

一般说来，传感器灵敏度越高越好，因为灵敏度高，就意味着传感器所能感知的变化量小，即只要被测量有一微小变化，传感器就有较大的输出。在确定灵敏度时，还要考虑以下几个问题。

（1）当传感器的灵敏度很高时，那些与被测信号无关的外界噪声也会同时被检测到，并通过传感器输出，从而干扰被测信号。因此，为了既能使传感器检测到有用的微小信号，又能使噪声干扰小，就要求传感器的信噪比越大越好。也就是说，要求传感器本身的噪声小，而且不易从外界引进干扰噪声。

（2）与灵敏度紧密相关的是量程范围。当传感器的线性工作范围一定时，传感器的灵敏度越高，干扰噪声越大，则难以保证传感器的输入在线性区域内工作。也就是说，过高的灵敏度会影响其适用的测量范围。

（3）当被测量是一个向量，并且是一个单向量时，就要求传感器单向灵敏度越高越好，而横向灵敏度愈小愈好；如果被测量是二维或三维的向量，那么还应要求传感器的交叉灵敏度越小越好。

2．响应特性

传感器的响应特性是指在所测频率范围内，保持不失真的测量条件。此外，实际上传感器的响应总不可避免地有一定延迟，只是希望延迟的时间越短越好。一般物性型传感器（如利用光电效应、压电效应等传感器）响应时间短，工作频率宽；而结构型传感器，如电感、电容、磁电等传感器，由于受到结构特性的影响和机械系统惯性质量的限制，其固有频率低，工作频率范围窄。

3．线性范围

任何传感器都有一定的线性工作范围。在线性范围内输出与输入成比例关系，线性范围越宽，则表明传感器的工作量程越大。传感器工作在线性区域内，是保证测量精度的基本条件。例如，机械式传感器中的测力弹性元件，其材料的弹性极限是决定测力量程的基本因素，当超出测力元件允许的弹性范围时，将产生非线性误差。

然而，对任何传感器，保证其绝对工作在线性区域内是不容易的。在某些情况下，在许可限度内，也可以取其近似线性区域。例如，变间隙型的电容、电感式传感器，其工作区均选在初始间隙附近，而且必须考虑被测量变化范围，令其非线性误差在允许限度以内。

4．稳定性

稳定性是表示传感器经过长期使用以后，其输出特性不发生变化的性能。影响传感器稳定性的因素是时间与环境。

为了保证稳定性，在选择传感器时，一般应注意两个问题。

（1）根据环境条件选择传感器。例如，选择电阻应变式传感器时，应考虑到湿度会影响其绝缘性，湿度会产生零漂，长期使用会产生蠕动现象等。又如，对变极距型电容式传感器，因环境湿度的影响或油剂浸入间隙时，会改变电容器的介质。光电传感器的感光表面有尘埃或水汽时，会改变感光性质。

（2）要创造或保持一个良好的环境，在要求传感器长期地工作而不需经常地更换或校准的情况下，应对传感器的稳定性有严格的要求。

5．精确度

传感器的精确度是表示传感器的输出与被测量的对应程度。如前所述，传感器处于测试系统的输入端，因此，传感器能否真实地反映被测量，对整个测试系统具有直接的影响。

然而，在实际中也并非要求传感器的精确度愈高愈好，这还需要考虑到测量目的，同时还需要考虑到经济性。因为传感器的精度越高，其价格就越昂贵，所以应从实际出发来选择传感器。

在选择时，首先应了解测试目的，判断是定性分析还是定量分析。如果是定性分析的试验研究，只需获得相对比较值即可，此时要求传感器的重复精度高，而不要求测试的绝对量值准确。如果是定量分析，则必须获得精确量值。但在某些情况下，要求传感器的精确度越高越好。例如，对现代超精密切削机床，测量其运动部件的定位精度、主轴的回转运动误差、振动及热形变等时，往往要求它们的测量精确度在 0.1～0.01m 范围内，欲测得这样的精确量值，必须有高精确度的传感器。

除了以上选用传感器时应充分考虑的一些因素外，还应尽可能兼顾结构简单、体积小、质量轻、价格便宜、易于维修、易于更换等条件。

9.2 传感器的小制作

随着科学技术的发展，传感器几乎渗透到所有的技术领域，如工业生产、宇宙开发、海洋探索、环境保护、资源利用、医学诊断、生物工程、文物保护等领域，并逐渐深入到人们的生活中。

本节我们将通过讲解这些简单的传感器的制作方法，使读者充分掌握传感器的工作原理及其应用，熟悉传感器在部分检测与控制中的应用，加深对传感器的理解。

9.2.1 敲击式电子门铃

敲击式电子门铃是用压电传感器作为检测元件的，其特点是：当有客人来访时，只要用手轻轻敲击房门，室内的电子门铃就会发出清脆的“叮咚”声，工作可靠、实用性强。

1. 工作原理

如图9-1所示，压电陶瓷片BC固定在房门内侧上，当有人敲击门时，BC受到机械震动后，其两端产生感应电压（压电效应），该电压经VT_1放大后，作为触发电平加至IC_1和IC_2的CP端，使单稳态触发器翻转，IC_1的输出端输出低电平脉冲给IC_2的R端，IC_2开始对敲击脉冲进行计数。延时约1s后，IC_1的输出端恢复为高电平，IC_2停止计数。当1s内敲击脉冲超过3次时，IC_2的输出端会产生高电平脉冲，触发音乐集成电路IC_3工作，IC_3的O/P端输出音乐电平信号，该信号经VT_2和VT_3放大后，推动扬声器BL发出“叮咚”声。

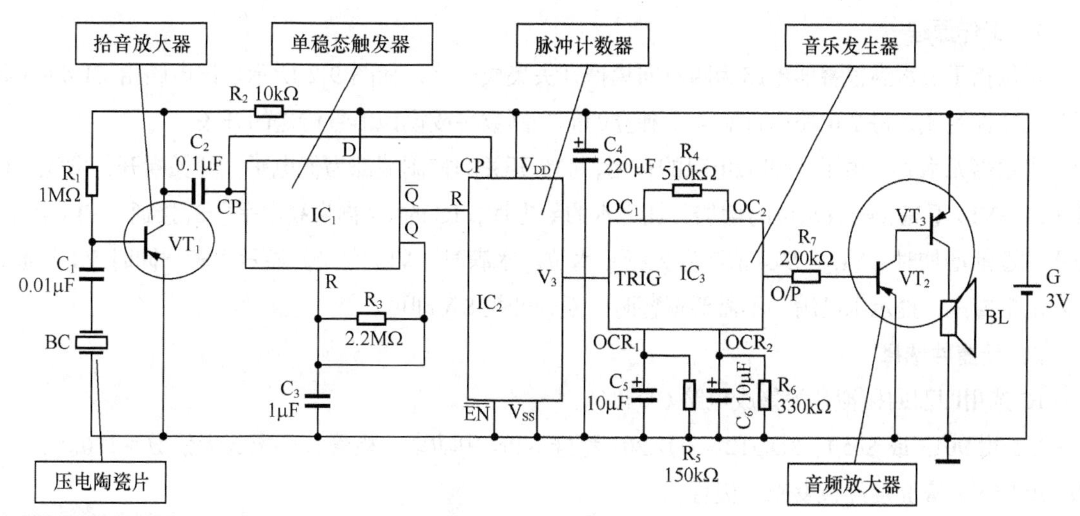

图9-1 敲击式电子门铃电路

2．元器件选择

R_1～R_7均选用 RTX-1 / 8W 碳膜电阻器。

CI～C3 均选用涤纶电容器或独石电容器；C4～C6 均选用 CD11-16V 的电解电容器。

VT_1用 9014 或 3DG8 型硅 NPN 小功率三极管，要求电流放大系数≥150。

VT2 选用 9013 或 3DG12、3DK4 型硅 NPN 中功率三极管，要求电流放大系数≥100。

VT_3选用 9012 型硅 PNP 中功率三极管，要求电流放大系数≥50。

IC_1选用 CD4013 双 D 触发器数字集成电路。

IC_2选用 CD4017 十进制计数分频器数字集成电路。

IC_3选用 KD2538 音乐集成电路。

BL 选用 0.25W、8 微型电动式扬声器。BC 用 27mm 的压电陶瓷片，如 FT-27 等型号。G 用两节 5 号干电池串连而成，电压 3V。

3．制作与调试

IC3 芯片通过 4 根 7mm 长的元器件剪脚线插焊在电路板上；除压电陶瓷片 BC 外，焊接好的电路板连同扬声器 BL、电池 G（带塑料架）一起装入绝缘材料小盒内。盒面板为 BL 开出拾音孔；盒侧面通过适当长度的双芯屏蔽线引出到压电陶瓷 BC。

实际安装时，将压电陶瓷片 BC 通过 502 胶粘贴在大门背面正对个人常敲门的位置（一般离地面 1.4m 左右），门铃盒则固定在室内墙壁上。

9.2.2 水位指示及水满报警器

水位指示及水满报警器可用于太阳能热水器的水位指示与控制。

太阳能热水器一般都设在房屋的高处，热水器的水位在使用时不易观察，给使用者带来不便。使用该水位报警器后，可实现水箱中缺水或加水过多时自动发出声光报。

1．工作原理

水位指示及水满报警器电路为四双向模拟开关集成电路，如图 9-2 所示。该电路由 CD4066 和相关元器件组成，每个电路内部有 4 个独立的能控制数字或模拟信号传送的开关。

当水箱无水时，由于 180kΩ电阻的作用，4 个开关的控制端部为低电平，开关断开，发光二极管 VL_1～VL_4不亮。随着水位的增加，加之水的导电性，IC 的 13 脚为高电平，S_1接通，VL_1点亮。当水位逐渐增加时，VL_2、VL_3依次发光指示水位。水满时，VL_4发光，显示水满。同时 VT 导通，B 发出报警声，提示水已满。不需要报警时，断开开关 SA 即可。

2．元器件选择

IC 选用四双向模拟开关集成电路 CD4066。

VT 用 9013 或 8050、3DG12、3DX201 型硅 NPN 中功率三极管，要求放大倍数＞150。VL_1～VL_4用 F5mm 高亮度红色发光二极管。

R 用 RTX-1 / 8W 碳膜电阻器。

B 用 YD57-2 型 8 圈式扬声器。

电源可用 4 节 1.5V 电池或 6V 直流稳压电源。

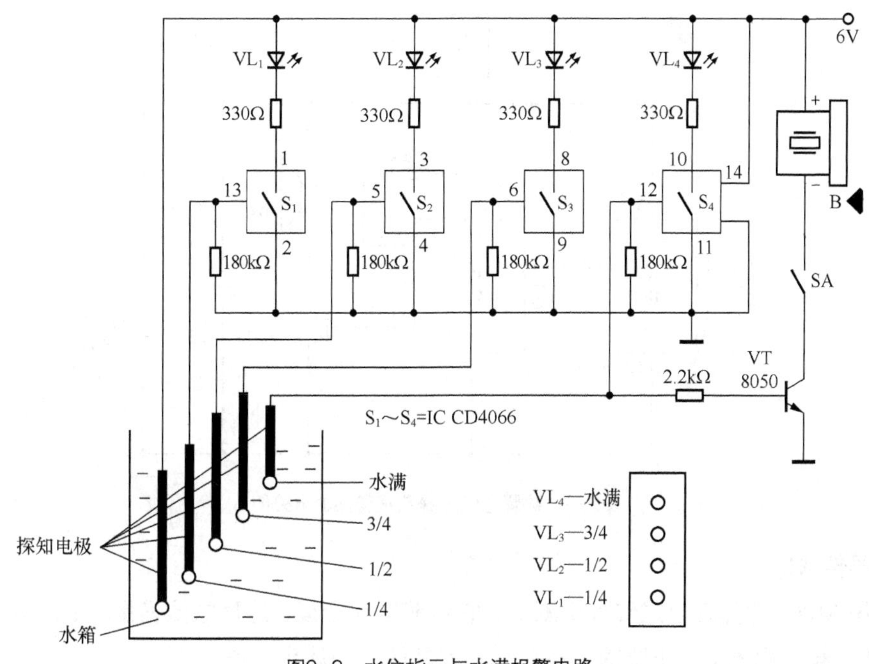

图9-2 水位指示与水满报警电路

3．制作与调试

制作时可制作 1 个简易面板。并根据实际情况及个人爱好选择合适的报警器 B。调试时将 5 个探知电极安置水盆的不同水位高度，接通水位报警电路，给水盆中慢慢加水，在各种不同水位对电路报警效果进行调整。

9.2.3 热释电红外探头报警器

1．工作原理

热释电红外探头报警器是由新型热释电式红外探头和语音集成电路等组成的，是一种体积小、无须外部接线、使用方便的便携式报警器。每当它的前方 5m 范围内有人活动时，便会立即发出“嘟嘟，请注意！”的告警声。其最大的特点是白天和晚上都能正常工作，可广泛用于家庭防护、误入危险区域警示、商店营业部来客告知及外出旅行度假时安全防范等场所。

热释电式红外探测头，是一种被动式红外检测器件，它能以非接触方式检测出运动人体所辐射出来的红外能，并将其转化为正脉冲电信号输出；同时，它还能有效地抑制人体辐射波长以外的红外光和可见光的干扰。

如图 9-3 所示，当有人进入监视区域内时，IC1 的 OUT 脚输出与运动人体频率基本同步的正脉冲信号。该信号直接加到 IC2 的触发端 TG 脚，使 IC2 内部电路受触发工作，由其 OUT 脚输出内储的“嘟嘟，请注意！”电信号，经三极管 VT 功率放大后，推动扬声器 B 发出响亮的告警声。电路中，R 为 IC2 外界时钟振荡电阻器，其阻值大小影响语音声的速度和音调。C 为滤波电容器，主要用来降低电池 G 的交流内电阻，使 B 发声更加纯正响亮。

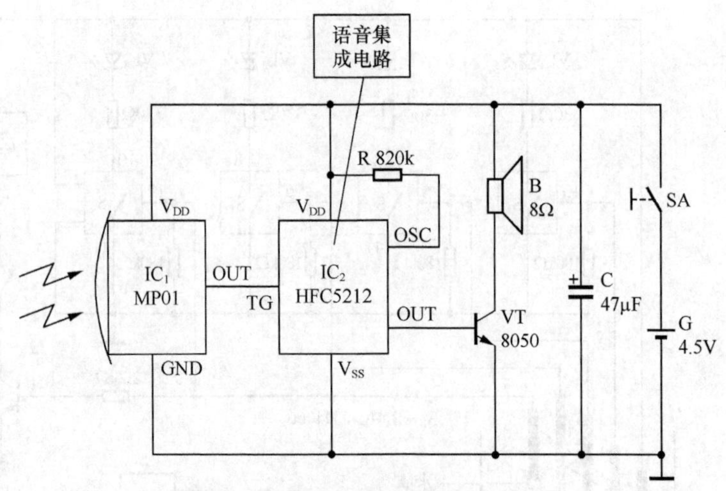

图9-3 热释电红外探头报警器的电路图

2．元器件选择

IC_1 选用 MP01 型热释电式红外探测头，它将菲涅耳透镜、热释电传感器、单片数模混合集成电路组合在一起，构成了一个坚固、小巧、易安装的“一体化”器件。

MP01 采用 TO5 封装，典型尺寸为 11～14.5mm。它共有 3 个引脚，即电源正极端 VDD、信号输出端 OUT 和公共地端 GND。由于 MP01 是靠感应热释红外线工作的，所以在夜间也能很容易地检测到运动的人体。

IC_2 选用 HFC5212 型“嘟嘟，请注意！”语音集成电路。

VT 用 8050 型硅 NPN 中功率三极管，要求电流放大系数 > 100。

R 选用 RTX-1 / 8W 碳膜电阻器。

C 选用 CD11-10V 型电解电容器。

B 用 YD58-1 型小口径 8、0.25W 动圈式扬声器。

SIC 用 1x1 小型拨动开关。

G 用 3 节 5 号干电池串联（须配塑料电池架）而成，电压 4.5V。

3．制作与调试

IC_2 芯片可通过 5 根 7mm 长铜丝直接插焊在电路板对应数标孔内。焊接时应注意：电烙铁外壳一定要良好接地，以免交流感应电压击穿 IC_1、IC_2 内部 COMS 集成电路。焊接好的电路全部装入合适的塑料小盒内。盒面板开孔伸出 IC_1 探测镜头，并为 B 开出放音孔。盒侧面开孔固定 SA。

制作成的热释电红外探头报警器，一般无须任何调试便可投入使用。如果 IC_2 语音声的音调或速率不理想，可通过更改 IC_2 外接振荡电阻 R 阻值（620kΩ～1.2MΩ）来加以调整。R 阻值大，语音声速慢且低沉；反之，则语音声速快且尖高。

实际使用时，热释电红外探头报警器可放在任何需要对人体进行监视的地方（或固定在墙上），将 IC_1 探测镜头正对着来人方向即可。该报警器的有效监视范围是一个半径 5m、圆心角达 100° 的扇形区域。由于本装置实测静态总电流小于 0.2mA，故用电十分节省。每换一次新干电池，一般可连续使用数个月时间。

附录A 工业热电阻分度表

工作端温度/°C	电阻值/Ω		工作端温度/°C	电阻值/Ω	
	Cu50	Pt100		Cu50	Pt100
−200		18.52	−50	39.24	80.31
−190		22.83	−40	41.40	84.27
−180		27.10	−30	43.56	88.22
−170		31.34	−20	45.71	92.16
−160		35.54	−10	47.85	96.09
−150		39.72	0	50.00	100.00
−140		43.88	10	52.14	103.90
−130		48.00	20	54.29	107.79
−120		52.11	30	56.43	111.67
−110		56.19	40	58.57	115.54
−100		60.26	50	60.70	119.40
−90		64.30	60	62.84	123.24
−80		68.33	70	64.98	127.08
−70		72.33	80	67.12	139.90
−60		76.33	90	69.26	134.71

续表

工作端温度/°C	电阻值/Ω		工作端温度/°C	电阻值/Ω	
	Cu50	Pt100		Cu50	Pt100
100	71.40	138.51	480		274.29
110	73.54	142.29	490		277.64
120	75.69	146.07	500		280.98
130	77.83	149.83	510		284.30
140	79.98	153.58	520		287.62
150	82.13	157.33	530		290.92
160		161.05	540		294.21
170		164.77	550		297.49
180		168.48	560		300.75
190		172.17	570		304.01
200		175.86	580		307.25
210		179.53	590		310.49
220		183.19	600		313.71
230		186.84	610		316.92
240		190.47	620		320.12
250		194.10	630		323.30
260		197.71	640		326.48
270		201.31	650		329.64
280		204.90	660		332.79
290		208.48	670		335.93
300		212.05	680		339.06
310		215.61	690		342.18
320		219.15	700		345.28
330		222.68	710		348.38
340		226.21	720		351.46
350		229.72	730		354.53
360		233.21	740		357.59
370		236.70	750		360.64
380		240.18	760		363.67
390		243.64	770		366.70
400		247.09	780		369.71
410		250.53	790		372.71
420		253.96	800		375.70
430		257.38	810		378.68
440		260.78	820		381.65
450		264.18	830		384.60
460		267.56	840		387.55
470		270.93	850		390.84

附录B K型热电偶分度表

工作端温度/℃	热电动势/mV	工作端温度/℃	热电动势/mV	工作端温度/℃	热电动势/mV	工作端温度/℃	热电动势/mV
−270	−6.458	100	4.096	470	19.366	840	34.908
−260	−6.441	110	4.509	480	19.792	850	35.313
−250	−6.404	120	4.920	490	20.218	860	35.718
−240	−6.344	130	5.328	500	20.644	870	36.121
−230	−6.262	140	5.735	510	21.071	880	36.524
−220	−6.158	150	6.138	520	21.497	890	36.925
−210	−6.035	160	6.540	530	21.924	900	37.326
−200	−5.891	170	6.941	540	22.350	910	37.725
−190	−5.730	180	7.340	550	22.776	920	38.124
−180	−5.550	190	7.739	560	23.203	930	38.522
−170	−5.354	200	8.138	570	23.629	940	38.918
−160	−5.141	210	8.539	580	24.055	950	39.314
−150	−4.913	220	8.940	590	24.480	960	39.708
−140	−4.669	230	9.343	600	24.905	970	40.101
−130	−4.441	240	9.747	610	25.330	980	40.494
−120	−4.138	250	10.153	620	25.755	990	40.885
−110	−3.852	260	10.561	630	26.179	1 000	41.276
−100	−3.554	270	10.971	640	26.602	1 010	41.665
−90	−3.243	280	11.382	650	27.025	1 020	42.053
−80	−2.920	290	11.795	660	27.447	1 030	42.440
−70	−2.587	300	12.209	670	27.869	1 040	42.826
−60	−2.243	310	12.624	680	28.289	1 050	43.211
−50	−1.889	320	13.040	690	28.710	1 060	43.595
−40	−1.527	330	13.457	700	29.129	1 070	43.978
−30	−1.156	340	13.874	710	29.548	1 080	44.359
−20	−0.778	350	14.293	720	29.965	1 090	44.740
−10	−0.392	360	14.713	730	30.382	1 100	45.119
0	0.000	370	15.133	740	30.798	1 110	45.497
10	0.397	380	15.554	750	31.213	1 120	45.873
20	0.798	390	15.975	760	31.628	1 130	46.249
30	1.203	400	16.397	770	32.041	1 140	46.623
40	1.612	410	16.820	780	32.453	1 150	46.995
50	2.023	420	17.243	790	32.865	1 160	47.367
60	2.436	430	17.667	800	33.275	1 170	47.737
70	2.851	440	18.091	810	33.685	1 180	48.105
80	3.267	450	18.516	820	34.093	1 190	48.473
90	3.682	460	18.941	830	34.501	1 200	48.838

续表

工作端温度/°C	热电动势/mV	工作端温度/°C	热电动势/mV	工作端温度/°C	热电动势/mV	工作端温度/°C	热电动势/mV
1210	49.202	1 260	51.000	1310	53.759	1 360	54.479
1220	49.565	1 270	51.355	1320	53.106	1 370	54.819
1230	49.926	1 280	51.708	1330	53.451		
1240	50.286	1 290	52.060	1340	53.795		
1250	50.644	1 300	52.410	1350	54.138		

参考文献

[1] 梁森，王侃夫，黄杭美. 自动检测与转换技术［M］. 北京：机械工业出版社，2012.

[2] 陈晓军. 传感器与检测技术项目化教程［M］. 北京：电子工业出版社，2014.

[3] 吕景泉. 传感器技术［M］. 上海：华东师范大学出版社，2014.

[4] 宋雪臣，单振清. 传感器与检测技术［M］. 北京：人民邮电出版社，2012.

[5] 马西秦.自动检测技术［M］. 北京：机械工业出版社，2001.

[6] 何希才.传感器及其应用电路［M］. 北京：电子工业出版社，2001.

[7] 王元庆.新型传感器及其接线［M］. 北京：机械工业出版社，2002.

[8] 郁有文.传感器原理及工程应用［M］. 西安：西安电子科技大学出版社，2001.

[9] 宋文绪，杨帆.自动检测技术［M］. 北京：高等教育出版社，2000.

[10] 孙余凯，吴鸣山.传感器应用电路 300 例［M］. 北京：电子工业出版社，2008.

[11]［德］Horst Ahiers. 多传感器技术［M］. 王磊，等译. 北京：国防工业出版社，2001.

[12] 郭艳萍，张海红.电气控制与 PLC 应用［M］. 北京：人民邮电出版社，2013.

[13] 金捷.机电检测技术［M］. 北京：北京师范大学出版社，2010.

[14] 陈黎敏.传感器技术及其应用［M］. 北京：机械工业出版社，2009.

[15] 林辉.自动检测与转换技术［M］. 重庆：重庆大学出版社，2012.

[16] 李东江.现代汽车用传感器及其故障检测技术［M］. 北京：机械工业出版社，1999.

[17] 国家技术监督局计量司.90 国际温标通用热电偶分度表手册［M］. 北京：中国计量出版社，1994.

[18] 刘存.现代检测技术［M］. 北京：机械工业出版社，2005.